Heinz Vetter

Hochfrequenztechnik –
Bauelemente und einfache Funktionsgruppen

Springer

Berlin
Heidelberg
New York
Barcelona
Hongkong
London
Mailand
Paris
Singapur
Tokio

Heinz Vetter

Hochfrequenz-
technik –

Bauelemente
und einfache
Funktionsgruppen

Mit 140 Abbildungen

Springer

Dr. rer. nat. HEINZ VETTER
- Berlin Köpenick -

ISBN-13: 978-540-64841-3   Springer-Verlag Berlin Heidelberg New York
Die Deutsche Bibliothek - CIP-Einheitsaufnahme

Vetter, Heinz:

Hochfrequenztechnik – Bauelemente und einfache Funktionsgruppen / Heinz Vetter. -
Berlin; Heidelberg; New York; Barcelona; Honkong; London; Mailand; Paris; Singapur;
Tokio: Springer, 1999
ISBN-13: 978-540-64841-3   e-ISBN-13:978-3-642-59964-4
DOI: 10.1007/978-3-642-59964-4

Einbandentwurf: MEDIO GmbH, Berlin
Satz: Camera ready-Vorlage vom Autor
SPIN: 10666989   68/3020 - 5 4 3 2 1 0 - Gedruckt auf säurefreiem Papier

Vorwort

Die Hochfrequenztechnik umfaßt den Teil der Informationselektronik, der sich mit Funktionsgruppen, Baugruppen und Geräten zur Erzeugung, Verstärkung, Selektion, Modulation und Demodulation elektrischer Schwingungen sowie der Abstrahlung elektromagnetischer Wellen im Frequenzbereich zwischen 20 kHz und 300 GHz beschäftigt. Allein aus dem Frequenzumfang wird verständlich, daß eine Reihe von Einschränkungen der darzustellenden Themen notwendig werden. Es sollen nur *analoge Schaltungen*, deren Schwerpunkt im Frequenzbereich zwischen 20 kHz und 300 MHz liegen, Berücksichtigung finden. Dabei werden unter analogen Schaltungen solche verstanden, bei denen das Ausgangssignal zu jedem beliebigen Zeitpunkt proportional zum Eingangssignal ist. Wenn trotz der hohen Frequenzen viel mit Hybridparametern (Hybridparameter sind Parameter mit gemischten Dimensionen, abgekürzt: h-Parameter) gearbeitet wird, dann deshalb, weil sie am anschaulichsten darstellbar sind und wegen ihrer hauptsächlich reellen Größen leicht zu behandeln und zu verstehen sind. Sie fördern das Verständnis für die Leitwertparameter erheblich, wobei das Arbeiten mit letzteren aufgrund ihres komplexen Charakters aufwendiger ist. In der Analogtechnik werden heute vorrangig integrierte Schaltkreise (IS) eingesetzt, dennoch werden hier schwerpunktmäßig diskrete Schaltungen behandelt, weil sie die Voraussetzung zum Verständnis der integrierten Schaltungen sind. Die Vielfalt der integrierten Schaltungen zwingt ihrerseits wieder zu Einschränkungen. Darum werden stellvertretend einige Schaltungsprinzipien, wie sie für analoge IS typisch sind, am Beispiel des klassischen *Operationsverstärkers* (das ist ein integrierter, mehrstufiger Breitbandverstärker) dargestellt. Die eingangs erwähnten *Funktionsgruppen* sollen solche elektronischen Schaltungen sein, die nur eine wohl definierte Funktinon (z.B. Verstärkung, Schwingungserzeugung, Modulation usw.) realisieren, wohingegen *Baugruppen* komplexere elektronische Schaltungen sind (z.B. Modulatoren, die die Schwingungserzeugung, die Modulation und die Selektion beinhalten oder Frequenzaufbereitungen, die die Schwingungserzeugung, die Mischung und die Selektion enthalten können). Die erste Hälfte des vorliegenden Bandes befaßt sich überwiegend mit Bauelementen und Funktionsgruppen, die andere Hälfte des ersten Bandes sowie der zweite und dritte Band mit Baugruppen und Leitungen. Das dreibändige Werk soll ingenieurtechnisch zugeschnittenes Wissen vermitteln, das oft mit praxisgerechten Näherungen auskommen muß. Es wendet sich vorwiegend an Studierende der Nachrichtentechnik, aber auch an Praktiker, die Vergessenes in Erinnerung zurückrufen wollen. Jedem Kapitel werden einige Bemerkungen zum Inhalt vorangestellt, um dem Leser Weg und Ziel der Themenerarbeitung näher zu bringen.

In den Abschnitten *Übungen* werden zwei verschiedene Kategorien angeboten. Unter der Bezeichnung *Beispiele* werden durchgerechnete Lehrbeispiele angegeben, die dem Leser die Methodik des Lösungsweges näher bringen sollen, bei den *Aufgaben* werden lediglich die Lösungen mitgeteilt, um die Selbstkontrolle zu ermöglichen. Es wurde auf möglichst vollständige Behandlung der Themen Wert gelegt. Nur für bestimmte, sehr spezielle Teile wurde von diesem Prinzip abgewichen, darum wurde auch nur wenig weiterführende Literatur angegeben. Wichtige oder häufig wiederkehrende Formeln sind mit Nummern versehen; dabei gibt die Ziffer vor dem Punkt das Kapitel und die nach dem Punkt die fortlaufende Nummer an. Alle anderen Formeln gehören entweder zu den Herleitungen oder es werden aus ihnen weiterreichende Schlußfolgerungen gezogen.

Abschließend ist es mir ein Bedürfnis, all denen zu danken, die mittelbar oder unmittelbar zur Entstehung des Buches beigetragen haben. Mein besonderer Dank gilt den Herren Dipl.-Ing. Lottermoser und Dipl.-Ing. Quitschau für wertvolle Hinweise zum Rechnerprogramm für die Erstellung des Manuskriptes. Desweiteren habe ich Frau Kerstin Walter für die mühevolle Arbeit der Herstellung der Zeichnungen zu danken.

Berlin, Sommer 1998   **Heinz Vetter**

Inhaltsverzeichnis

Verwendete Symbole

A	Fläche
B	Bandbreite, magnetische Flußdichte, Bulk
C	Kapazität
C_ν	konstanter Koeffizient für $\nu = 1, 2, \dots$
$\vec{D}$	vektorielle Verschiebestromdichte
D	Drain
$\vec{E}$	vektorielle, elektrische Feldstärke
$\vec{G}, G$	vektorielle Leitungsstromdichte, ohmscher Leitwert und Gate
H	magnetische Feldstärke
$H(\omega)$	Übertragungsfaktor
$H(p)$	Übertragungsfunktion
$I, \hat{I}$	Strom (Effektivwert), Spitzenwert des Stromes
k	Boltzmannkonstante
L	Induktivität
M	Gegeninduktivität
N	Windungszahl
P	Wirkleistung
Q	Güte, elektrische Ladung, Blindleistung
R	ohmscher Widerstand (Wirkwiderstand)
S	Scheinleistung, Source, Steilheit, Selektion
T	absolute Temparatur, Periodendauer, Trennschärfe
TK	Temperaturkoeffizient
$U, \hat{U}$	Spannung (Effektivwert), Spitzenwert der Spannung
V	Verstärkung, Verstärkertransistor
X	Blindwiderstand
$\underline{Y}$	Komplexer Leitwert (Y reeller Leitwert)
$\underline{Z}$	Komplexer Widerstand (Z reeller Widerstand)
a	hinlaufende Leistungsgröße, reelle Konstante, Dämpfung
b	reflektierte Leistungsgröße, reelle Konstante, Phasendifferenz, Widerstandsverhältnis, Imaginärteil eines komplexen Leitwertes
c	reelle Konstante
d	Eindringtiefe, reelle Konstante, Verlustfaktor

e   2,7183...
f   Frequenz
g   Realteil eines komplexen Leitwertes
i   zeitveränderlicher Strom
k   Koppelfaktor, Klirrfaktor
l, l Länge
p   komplexe Frequenz, zeitveränderliche Leistung, Laplace-Operator
q   Momentanwert der elektrischen Ladung, Flächenladungsdichte
r   Reflexionsfaktor
s   Abstand, Weg, Streuparameter, Stehwellenverhältnis
t   Zeitvariable, Laufzeit
u   zeitveränderliche Spannung
ü   Übersetzungsverhältnis
v   Doppelverstimmung
w   Welligkeit
x   normierte Kopplung

Δ Differenz
Φ magnetischer Fluß einer Windung
Ψ Momentanwert des verketteten magnetischen Flusses
Ω normierte Verstimmung, normierte Frequenz

δ Verlustwinkel
ε Dielektrizitätskonstante
η Wirkungsgrad
ϑ Temperatur
κ Leitfähigkeit
μ Permeabilität
σ Dämpfungsfaktor, Transformatorstreuung
τ Zeitkonstante
φ Phasenwinkel
ψ zeitlich veränderlicher magnetischer Fluß
ω Kreisfrequenz

∂ Symbol für die partielle Differentiation

$>$ größer
$>>$ groß gegenüber (ca. eine Zehnerpotenz Unterschied)
$>>>$ sehr groß gegenüber (ca. zwei Zehnerpotenzen Unterschied)
$<$ kleiner
$<<$ klein gegenüber (ca. eine Zehnerpotenz Unterschied)
$<<<$ sehr klein gegenüber (ca. zwei Zehnerpotenzen Unterschied)
$\Rightarrow$ daraus folgt
$\rightarrow$ geht gegen ...

Hochzahlenregister

*	Schwingkreiselement mit äußerer Belastung, transformiertes Bauelement
'	kennzeichnet Vierpolparameter zusammengesetzter Transistoren

Indexregister

A	Hinweis auf Arbeitspunkt, Ausgang
Aus	Ausgangs...
B	Basis
BE	Basis-Emitter (Buchstabenreihenfolge gibt die Potentialpolarität von plus nach minus an; gilt für alle übrigen Transistorkombinationsindices)
BP	Bandpaß
C	Kondensator, Kollektor
CC	Stromversorgungsindex für bipolare Transistoren
CE	Kollektor-Emitter
D	Drain
DD	Stromversorgungsindex für unipolare Transistoren
DS	Drain-Source
E	Eingang, Emitter
Ein	Eingangs...
Ex	Extremwert
G	Generator, Gate
GS	Gate-Source
HP	Hochpaß
I	1. Stufe
II	2. Stufe
L	Induktivität, Last
N	Neutralisations...
Q	Quelle
R	Widerstand, Rauschen
Rü	Rückwirkungs...
S	Source
Sch	Schalt...
SS	Spitze-Spitze
T	absolute Temperatur
TP	Tiefpaß
V	Verbraucher
W	Wellenwiderstand
Y	Leitwert
Z	Widerstand
a	Arbeits..., Außen..., Ausgangs...
e	Eingangs...
eff	Effektivwert
g	Gruppen...

go	Grenzfrequenz, obere
gu	Grenzfrequenz, untere
i	Innen..., Strom
k	Klemme, Kennwiderstand, Kern, Koppel...
l	Luft
m	magnetisch, beliebige, natürliche Zahl, Mitten...
n	beliebige, natürliche Zahl
p	parallel, Phasen..., pinch off
q	Quer...
r	Reihenschaltung, Resonanz, relative ...
rel	relativ
s	Streu..., Sieb...
u	Spannung
v	Vor...
x_ν	Polstelle
0_ν	Nullstelle
0	Resonanz, Generator, absolute ...

α	Index für Basisschaltungsgrenzfrequenz
ν, μ, i, k	Laufindices

$\parallel$	Parallelschaltung
$\sim$	Wechselgrößen

1 Verhalten passiver Bauelemente bei hohen Frequenzen

In diesem Kapitel sollen einige Eigenschaften von Bauelementen behandelt werden, denen man in hochfrequenten Anwendungsbereichen besondere Beachtung schenken muß. So stellt sich ein einfacher Widerstand nicht nur als ein ohmscher Verbraucher dar, sondern er zeigt bei Signalen hoher Frequenz ein ausgesprochen frequenzabhängiges Scheinwiderstandsverhalten. Er präsentiert sich als ein Netzwerk, bestehend aus ohmschen, kapazitiven und induktiven Anteilen. Ein Kondensator ist nicht einfach ein rein kapazitiver Blindwiderstand, sondern er enthält auch ohmsche und induktive Komponenten. Sein Verhalten kann durch eine Ersatzschaltung aus einem idealisierten ohmschen, induktiven und kapazitiven Widerstand angenähert werden. Es werden also idealisierte Bauelemente behandelt, mit denen die realen Bedingungen moduliert werden können.

1.1 Einführung

In Abschn. 1.1 werden die Grundeigenschaften von Elementarzweipolen im Sinne einer Wiederholung zusammengestellt. In Abschn. 1.2 wird dann ausführlicher auf hochfrequenztechnische Besonderheiten der Bauelemente eingegangen; den Überlegungen wird ihr technisch reales Verhalten zugrunde gelegt und untersucht.

1.1.1 Konzentrierte Schaltelemente (Elementarzweipole)

Konzentrierte Schaltelemente sind im Gegensatz zu Leitungsbauelementen (s. Band 3) kompakte, eine elektrische Funktion realisierende Bauelemente. Sie werden als Elementarzweipole bezeichnet. Für sie kann man im Bereich niederfrequenter Signale (bis etwa 20 KHz) den Anteil der Verschiebeströme gegenüber dem der Leitungsströme bei der Ausbildung des elektromagnetischen Felds vernachlässigen. Im Bereich hochfrequenter Signale (20 kHz bis 300 MHz) kann man unter Beachtung konstruktiver und schaltungstechnischer Gesichtspunkte annehmen, daß die zeitliche Änderung der vektoriellen Verschiebestromdichte klein ist gegenüber der vektoriellen Leitungsstromdichte, d.h. es gilt:

$$\left| \partial \vec{D} / \partial t \right| << \left| \vec{G} \right|.$$

Dieses Ziel und damit die Vermeidung parasitärer (unerwünschter) Komponenten kann man durch folgende Maßnahmen erreichen:

- Verwendung ungewendelter Widerstände,
- Verwendung von Widerständen ohne Kappen,
- Anwendung von bifilar gewickelten Spulen,
- Einsatz drahtloser Kondensatoren,
- Aufbau der Bauelemente auf der Leiterplatte liegend und nicht stehend usw.

Definition 1.1. Ein konzentriertes Schaltelement (Bauelement) ist ein *Elementarzweipol* (mit einer Ein- und einer Ausgangsklemme), der nicht mehr in andere Zweipole mit anderen Grundeigenschaften zerlegt werden kann. Konzentrierte Bauelemente stellen eine Idealisierung dar. Ihre Kennlinie (die graphische Veranschaulichung des mathematischen Zusammenhangs zwischen Ursache und Wirkung) ist i. allg. als nichtlinear und eindeutig anzunehmen und enthält die Zeit nicht explizit.

1.1.2 Das ideale, passive Bauelement

Ein Bauelement soll ideal genannt werden, wenn es im Sinne der Definition 1.1 frei von parasitären Komponenten ist, es soll passiv genannt werden, wenn das Ausgangssignal kleiner oder gleich dem Eingangssignal ist.

Vor den weiteren Betrachtungen wird vereinbart, daß *statisch* Gleichgrößenbetrachtung und *dynamisch* Wechselgrößenbetrachtung bedeuten soll.

1.1.2.1 Eigenschaften des ohmschen Elementarzweipols

Ohmsche Elementarzweipole werden nach folgenden Eigenschaften unterschieden:

- *statisch passiv* bedeutet: für alle u, i gilt: $u \cdot i \geq 0$ (Fall 1)
  Leistung wird aufgenommen,
- *statisch aktiv* bedeutet: für alle u, i gilt: $u \cdot i < 0$ (Fall 2)
  Leistung wird abgegeben,
- *dynamisch passiv* bedeutet: für alle u, i gilt: $du/di \geq 0$ (Fall 3)
  die Widerstandsänderung ist positiv (Verbraucher),
- *dynamisch aktiv* bedeutet: für alle u, i gilt: $du/di < 0$ (Fall 4)
  die Widerstandsänderung ist negativ (Generator).

Die Kennlinienverläufe sind in Abb. 1.1 dargestellt.

1.1.2.2 Eigenschaften des induktiven Elementarzweipols

Der induktive Elementarzweipol ist ein verlustloses Speicherelement magnetischer Felder. Seine Eigenschaften können wie folgt dargestellt werden:

- statisch nicht definiert,
- dynamisch passiv: $d\psi/di \geq 0$,
  der magnetische Fluß wächst mit dem Strom,

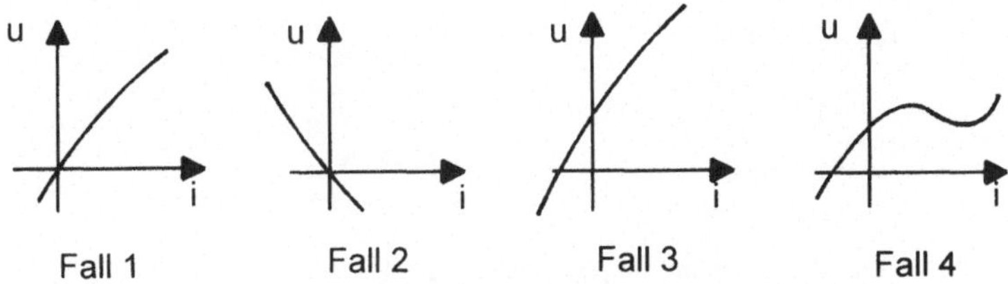

Abb. 1.1 Strom-Spannungskennlinien für den ohmschen Elementarzweipol

- dynamisch aktiv bedeutet: $d\psi/di < 0$,
  der magnetische Fluß nimmt mit dem Strom ab.

ψ: Momentanwert des verketteten magnetischen Flusses,
i: Momentanwert des zeitlich veränderlichen Stroms.

1.1.2.3 Eigenschaften des kapazitiven Elementarzweipols

Der kapazitive Elementarzweipol ist ein verlustloses Speicherelement für elektrische Felder. Seine Eigenschaften können wie folgt charakterisiert werden:

- statisch nicht definiert,
- dynamisch passiv bedeutet: $dq/du \geq 0$,
  die Ladung wächst mit der Spannung,
- dynamisch aktiv bedeutet: $dq/du < 0$,
  die Ladung nimmt mit der Spannung ab.

q: Momentanwert der elektrischen Ladung,
u: Momentanwert der zeitlich veränderlichen Spannung.

1.1.2.4 Eigenschaften idealer Stromversorgungen

Die ideale Stromquelle ist durch einen unendlich großen Innenwiderstand und durch einen von der Last unabhängigen Strom gekennzeichnet.

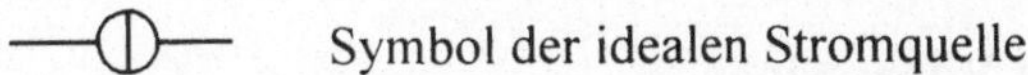

Symbol der idealen Stromquelle

Die ideale Spannungsquelle ist durch einen Innenwiderstand nahe Null und durch eine von der Belastung unabhängige Spannung gekennzeichnet.

Symbol der idealen Spannungsquelle

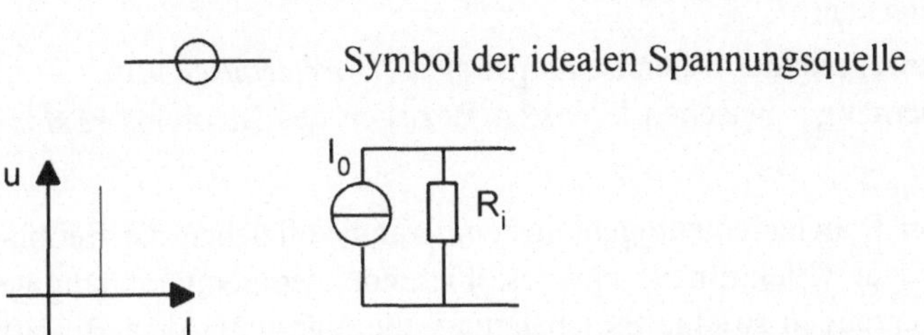

Abb. 1.2 a Eigenschaften der idealen Stromquelle, $\Delta U/\Delta I \to \infty \,\hat{=}\, R_i$

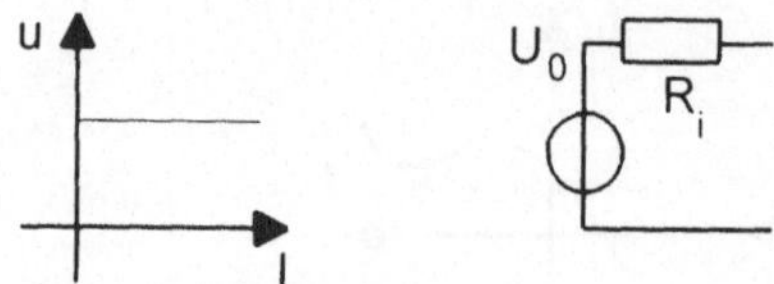

Abb. 1.2 b Eigenschaften der idealen Spannungsquelle, $\Delta U/\Delta I = 0 \hat{=} R_i$

1.1.3 Reale, passive Bauelemente

Sämtliche Erscheinungen des zeitlich veränderlichen elektromagnetischen Felds bedingen sich gegenseitig, d.h. passive Zweipole die rein ohmsche, rein induktive oder rein kapazitive Elementarzweipole sind, lassen sich nicht realisieren. Alle drei Erscheinungen treten gleichzeitig auf. Entweder man legt die Schaltung so aus, daß im interessierenden Frequenzbereich die unerwünschten Komponenten vernachlässigt werden können oder man muß eine Ersatzschaltung als Netzwerk aus entsprechenden Elementarzweipolen zugrunde legen. Die Kennlinie ist im Idealfall eindeutig, im realen Fall der Praxis meist mehrdeutig.

1.2 Eigenschaften realer, passiver Bauelemente

Reale, passive Bauelemente enthalten im Gegensatz zum Elementarzweipol auch parasitäre Komponenten (d.h unerwünschte, zusätzlich zur eigentlichen Grundfunktion auftretende Zusatzfunktionen). Sie repräsentieren somit ein Netzwerk aus mehreren Elementarzweipolen, das das praktische Verhalten eines Bauelements widerspiegelt.

1.2.1 Ohmsche Widerstände

Grundeigenschaften von Widerständen werden in diesem Kapitel nicht betrachtet, es sollen nur die wichtigsten hochfrequenten Eigenschaften zur Sprache kommen.

1.2.1.1 Rauschen ohmscher Widerstände

An jedem Widerstand treten Störspannungen auf, die sich durch ein großes Frequenzspektrum bei kleinen Spannungsamplituden auszeichnen. Ursachen dieser Störspannungen können sein:

- thermische Eigenbewegung der freien Ladungsträger (*Wärmerauschen*),
- ungleiche Stromübergänge zwischen kleinsten Bezirken des Mediums (*Belastungsrauschen*).

Unter dem Einfluß der Bauelementeumgebungstemperatur vollziehen die frei beweglichen Ladungsträger (Elektronen) eine oszillierende, temperaturabhängige Eigenbewegung und erzeugen so eine Störspannung, die man unter dem Begriff *Wärmerauschen* zusammenfaßt. Das *Belastungsrauschen* tritt in Abhängigkeit von der Bauart des Widerstands bei unterschiedlichen Widerstandswerten auf.

Man muß es berücksichtigen bei:

- Kohleschichtwiderständen für Werte ≥ 3 MΩ und bei
- Massewiderständen für Werte ≥ 5 kΩ.

Bei Metallschichtwiderständen braucht man das Belastungsrauschen nicht zu berücksichtigen.
Betrachtet man den rauschenden Widerstand, dann ergibt sich Abb. 1.3.

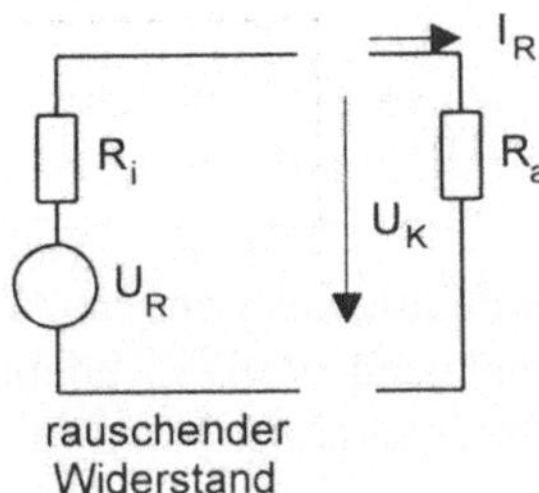

Abb. 1.3 Der rauschende Widerstand

Stellt man die Gleichungen für die Rauschspannung (U_R) und für den Rauschstrom (I_R) auf, dann ergeben sich folgende Zusammenhänge:

$$I_R = \frac{U_R}{R_i + R_a} = \frac{U_R}{2R} \text{ (bei Anpassung)}$$

Unter Berücksichtigung der Klemmenspannung (U_K) erhält man:

$$U_K = U_R \frac{R_a}{(R_i + R_a)} = \frac{U_R}{2} \text{ (bei Anpassung)}.$$

Die vom rauschenden Widerstand an einen Verbraucher abgegebene Rauschleistung ist gegeben durch:

$$P_R = I_R U_K = U_R^2 / 4R$$

Die Leerlaufspannung beträgt nach *Nyquist*:

$$U_R = \sqrt{4KT_0RB} \text{ mit } KT_0 = 4{,}1 \cdot 10^{-21} \text{ in W/Hz bei 290 K.}$$

Somit ergibt sich für die Rauschleistung: $U_R^2 / 4R = P_R = KT_0 B$; normiert man diese Rauschleistung noch auf 1 Hz Bandbreite dann ergibt sich:

$$P_R' = \frac{P_R}{B} = KT_0 \text{ in W/Hz.}$$

Damit wird die am Verbraucher anliegende *Klemmenspannung*:

$$U_K = \frac{U_R}{2} = \frac{\sqrt{4KT_0RB}}{2} = \sqrt{RKT_0B}. \tag{1.1}$$

In Auswertung des Ergebnisses (1.1) ist interessant, daß eine Absenkung (z.B. der Empfängerumgebungstemperatur) eine Reduzierung der Rauschspannung und damit eine Erhöhung der Empfängerempfindlichkeit zur Folge hat. Diesen Umstand nutzt man überall dort, wo hohe Empfindlichkeiten gefordert sind und der Aufwand an Kühlung vertretbar ist (z.B. in der Radioastronomie). Den mittleren *Rauschstrom* durch den Widerstand erhält man zu:

$$I_R = \sqrt{\frac{KT_0B}{R}} \; . \tag{1.2}$$

1.2.1.2 Der Skineffekt (auch Hauteffekt genannt)

Der ohmsche Widerstand eines Drahtes ist bei hochfrequenten Strömen stark erhöht gegenüber seinem Gleichstromwiderstand, d.h. der Strom verteilt sich nicht gleichmäßig über den gesamten Leiterquerschnitt, sondern die höchste Stromdichte ist in der Oberflächenschicht festzustellen. Sie nimmt mit wachsendem Abstand zur Oberfläche ab. Wäre der Leiterquerschnitt genügend groß, so könnte man erwarten, daß die Stromdichte in der Leitermitte vernachlässigbar klein wäre. Es wird eine *Eindringtiefe* definiert.

Definition 1.2. Die *Eindringtiefe* ist derjenige Wert, bei der die Stromdichte gegenüber dem Maximalwert an der Leiterperipherie auf den Wert 1/e abgenommen hat.

Ohne Angabe der Ableitung erhält man:

$$d = 1/\sqrt{\mu_0\mu_r f \kappa \pi} \; , \tag{1.3}$$

d: Eindringtiefe,

f: Frequenz,

κ: Leitfähigkeit,

$\mu_0\mu_r = \mu$: Permeabilität.

Für Kupfer (Cu) ergeben sich die Eindringtiefen in der Tabelle 1.1.

Tabelle 1.1 Berechnete Eindringtiefen für Kupfer als Leitermaterial

Frequenz f	50 Hz	1000 Hz	$3 \cdot 10^4$ Hz	$3 \cdot 10^8$ Hz
Eindringtiefe d	9,4 mm	2,1 mm	0,4 mm	$4 \cdot 10^{-3}$ mm

Die Stromdichteverteilung über dem Leiterquerschnitt wird in Abb. 1.4 graphisch veranschaulicht.

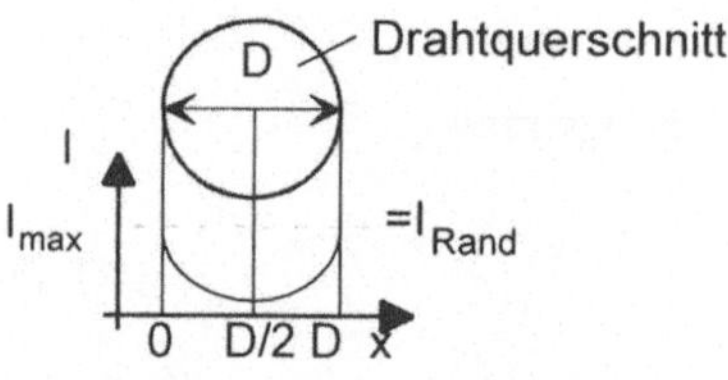

Abb. 1.4 Stromdichteverteilung

1.2.1.3 Ersatzschaltbilder und Eigenschaften ohmscher Widerstände bei höheren Frequenzen

Die angeführten Ersatzschaltbilder (Abb. 1.5 und 1.6) beinhalten Elementarzweipole, deren Wirkung man bei realen Bauelementen beobachtet.

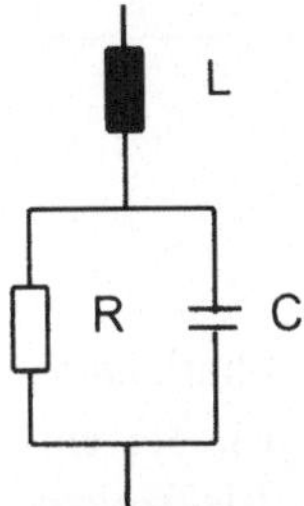

Abb. 1.5 Ersatzschaltbild eines Schicht- oder Massewiderstands ohne Wendelschliff. R: Widerstand, C: Kapazität der Anschlußkappen oder der Metallisierung, L: Induktivität (um einen stromdurchflossenen Leiter baut sich ein Magnetfeld auf, damit ergibt sich die Wirkung einer Induktivität)

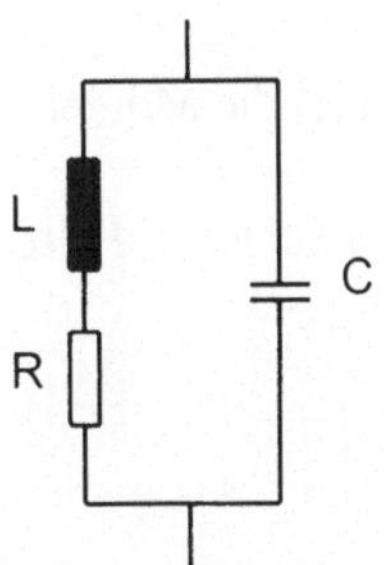

Abb. 1.6 Drahtwiderstand. R: Widerstand, C: Wicklungskapazitäten und Armaturen, L: durch den Drahtwickel bedingte Induktivität

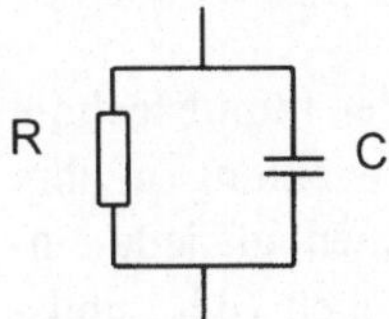

Abb. 1.7 Ungewendelter Metallschichtwiderstand. R: Widerstand, C: Kapazität der Metallisierung

Bezüglich der unerwünschten Elementarzweipole ist festzustellen: Induktivitäten werden (außer bei Drahtwiderständen) meist erst für Frequenzen oberhalb f = 200 MHz wirksam. Für feste Frequenzen ist eine Kompensation möglich (Zuschalten geeigneter Bauelemente). Für hohe Frequenzen kann man bei ohmschen Widerständen solche mit metallisierten Anschlüssen ohne Metallkappen verwenden, um die kapazitive Komponente möglichst klein zu halten. Zur Orientierung kann von den Richtwerten in Tabelle 1.2 ausgegangen werden.

Tabelle 1.2 Eigenschaften und Frequenzgrenzen einiger ausgewählter Widerstände

	Drahtwiderstand	Schichtwiderstand		
		normal	HF-Ausführung	Spezialausführung
Frequenzgrenze	bis ~ 1 kHz	bis ~ 10 MHz	bis ~ 300 MHz	bis ~ 3 GHz

1.2.2 Kondensatoren

Kapazitive Elementarzweipole (Kondensatoren) sind elektrische Speicherbauelemente, deren Haupteigenschaft durch ihre Kapazität ausgedrückt wird. Sie entspricht der Fähigkeit zweier nichtleitend miteinander verbundener Elektroden, Elektrizitätsmengen (Ladungen) zu speichern. In Gleichungen formuliert ergibt das:

Statisch: Q = CU, wobei C der Proportionalitätsfaktor zwischen der Ladung und der Potentialdifferenz zwischen den Elektroden, U die Potentialdifferenz und Q die Ladung auf den Elektroden ist.

Dynamisch: q (t) = C u (t), wobei q (t) die Momentanladung und u (t) die Momentanspannung ist.

Man kann diesen Zusammenhang für das dynamische Verhalten auch mit Hilfe einer Differentialgleichung ausdrücken:

$$i\,(t) = C\,du\,(t)/dt, \tag{1.4}$$

wobei i (t) der Momentanstrom ist.

1.2.2.1 Der ideale, kapazitive Widerstand

Unter dem idealen, kapazitiven Widerstand versteht man den Wechselstromwiderstand des kapazitiven Elementarzweipols.

Nichtharmonische Spannungen und Ströme seien entweder der Impulstechnik vorbehalten oder man denke sie sich gemäß Fourierreihenentwicklung in ihre harmonischen Anteile zerlegt und die nachfolgenden Überlegungen auf jede einzelne Harmonische angewendet. Die zeitabhängigen, harmonischen (d.h. sinusförmigen) Ströme und Spannungen unter Berücksichtigung der zugehörigen Phasenwinkel lauten:

$$i\,(t) = \hat{I} \sin\,(\omega\,t + \varphi_i)$$
$$u\,(t) = \hat{U}\,\sin\,(\omega\,t).$$

Die Phase des Stroms wird auf $\varphi_u = 0$ bezogen, d.h. die Spannung liefert die Bezugsphase. Setzt man diese Zeitfunktionen in die Differentialgleichung (1.4) ein, dann erhält man:

$$\hat{I}\,\sin\,(\omega t + \varphi_i) = \omega C \hat{U}\,\cos\,(\omega t),$$

woraus folgt:

$$X_C = \frac{\hat{U}\cos\omega t}{\hat{I}\sin(\omega t + \varphi_i)} = \frac{1}{\omega C}.$$

Da X_C zeitunabhängig sein muß, ist $\varphi_i = \frac{\pi}{2}$ und es ergibt sich:

$$X_C = \frac{\hat{U}}{\hat{I}} = \frac{U_{eff}}{I_{eff}} = \frac{1}{\omega C}$$

X_C ist der ideale kapazitive Widerstand. Der Strom eilt der Spannung um genau $\pi/2$ voraus, das bedeutet, Spannung kann sich erst aufbauen, wenn Ladung vorhanden ist.

Umgesetzte Leistung: Da Strom und Spannung zeitabhängig sind, wird auch die Momentanleistung eine Funktion der Zeit. Um dennoch die umgesetzte Leistung bestimmen zu können, ist der zeitliche Mittelwert dieser Leistung zu berechnen. Dazu ist das folgende Integral zu lösen:

$$\bar{p} = \frac{1}{T}\int_0^T p(t)\,dt = \frac{2}{T}\int_0^{\frac{T}{2}} \hat{U}\hat{I}\sin(\omega t)\cos(\omega t)\,dt$$

Die Auswertung des Integrals ergibt den Wert Null, d.h. beim idealen kapazitiven Widerstand wird keine *Joulsche Wärme* erzeugt, es handelt sich um ein *verlustloses Bauelement*. Charakteristisch sind die:

- Wirkleistung: $\bar{p} = 0$,

- Blindleistung: $Q = \dfrac{\hat{U}}{\sqrt{2}}\,\dfrac{\hat{I}}{\sqrt{2}} = U_{eff}\,I_{eff} = \omega C U_{eff}^2 = \dfrac{I_{eff}^2}{\omega C}$,

- Scheinleistung: $S = |Q|$.

Kondensator mit Dielektrikum: Befindet sich zwischen den Kondensatorplatten ein Dielektrikum, so erfolgt eine Ladungspolarisierung des Dielektrikums unter dem Einfluß des elektrischen Feldes. Die dielektrische Verschiebung ist durch den folgenden Ausdruck bestimmt:

$$\vec{D} = \varepsilon_0\,\varepsilon_r\,\vec{E}.$$

Auf der Oberfläche eines Leiters ist die dielektrische Verschiebung gleich der Flächenladungsdichte. Daraus folgt:

$$D = \frac{Q}{A} = q,$$

$$DA = Q = qA = CU.$$

Bei beliebig geformten Kondensatorbelägen und ortsabhängigen Belagsabständen gilt:

$$\int_A D\,dA = \int_A q\,dA = C\int_S E\,ds$$

q: Flächenladungsdichte,
dA: Flächenelement der gegenüberliegenden Beläge,
E: elektrische Feldstärke zwischen den Belagselementen,
ds: Abstandselement zwischen den Belägen.

Um die Verhältnisse überschaubarer zu gestalten, wird von einem einfachen Aufbau ausgegangen. Für einen Plattenkondensator mit ebenen Platten der Fläche A und dem Abstand s (Randstörungen werden vernachlässigt) erhält man die folgende Integralgleichung:

$$\int_0^A D\, dA = C \int_0^s E\, ds \,,$$

dabei ist D unabhängig von A, und E ist unabhängig von s. Es ergeben sich somit weiter:

$$D \int_0^A dA = CE \int_0^s ds$$

daraus folgt DA = CEs, und mit $D = \varepsilon_0\, \varepsilon_r E$ ergibt sich:

$$C = \frac{\varepsilon_0\, \varepsilon_r}{s} A\,. \qquad [F] \tag{1.5}$$

A: Plattenfläche,
s: Plattenabstand,
$\varepsilon_0 = 8{,}85416 \cdot 10^{-12} \ \left[F \cdot m^{-1} \right].$

Die Dimension der Kapazität ist das Farad [F], in Grundgrößen ausgedrückt erhält man $\left[AsV^{-1} \right]$. Die Gl. (1.5) stellt die Kapazität eines ebenen Plattenkondensators dar. Das Dielektrikum ist für den idealen Kondensator verlustlos; für den realen Kondensator ist es für die Verluste des jeweiligen Kondensatortyps verantwortlich. Man unterscheidet die verschiedensten Typen und Anwendungsbereiche je nach verwendetem Dielektrikum. Am Kapitelende wird darauf näher eingegangen.

1.2.2.2 Der reale, kapazitive Widerstand (verlustbehaftet)

Der reale, kapazitive Widerstand entspricht in erster Näherung dem um die Verluste erweiterten idealen, kapazitiven Widerstand. Seine wesentliche Eigenschaft wird durch den Verlustfaktor charakterisiert.

Verlustfaktor: Dieser Faktor bestimmt die Güte des Bauelements. Es wird angenommen, daß keine induktive Komponente auftritt oder daß sie so klein ist, daß sie vernachlässigt werden darf. Unter diesen Bedingungen gibt es zwei mögliche Ersatzschaltungen (die Parallelschaltung und die Reihenschaltung des Verlustwiderstands). Man nimmt also parallel oder in Reihe zum Kondensator einen, die Verluste charakterisierenden ohmschen Widerstand an. Für die Parallelschaltung führt das zur Ersatzschaltung gemäß Abb. 1.8.

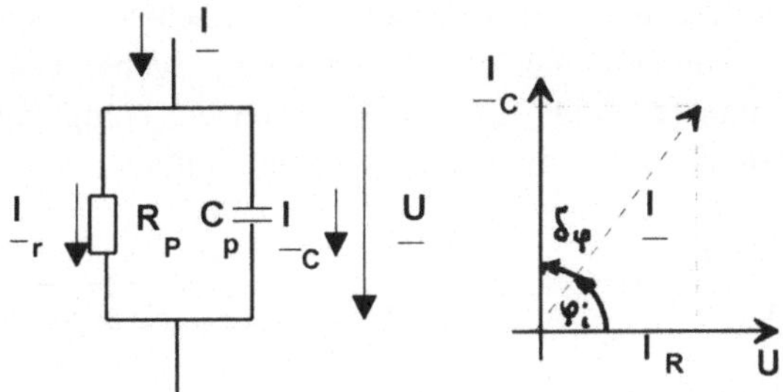

Abb.1.8 Ersatzschaltungs- und Verlustfaktordarstellung für die Parallelschaltung

In Abb. 1.8 ist die Spannungsachse Bezugsachse für den phasengleichen Strom. Aus der graphischen Darstellung kann man folgende Beziehungen herleiten:

$$\underline{I}_C = \underline{U}\,\omega C_P \quad (\text{wegen } \underline{U}_C/\underline{X}_C),$$
$$I_R = \underline{U}/R_P,$$

$$\tan \delta_P = I_R/\underline{I}_C = \frac{\underline{U}}{R_P\,\underline{U}\,\omega\,C_P},$$

$$d_p = \tan \delta_p = \frac{1}{R_p\,\omega\,C_p}\,. \tag{1.6}$$

Gleichung (1.6) besagt, daß die Verluste um so größer werden, je kleiner der parallel angenommene Verlustwiderstand ist.

Analoge Überlegungen kann man nun für die äquivalente Reihenersatzschaltung anstellen. Die Schaltung wird in Abb. 1.9 wiedergegeben.

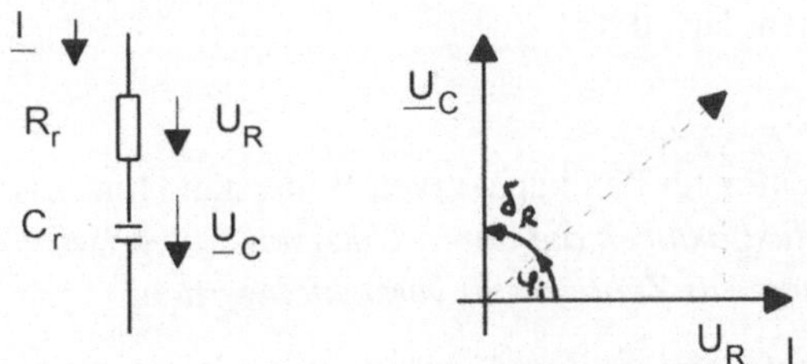

Abb. 1.9. Ersatzschaltungs- und Verlustfaktordarstellung für die Reihenschaltung

Wie für die Parallelersatzschaltung durchgeführt, kann die folgende Beziehung hergeleitet werden:

$$d_r = \tan \delta_r = R_r\,\omega\,C_r\,. \tag{1.7}$$

Das Ergebnis bringt zum Ausdruck, daß die Verluste um so kleiner werden, je kleiner der als in Reihe liegend angenommene Verlustwiderstand ist.

Es wird nun noch die *Güte* als Reziprokwert des Verlustfaktors definiert und das liefert:

$$Q_C = \frac{1}{d_C} = R_P\,\omega\,C_P = \frac{1}{R_r\,\omega\,C_r} = \tan \varphi_i\,. \tag{1.8}$$

Sicher bleibt die Frage offen, ob denn beide Ersatzschaltungen gleichwertig sind oder unter welchen Bedingungen man von einer Gleichwertigkeit ausgehen kann. Um diese Frage zu klären, hat man für beide Ersatzschaltungen die komplexen Widerstände miteinander zu vergleichen. Für die Parallelschaltung gilt:

$$\underline{Z}_P = \frac{R_P \, \frac{1}{j\omega C_P}}{R_P + \frac{1}{j\omega C_P}} = \frac{R_P}{1 + j\omega R_P C_P} \Rightarrow |\underline{Z}_P| = \frac{1}{R_P^{-1} \sqrt{1 + (\omega C_P R_P)^2}} .$$

Nach einer identischen Umformung erhält man für den Widerstandsbetrag:

$$|Z_P| = \frac{1}{\omega C_P \sqrt{1 + (1/\omega C_P R_P)^2}} = \frac{1}{\omega C_P} \frac{1}{\sqrt{1 + \tan^2 \delta_P}} .$$

Dieser Ausdruck wird mit einer äquivalenten Gleichung für die Reihenschaltung verglichen. Für die Reihenschaltung gilt zunächst:

$$|\underline{Z}_r| = \sqrt{R_r^2 + 1/(\omega C_r)^2} = \frac{1}{\omega C_r} \sqrt{1 + (R_r \omega C_r)^2}$$

$$|\underline{Z}_r| = \frac{1}{\omega C_r} \sqrt{1 + \tan^2 \delta_r} .$$

Für den Fall der Gleichheit beider komplexer Widerstände gilt $|\underline{Z}_P| = |\underline{Z}_r|$ und man erhält:

$$C_r = C_p \, (1 + \tan^2 \delta).$$

Das Ergebnis ist so zu interpretieren, daß man für $\tan^2 \delta \ll 1$ die Zahlenwerte der Verlustfaktoren als gleich annehmen darf, d.h.:

$$d_p = d_r = d_C .$$

Der Index C soll auf den Verlustfaktor für den kapazitiven Widerstand hinweisen. *Es kann also im Falle kleiner Verlustfaktoren auf deren Unterscheidung zwischen Reihen- und Parallelersatzschaltung (als Zahlenwert) verzichtet werden.*

Verlustleistung: Die im Kondensator umgesetzte Verlustleistung kann mit Hilfe des ohmschen Gesetzes und dem Verlustwiderstand berechnet werden, man erhält:

$$P_P = \frac{U_{eff}^2}{R_P} \quad \text{und} \quad \frac{1}{R_P} = \omega C_P \tan \delta_P$$

und daraus

$$P_P = U_{eff}^2 \, \omega C_P \tan \delta_P .$$

Beschränkt man sich auf kleine Verlustwinkel, so ergibt sich für die Verlustleistung, die man auch als *Wirkleistung* bezeichnet:

$$P = U_{eff}^2 \, \omega C \tan \delta . \tag{1.9}$$

Für die *Blindleistung* liefert die Leistungsbeziehung:

$$Q = U_{eff}^2 \, \omega C = \frac{P}{\tan \delta}.$$
(1.10)

Der Verlustfaktor kann auch durch den Quotienten aus Wirk- und Blindleistung ausgedrückt werden:

$$d = \tan \delta = \frac{P}{Q}$$

1.2.2.3 Kondensatoren und ihre Einsatzbereiche

Gepolte Aluminiumelektrolytkondensatoren: Sie bestehen i. allg. aus gewickelten Metallfolien (Alufolien) und einer dünnen Oxidschicht als Dielektrikum dazwischen. Diese Oxidschicht wird durch einen sog. Formierungsprozeß gebildet, d.h. unter dem Einfluß eines elektrischen Gleichfelds bildet sich eine mykrometerdikke Oxidschicht, die wegen ihrer geringen Ausdehnung hohe Kapazitäten erlaubt. Durch den wickelförmigen Aufbau haben diese Kondensatoren eine große induktive Komponente. Hinzu kommt, daß sie relativ große Verlustfaktoren von etwa 0,1 und einen recht großen, positiven Temperaturkoeffizienten haben. *Ihr Einsatz bleibt daher zumeist auf den NF- Bereich beschränkt.*
Gepolte Tantalelektrolytkondensatoren: Der Elektrolyt wird in diesem Fall durch einen porösen Sinterkörper gebildet, was den Kondensatoren eine hohe Zuverlässigkeit verleiht. Im Vergleich zum Aluminiumelektrolytkondensator zeichnen sie sich durch einen geringeren Reststrom aus, haben ein besseres Temperaturverhalten, sind aber wesentlich teurer als Aluminiumelektrolytkondensatoren. *Ihr Einsatz ist im Wesentlichen auf den NF-Bereich beschränkt.*

Kunstfoliekondensatoren: Hierbei handelt es sich um ungepolte Festkondensatoren. Das Dielektrikum wird durch eine thermoplastische Folie gebildet. Die Folie kann direkt metallisiert sein (dann nennt man sie MK-Ausführung) oder die Metallfolie und die Kunststoffolie werden gemeinsam gewickelt (dann nennt man sie K-Ausführung). Aufgrund des technologischen Aufbaus sind beide Typen induktivitätsarm, darüberhinaus sind sie alterungsbeständig, kapazitätskonstant, selbstheilend und relativ verlustarm. *Ihr Einsatzbereich ist sowohl der NF- als auch der HF-Bereich.*

Keramikkondensatoren: Es sind wiederum ungepolte Festkondensatoren, deren Dielektrikum aus einer gebrannten Spezialmasse besteht. Es gibt sie in einer großen Vielfalt an Bauformen, von denen hier nur einige erwähnt werden sollen. Es sind dies die Scheiben-, Röhren- und die SMD-Bauformen, letztere als Vielschichtkondensatoren. Bei den Keramikkondensatoren müssen zwei grundsätzliche Typen unterschieden werden.

- *NDK-Kondensatoren (niedere Dielektrizitätskonstante):* Sie haben Epsylonwerte von $25 \leq \varepsilon_r \leq 800$. Ihr Temperaturkoeffizient ist gerichtet und relativ klein, so daß man sie zielgerichtet für frequenzbestimmende Baugruppen zur

Temperaturkompensation einsetzen kann. *Ihr Einsatzbereich ist vorrangig in frequenzbestimmenden HF- Baugruppen zu suchen.*

• *HDK-Kondensatoren (hohe Dielektrizitätskonstante)*: Sie haben Epsylonwerte von $800 \leq \varepsilon_r \leq 50\,000$. Ihr Temperaturkoeffizient ist nicht gerichtet und gegenüber den NDK-Typen relativ groß, so daß sie kaum in frequenzbestimmenden Baugruppen zum Einsatz kommen. *Wegen ihrer geringen Verluste finden sie jedoch auch im HF-Bereich Anwendung. Ihr Verwendungsbereich ist der Einsatz als Sieb-, Koppel- und Entstörkondensatoren.*

1.2.3 Spulen (Induktivitäten)

Induktive Elementarzweipole (Spulen) sind im allgemeinsten Sinne alle stromdurchflossenen Leiter, ihre häufigste Bauform sind spiralförmig gewickelte Leiter. Ihre Maßzahl ist die Induktivität. Sie entspricht der Fähigkeit, ein magnetisches Feld zu speichern. In der Praxis werden die Spulen meist direkt als Induktivitäten bezeichnet.

Der mathematische Zusammenhang zwischen magnetischem Fluß und dem Strom ist wie folgt gegeben (zunächst für Gleichstrom):

Statisch: $\Psi = L\,I$.

Die Induktivität (L) ist der Proportionalitätsfaktor zwischen dem magnetischen Fluß (Ψ) und dem fließenden Gleichstrom.

Dynamisch: $\psi\,(t) = L\,i\,(t)$.

Das gilt für ein ideales, induktives Bauelement. Mit Hilfe des Induktionsgesetzes

$$u\,(t) = \frac{d\psi}{dt}$$

kann man die induzierte Spannung ohne magnetischen Kern ($\mu_r = 1$) angeben:

$$u\,(t) = L\,\frac{di}{dt}.$$

In Auswertung dieser Differentialgleichung kann für die Induktivität folgendes formuliert werden:

Unter einer Induktivität (L) versteht man eine stromdurchflossene Spule, in deren Umgebung (innen und außen) ein magnetisches Feld aufgebaut wird und dabei eine Gegenspannung induziert wird. Diese Eigenschaft heißt Selbstinduktivität oder kurz Induktivität.

1.2.3.1 Der ideale, induktive Widerstand

Unter dem idealen, induktiven Widerstand ist der Wechselstromwiderstand des induktiven Elementarzweipols zu verstehen. Auch hier sollen nur harmonische Zeitabläufe betrachtet werden, es gelten die gleichen Bemerkungen wie in Absch. 1.2.2.1, und somit erhält man für Strom und Spannung:

$$i(t) = \hat{I} \sin(\omega t + \varphi_i),$$

$$u(t) = \hat{U} \sin(\omega t).$$

Die Phase des Stroms wird auf $\varphi_u = 0$ bezogen, d.h. die Spannung liefert die Bezugsphase. Man erhält nach Einsetzen in die Differentialgleichung den Ausdruck $u(t) = L\,di/dt$:

$$\hat{U} \sin(\omega t) = \omega L \hat{I} \cos(\omega t + \varphi_i)$$

und durch Umstellung folgt:

$$X_L = \omega L = \frac{\hat{U} \sin \omega t}{\hat{I} \cos(\omega t + \varphi_i)}.$$

Da X_L zeitunabhängig ist, muß gelten: $\varphi_i = -\pi/2$, d.h. der Strom eilt der Spannung um $\pi/2$ nach. Damit ergibt sich dann:

$$X_L = \omega L = U_{eff}/I_{eff} = \hat{U}/\hat{I},$$

X_L ist der ideale, induktive Widerstand.

Umgesetzte Leistung: Auch in diesem Fall sind Strom und Spannung zeitabhängig und damit auch die Leistung. Um also die umgesetzte Leistung berechnen zu können, muß der zeitliche Mittelwert der Leistung gebildet werden:

$$\bar{p} = \frac{1}{T} \int_0^T u(t)\, i(t)\, dt = \frac{2}{T} \int_0^{\frac{T}{2}} \hat{U}\, \hat{I} \sin(\omega t) \sin\left(\omega t - \frac{\pi}{2}\right) dt.$$

Dieses Integral liefert wie schon beim idealen, induktiven Widerstand den Wert Null, d.h. es entsteht keine *Joulsche Wärme*, der *ideale, induktive Widerstand ist ein verlustloses Bauelement* mit folgenden Leistungsanteilen:

- Wirkleistung : $\bar{p} = 0$,

- Blindleistung : $Q = \dfrac{\hat{U}}{\sqrt{2}}\, \dfrac{\hat{I}}{\sqrt{2}} = U_{eff}\, I_{eff} = \dfrac{U_{eff}^2}{\omega L} = I_{eff}^2\, \omega L,$

- Scheinleistung : $S = |Q|$.

Spulen mit magnetischem Kern: Bei Verwendung von magnetischem Kernmaterial ergibt sich die magnetische Induktion (auch magnetische Flußdichte $\vec{B}$ genannt) aus der magnetischen Feldstärke auf bekannte Weise zu:

$$\vec{B} = \mu_0\, \mu_r\, \vec{H}$$

und der Betrag der magnetischen Flußdichte liefert:

$$B = \frac{\hat{\phi}}{A}$$

ϕ: magnetischer Fluß einer Windung,
A: Fläche, die vom magnetischen Fluß durchsetzt wird.

Das Durchflutungsgesetz lautet:

$$\oint \vec{H}\,\vec{ds} = N\,I$$

N: Windungszahl der Spule.

Für den Fall einer theoretisch unendlich langen, unendlich dünnen Spule läßt sich ihre Induktivität besonders einfach berechnen. Praktisch nimmt man für die Spulenlänge zwar eine sehr große, aber doch endliche Länge l an. Dann kann man von einer Form ausgehen, die in Abb. 1.10 dargestellt wird. Das Ringintegral soll über den Weg erstreckt werden: 1---2, 2---3, 3---4 und 4 ---1. Die einzelnen Wege liefern folgende Anteile für das zu lösende Integral: Von 3 nach 4 kann man annehmen, daß die magnetische Feldstärke vernachlässigbar klein ist, wenn man den Weg nur genügend nahe an der Spule wählt; dieser Integralanteil liefert keinen Beitrag. Wegen der differentiell kleinen Wege von 2 nach 3 und von 4 nach 1 ist auch dieser Integralanteil vernachlässigbar. Es bleibt nur ein endlicher Beitrag auf dem Wege von 1 nach 2. Da die Spule als unendlich dünn vorausgesetzt wurde, kann das Magnetfeld im Innern der Spule als homogen angenommen werden.

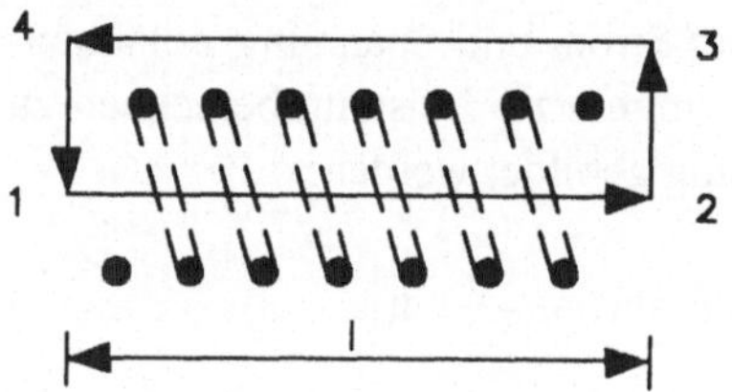

Abb. 1.10 Integrationswege in der Spule und um die Spule

Somit ergibt das Ringintegral:

$$\oint \vec{H}\,ds = H\,l,$$

H ist die magnetische Feldstärke im Innern der Spule und l der Integrationsweg. Unter Verwendung der bekannten Beziehungen $N\phi = \Psi = L\,I$ erhält man:

$$L = \frac{N\,\phi}{I} = \frac{N\,B\,A}{I} = \frac{N\,\mu_0\,\mu_r\,H\,A}{I} = \frac{N\,\mu_0\,\mu_r\,A}{I}\,\frac{N\,I}{l}$$

und damit für die Induktivität einer sehr langen, fast unendlich dünnen *Zylinderspule*:

$$L = N^2 \mu_0\,\mu_r\,\frac{A}{l} \quad [\mathrm{H}], \tag{1.11}$$

A: Spulenquerschnitt,
l: Spulenlänge,
N: Windungszahl der Spule und
μ_0: Induktionskonstante $1{,}2566 \cdot 10^{-6}\left[\mathrm{VsA^{-1}m^{-1}}\right]$.

Die Dimension der Induktivität ist das Henry [H], ausgedrückt in Grundeinheiten $\left[\mathrm{VsA}^{-1} \right]$. Gleichung (1.11) liefert die Berechnungsgrundlage für die Induktivität aus den geometrischen und den magnetischen Daten. Aus (1.11) entnimmt man, daß die Induktivität bei konstantem A, N, l durch Einsatz von magnetischem Kernmaterial ($\mu_r \gg 1$) wesentlich erhöht werden kann. Um bei beliebiger Geometrie und beliebigem Kernmaterial die Dimensionierung vornehmen zu können, geben die Hersteller von weichmagnetischem Kernmaterial einen A_L-*Wert* an; seine Formel lautet: $A_L = L/\mathrm{Wdg}^2$ und wird in *nH pro Windungsquadrat* gemessen.

1.2.3.2 Der reale, induktive Widerstand (verlustbehaftet)

Der *reale, induktive Widerstand* ist, von anderen Eigenschaften abgesehen, der um die Verluste erweiterte *ideale, induktive Widerstand*. Der Einfluß der Verluste wird durch den *Verlustfaktor* charakterisiert.

Verlustfaktor: Es soll angenommen werden, daß keine kapazitive Komponente auftritt oder daß sie vernachlässigt werden darf. Die eingesetzten Ferromagnetika sollen keine Nichtlinearitäten verursachen. Auftretende Verluste werden sowohl durch den Kern als auch durch den Skineffekt hervorgerufen. Unter diesen Bedingungen können auch für den realen, induktiven Widerstand zwei Ersatzschaltbilder angegeben werden, eines mit einem in Reihe zum idealen, induktiven Widerstand liegenden, die Verluste charakterisierenden Widerstands und eines, bei dem dieser Widerstand parallelliegend angenommen wird. Hier soll nur auf die Reihenschaltung eingegangen werden (Abb. 1.11). Für die Parallelschaltung gilt Analoges wie beim realen, kapazitiven Widerstand ausgeführt.

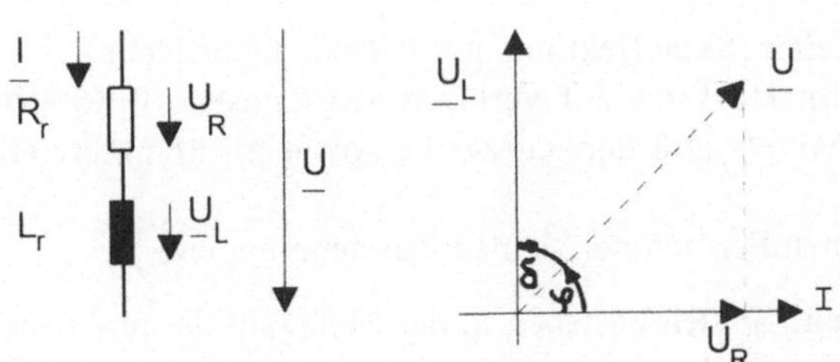

Abb. 1.11 Ersatzschaltung und Verlustfaktordarstellung für die Reihenschaltung

Aus Abb. 1.11 ergeben sich folgende Zusammenhänge:

$$\underline{U}_L = \underline{I}\,\omega\,L_r\,, \quad U_R = \underline{I}\,R_r\,,$$

und mit

$$\tan \delta_L = \frac{U_R}{\underline{U}_L} = \frac{\underline{I}\,R_r}{\omega L_r\,\underline{I}}$$

ergibt sich:

$$d_L = \tan \delta_L = \frac{1}{Q_L} = \frac{R_r}{\omega L_r} \, , \qquad (1.12)$$

$$Q_L = \frac{1}{d_L} = \frac{\omega L_r}{R_r} = \tan \varphi \, . \qquad (1.13)$$

Die Ergebnisse bringen zum Ausdruck, daß der Verlustfaktor d_L direkt proportional zum Verlustwiderstand und umgekehrt proportional zur Frequenz ist; und daß die Güte umgekehrt proportional zum Verlustfaktor ist. In beiden Fällen ist eine Angabe des Verlustwiderstands ohne gleichzeitige Angabe der Frequenz sinnlos.

Den Scheinwiderstand erhält man nach den Regeln der komplexen Rechnung unter Anwendung einer identischen Umformung (Ausklammern von ωL_r und anschließendes Wurzelziehen) zu:

$$|\underline{Z}| = \omega L_r \sqrt{1 + \tan^2 \delta_{L_r}} \, .$$

Gütebestimmungen und Scheinwiderstandsberechnungen bzgl. des Vergleichs von Reihen- und Parallelersatzschaltung laufen nach demselben Muster wie bei Kondensatoren ab und sollen deshalb dem Leser als Übung anempfohlen sein. Das Ergebnis ist dem bei Kondensatoren äquivalent, d.h. *man kann bei allen technisch vernünftigen Spulen davon ausgehen, daß Reihen- und Parallelersatzschaltungen gleich sind, so daß zukünftig auf den Ersatzschaltungsindex verzichtet werden kann. Diese Aussage bezieht sich selbstverständlich nur auf den Zahlenwert von Güte und Verlustfaktor, nicht auf ihre formelmäßige Darstellung.*

Die Verluste kann man durch folgende Maßnahmen minimieren:

- Anwendung selbsttragender Luftspulen (im HF-Bereich bei kleiner Induktivität),
- Anwendung versilberter Leiter (Skineffekt und gut leitende Oberfläche),
- Anwendung von Spulen mit HF-Litze auf verlustarmen Kunststoffträger (anwendbar im Bereich der Mittel- und der Kurzwelle sowie im kommerziellen Funk) und
- Anwendung von verlustarmen Feritten bei kleinen Aussteuerungen.

Eigenkapazitäten von Spulen: Spulen bestehen in der Mehrzahl der praktischen Anwendungsfälle aus benachbarten Leiterschleifen, die sich wegen des auftretenden Spannungsabfalls innerhalb einer Leiterschleife auf unterschiedlichem Potential befinden und damit auch eine kapazitive Komponente aufweisen.

Diesem Problem muß Rechnung getragen werden. Es spielt überall dort eine besondere Rolle, wo Spulen mit vielen Windungen auf engem Raum Anwendung finden oder wo sogar mehrlagige Spulen erforderlich sind. Eine formelmäßige Untersuchung würde den Rahmen dieses Kapitels sprengen, dennoch soll zumindest auf einige Aspekte aufmerksam gemacht werden. Man muß folgende Wicklungskapazitäten unterscheiden:

- Kapazitäten zweier benachbarter, lackisolierter Drähte in einer Lage (je größer der Wicklungsabstand um so kleiner die daraus resultierende Kapazität),

- Kapazitäten benachbarter Drähte übereinanderliegender Lagen. Man kann ihren Einfluß dadurch minimieren, indem man den Lagenabstand vergrößert oder, wo das nicht möglich ist, kann man evtl. eine Mehrkammerwicklung anwenden (Wirkung als Reihenschaltung mehrerer kleinerer Kapazitäten),
- Kapazitäten von den Windungen zur Abschirmung; man kann diese entweder dadurch klein halten, daß man den Abstand zwischen Windungen und der Abschirmung möglichst groß macht oder aber geschlitzte Abschirmbecher ververwendet. Die Schirmmaßnahmen haben noch einen anderen Effekt, sie stellen eine sekundäre Kurzschlußwindung dar, die die Verluste erheblich vergrößern und damit die Güte herabsetzen kann.

Neben der Mehrkammerwicklung zur Reduzierung von Wicklungskapazitäten können auch Kreuzwickelverfahren zum Einsatz kommen.

Verlustleistung: Da als Ersatzschaltung für verlustbehaftete Spulen sowohl die Parallelersatz- als auch die Reihenersatzschaltung anwendbar ist, sollen die Verlustfaktoren für beide Ersatzschaltungen formelmäßig angegeben werden (p steht für Parallelersatzschaltung und r für Reihenersatzschaltung).

$$\tan \delta_{Lp} = \frac{\omega L_p}{R_p}, \quad \tan \delta_{Lr} = \frac{R_r}{\omega L_r} .$$

Die Verlustleistung wird mit Hilfe des ohmschen Gesetzes und des Verlustwiderstands berechnet und ergibt:

$$P = \frac{U_{eff}^2}{\omega L_p} \tan \delta_{Lp} = I_{eff}^2 \, \omega L_r \tan \delta_{Lr} . \tag{1.14}$$

Die Blindleistung ergibt sich zu:

$$Q = \frac{U_{eff}^2}{\omega L_p} = \frac{P}{\tan \delta_{L_p}}, \quad d_p = \tan \delta_{L_p} = \frac{P}{Q} . \tag{1.15}$$

Die Blindleistung ist proportional zur Wirkleistung, aber umgekehrt proportional zum Verlustfaktor.

Gekoppelte Spulen: Zwei benachbarte, stromdurchflossene Kreise beeinflussen sich gegenseitig. Der Fluß des einen Kreises ist zum Teil mit dem des anderen verkoppelt. Zwischen dem Koppelfluß und dem erzeugenden Strom besteht Proportionalität. Der Proportionalitäsfaktor wird Gegeninduktivität (M) genannt (analog zu $\Psi = L\,I$). Es gelten somit folgende Zusammenhänge:

$$1: \text{erzeugender Kreis} \qquad \psi_{12} = M_{12}\, I_1 ,$$
$$2: \text{Ort der Wirkung} \qquad \psi_{21} = M_{21}\, I_2 .$$

Da die Wahl der Zuordnung zwischen Ursache und Wirkung willkürlich war, muß gelten:

$$M_{12} = M_{21} = M .$$

Die maximal mögliche Gegeninduktivität beträgt $M_{max} = \sqrt{L_1 L_2}$, das bedeutet, der Gesamtfluß des erzeugenden Kreises ist mit dem gekoppelten Kreis verkettet. Verallgemeinert man, dann gilt:

$$M < M_{max} \quad \text{somit} \quad M = k\,M_{max} = k\,\sqrt{L_1 L_2} \quad \left[V\,s\,A^{-1} \right] ,$$

$$k = \frac{M}{\sqrt{L_1 L2}} \quad k\!: 0 \leq k \leq 1 .$$

Der Koppelfaktor ist folglich gleich der Gegeninduktivität dividiert durch den geometrischen Mittelwert der Einzelinduktivitäten.

Reihenschaltung von n Induktivitäten:

$$L = \sum_{v=1}^{n} L_v \qquad \text{für nicht gekoppelte Spulen} ,$$

$$L = L_1 + L_2 \pm 2\,M \quad \text{für zwei gekoppelte Spulen.}$$

Es steht das Pluszeichen für *Mitkopplung* und das Minuszeichen für *Gegenkopplung*.

Parallelschaltung von n Induktivitäten:

$$L = \left(\sum_{v=1}^{n} \frac{1}{L_v} \right)^{-1} \qquad \text{für nicht gekoppelte Spulen,}$$

$$L = \frac{L_1\,L_2 - M^2}{L_1 + L_2 \pm 2\,M} \quad \text{für zwei gekoppelte Spulen.}$$

Es steht hier im Gegensatz zum vorigen Beispiel das Minuszeichen für *Mitkopplung* und das Pluszeichen für *Gegenkopplung*.

Scherung der Permeabilitätskennlinie durch einen Luftspalt: Einerseits vergrößert die Anwendung von weichmagnetischem Kernmaterial die Induktivität bei gleicher Baugröße um den Faktor der relativen Permeabilität, andererseits bringt die Hysteresiskurve Nichtlinearitäten ein, denen es zu begegnen gilt. Das geschieht durch Anwendung eines Luftspalts im Kern, man erreicht damit eine Linearisierung der Kennlinie. Diesen Vorgang nennt man Scherung. Bei einem Kern mit Luftspalt addieren sich die magnetischen Widerstände von Kern und Luftspalt.
   In den folgenden Formeln bedeuten:

R_m: magnetischer Widerstand,

l :   Länge der Magnetfeldlinien,

A: Fläche, die vom Magnetfeld durchsetzt wird.

Der Index k steht für Kern, der Index l für Luft.

Damit ergibt sich für den *magnetischen Gesamtwiderstand*:

$$R_m = \frac{l}{A\,\mu_{eff}} = R_{m\,k} + R_{m\,l} = \frac{l_k}{A\,\mu_k} + \frac{l_l}{A\,\mu_o} ,$$

$$\frac{\mu_{eff}}{l} = \frac{\mu_0 \; \mu_k}{l_k \, \mu_0 \; + l_l \, \mu_k} \; .$$

Aus der letzten Beziehung erhält man nach Anwendung einer identischen Umformung und Auflösung nach μ_{eff}:

$$\mu_{eff} = \frac{\mu_k}{1 + \frac{\mu_k}{\mu_0} \, \frac{l_l}{l}} \qquad (1.16)$$

Dabei ist $\mu_0 = 1$ für den Luftspalt. Aus (1.16) erkennt man, daß sich die effektive Permeabilität in dem Maße verringert, indem der Quotient aus Luftspaltlänge zu Gesamtlänge l zunimmt (dabei wurde angenommen, daß l_k ungefähr gleich l ist, kleinen Luftspalt vorausgesetzt, wie in der Praxis üblich). Die effektive Permeabilität nimmt ab, aber im gleichen Maße verringern sich auch die hysteresisbedingten Nichtlinearitäten.

Spulenbauformen: Hier können nur einige Anregungen gegeben werden, da die Vielfalt der Hochfrequenzspulen zu groß ist, als daß sie hier dargestellt werden könnte.

Hochfrequenzspulen für einfache Anwendungen:
Als Kernmaterial wird entweder Masseeisen eingesetzt oder es werden Feritte angewendet. Der Aufbau wird als widerstandsarmer Wickel ausgeführt (je nach Frequenzbereich mit HF-Litze im Kreuzwickel oder als dicker, versilberter Draht freitragend).

Hochfrequenzspulen für frequenzbestimmende Baugruppen:
Grunsätzlich muß der Aufbau kapazitätsarm und mit hoher Güte erfolgen. Hinsichtlich des zu verwendenden Materials ist zu sagen: Es wird entweder HF-Litze im Kreuzwickel oder dicker, versilberter Draht oder bei Sendern ein dickes, breites Leiterband verwendet, da es eine große Leiteroberfläche hat und damit geringe Verluste garantiert. Als *Kernwerkstoffe* kommen weitestgehend Feritte der verschiedensten Frequenzbereiche zum Einsatz.

Kernwerkstoffe: Am häufigsten sind die Schalenkernspulen anzutreffen. Sie sind rotationssymmetrische, mittengeteilte Töpfe, deren Fügeflächen geschliffen sind, die einen runden Mittelsteg haben und mit oder ohne Luftspalt geliefert werden. Sie zeichnen sich durch ein kleines Streufeld aus, können mit und ohne Abgleichkern eingesetzt werden. Der Wickelkörper besteht aus einem verlustarmen Kunststoff, er ist mit einer oder mehreren Kammern versehen und gestattet somit die Realisierung kapazitätsarmer Aufbauten. Schalenkernspulen sind bis zu Frequenzen von ca. 10 MHz einsetzbar. Stiefelkern- und Topfkernspulen haben einen Wickelkörper aus Kunststoff und im Falle der Topfkernspulen wird die Spule mit einem Ferittopf komplettiert. Einsetzbar sind derartige Bauformen bis zu Frequenzen von ca. 30 MHz. Luftspulen sind freitragende, aus stabilem Draht aufgebaute Spulen, die Einsatzgrenze liegt etwa bei 100 MHz. Bei hohen Frequenzen benötigt man im allg. nur noch kleine Induktivitäten und damit Bauelemente mit nur noch wenigen Windungen. Aus dieser Überlegung resultiert die obere Frequenzgrenze, wobei anzumerken ist, daß die hier mitgeteilten Grenzen nur als Orientierungswerte zu verstehen sind. Eine besondere hochfrequente Spulenbauform sind die Ringkernspulen. Sie werden auf einen Toroiden (aus Hochfrequenzferitten) gewickelt und haben bei wenigen Windungen ein Streufeld von weniger als 1%, sie eignen sich deshalb besonders sowohl für hochfrequente Anwendungen als auch für den Einsatzbereich in der Impulstechnik. Im Zuge der Miniaturisierung kommen gedruckte Spulen und insbesondere Streifenleiterspulen zum Einsatz. Es muß in diesem Zusamhang darauf hingewiesen werden, daß der Entwickler von elektronischen Baugruppen früher seine Spulen selbst entwerfen mußte, im Zeitalter der *SMD*-Technik aber auf eine Vielzahl konfektionierter und hinsichtlich unerwünschter Nebeneffekte optimierter Induktivitäten zurückgreifen kann.

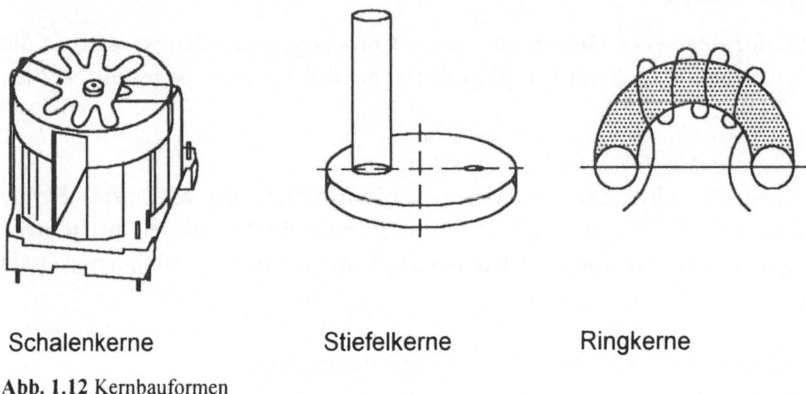

<table>
<tr><td>Schalenkerne</td><td>Stiefelkerne</td><td>Ringkerne</td></tr>
</table>

Abb. 1.12 Kernbauformen

1.3 Einige Bemerkungen zur SMD-Technik

Viele der zuvor geschilderten Effekte, die durch die technologisch bedingte Bauform gegeben sind und bei Schaltungsentwürfen berücksichtigt werden müssen, lassen sich durch die Anwendung von Bauelementen der *SMD-Technik* vermeiden oder doch wesentlich reduzieren. Was bedeutet SMD-Technik und was sind SMD-Bauelemente?

SMD: Surface Mounted Device (Oberflächenmontierbare Bauelemente),
SMT: Surface Mounted Technology (Technologie der oberflächenmontierbaren Bauelemente).

Bei den SMDs handelt es sich um Bauelemente, die im Gegensatz zur herkömmlichen Technologie plan auf der Leiterplatte fixiert werden und anschließend nach verschiedenen Verfahren gelötet werden. Im Gegensatz dazu werden die klassischen Bauelemente (bedrahtete Bauelemente) durch die Leiterplatte gesteckt und von der Gegenseite verlötet. Bei den SMD-Bauelementen wird weitestgehend das dem bedrahteten Bauelement eigene Wirkprinzip beibehalten, es entfallen aber z.B. Zuleitungsinduktivitäten bzw. Kapazitäten gegen Masse. *Die Bauteile sind sehr klein.* Als Beispiel, ein üblicher 1/20-Watt-Schichtwiderstand ist quaderförmig und hat Abmessungen von 3,2 mm Länge, 1,6 mm Breite und 0,5 mm Höhe.

Vorteile der SMD-Technik:

- SMD-Bauelemente haben sehr kleine Abmessungen,
- sie haben ein sehr geringes Gewicht,
- bei ihnen entfallen die Anschlußdrähte, ihre metallisierten Anschlüsse werden unmittelbar auf den Leiterzug aufgelötet, dadurch

  / ist eine größere mechanische Festigkeit bzgl. Vibration und Stoß gegeben,
  / werden die parasitären Elemente wesentlich verringert und somit wird mit dem SMD-Bauelement bei gleichen elektrischen Daten eine höhere Grenzfrequenz erreicht,
  / werden für digitale Anwendungen überhaupt erst Anschlußzahlen von mehr als 300 (z.B. im Mikropack) möglich,
  / ist die Möglichkeit des Überganges von 1/10 zu 1/20 Zollraster und zum Teil darunter erst gegeben.

Auswirkungen auf die Leiterplatte:

Durch die Kleinheit der Bauelemente läßt sich die Leiterplatte bei gleicher Funktion wesentlich verkleinern. Das hat zur Folge:

- Vergrößerung der Komplexität der Schaltung bei Beibehaltung der Plattengröße oder bei gleicher Schaltungskomplexität, Verringerung der Plattengröße,
- daß diese Baugruppen weniger Anfälligkeit gegen äußere Störstrahlung aufweisen (geringere Antennenwirkung),
- die Eigenabstrahlung nimmt selbstverständlich auch ab und damit u.a. auch die Schwingneigung,
- durch die geringeren Leitungsinduktivitäten und -kapazitäten steigt u.U. der nutzbare Frequenzbereich erheblich,
- Schaltverzögerungs- und Signallaufzeiten nehmen ab.

Das sind nur einige Vorteile der SMD- Technik, die es gestatten, eine Reihe von hochfrequenzbedingten, unerwünschten Effekten zu vermeiden oder doch wesentlich zu reduzieren.

1.4 Übungen

Beispiel 1.1   Es ist die an einem Empfänger anliegende, von einer 50-Ω-Antenne verursachte Rauschspannung zu berechnen, wenn die Antenne eine Bandbreite von 100 kHz aufweist und bei einer Temperatur von 20 °C arbeitet (Anpassung an den Empfänger sei vorausgesetzt).
Lösung: Nach Gl. (1.1) gilt:

$$U_R = \sqrt{R K T_0 B} \, ,$$

die Zahlenwerte eingesetzt liefert:

$$= \sqrt{50\,\Omega \cdot 4{,}1 \cdot 10^{-21}\ VAs\ 290 \cdot 0{,}1 \cdot 10^{6}\ s^{-1}}$$

und damit

$$U_R = 2{,}4\ \mu V.$$

Beispiel 1.2   Es sollen die Werte für die Eindringtiefe nach Gl. (1.3) für die in Tabelle 1.1 angegebenen Frequenzen von 1 kHz und 300 MHz berechnet werden!

Lösung: Nach (1.3) gilt:

$$d = 1/\sqrt{\mu_0\,\mu_r\,f\,\pi\,\kappa}\ .$$

In Tabelle 1.1 sind die Werte für Cu angegeben, folglich ist die Leitfähigkeit für Cu zu ermitteln, sie beträgt:

$$\kappa = (\,0{,}0172\,)^{-1}\left[m \cdot mm^{-2} \cdot \Omega^{-1}\right],$$

$$\mu_0 = 1{,}2566 \cdot 10^{-6}\left[H \cdot m^{-1}\right].$$

Die Zahlenwerte für 1 kHz eingesetzt ergeben:

$$d = 1/\sqrt{1{,}2566 \cdot 10^{-6}\ Vs\,A^{-1}m^{-1}\,10^{3}\ s^{-1}\ \frac{3{,}14}{0{,}0172}\ \frac{A \cdot m}{V \cdot mm^{2}}}\quad \text{oder}$$

$$d = 2{,}087\ mm.$$

Die Zahlenwerte für 300 MHz eingesetzt ergeben:

$$d = 1/\sqrt{1{,}2566 \cdot 10^{-6}\,Vs\,A^{-1}m^{-1}\,3 \cdot 10^{8}\ s^{-1}\ \frac{3{,}14}{0{,}0172}\ \frac{A \cdot m}{V \cdot mm^{2}}}\quad \text{oder}$$

$$d = 0{,}0038\ mm.$$

Beispiel 1.3   Ein Kunstfolienkondensator mit der Kapazität von $1\,\mu F$ hat einen Verlustfaktor von $\tan\delta = 2 \cdot 10^{-4}$ bei einer Frequenz von 1 MHz.

a) Wie groß ist sein als Parallelschaltung angenommener Verlustwiderstand?

b) Welche Verlustleistung wird im Kondensator umgesetzt, wenn an ihm eine Wechselspannung von $\hat{U} = 40$ V bei 1 MHz anliegt?

c) Wie groß ist sein Isolationswiderstand $R_{i\,s}$, wenn nach Aufladung auf Nenngleichspannung dieselbe nach 400 s auf das 1/e-fache durch Selbstentladung abgefallen ist?

Lösung:

$$\text{zu a)}\quad \tan\delta_p = \frac{1}{\omega C R_p}\ ,\qquad R_p = \frac{1}{\omega C \tan\delta_p}$$

$$= \frac{1}{2\,\pi \cdot 10^{6} \cdot 10^{-6} \cdot 2 \cdot 10^{-4}} \,,$$

R_p = 796 Ω, dabei wurden alle Größen in ihrer Grunddimension eingesetzt und man erhält das Ergebnis ebenfalls in der Grunddimension.

zu b) $P = \dfrac{\hat{U}\,\hat{I}}{2}\,\tan \delta_p$,

daraus ergibt sich:

$$P = \frac{\hat{U}^{2}}{2}\,\omega C \tan \delta_p \,,$$

und daraus folgt:

$$P = (1600 \, / \, 2)\, 2\,\pi \cdot 10^{6} \cdot 10^{-6} \cdot 2 \cdot 10^{-4} = 1{,}0053 \ W.$$

zu c) Die Schaltung für die Selbstentladung ist einfach die Parallelschaltung von Kondensator und Isolationswiderstand, damit wird die Zeitkonstante für das Netzwerk $\tau = R\,C$ und die Entladegleichung lautet:

$$u_C\,(t) = U\,e^{-\frac{t}{\tau}} \,,$$

für $t = \tau$ ist $u_c\,(\,t\,)/U = \dfrac{1}{e}$,

daraus folgt:

$$\tau = RC = 400 \ s$$

und somit

$$R_{I\,s} = \frac{400 \ s \ V}{10^{-6} \ As} = 400 \ M\Omega \ .$$

Beispiel 1.4   Zu berechnen ist der A_{L1}-Wert einer Spule, die Bestandteil einer Reihenschaltung bestehend aus 2 Spulen ist und für die folgende Daten gegeben sind: $A_{L\ Ges}$; A_{L2}; n_{Ges}: n_1 = k; n_2: $n_1 = l$.
Lösung: $L_{Ges} = L_1 + L_2$, $A_L = L_v/n_v^2$
$A_{L\ Ges}\,n_{Ges}^2 = A_{L1}\,n_1^2 + A_{L2}\,n_2^2$,
diesen Ausdruck kann man nach A_{L1} auflösen und erhält dann:
$A_{L1} = A_{L\ Ges}\,k^2 - A_{L2}\,l^2$.

Bespiel 1.5   Wie groß ist die relative Induktivitätsänderung $(L - L_1) : L$, wenn L die Induktivität der ungescherten Schalenkernspule und L_1 jene der gescherten Schalenkernspule ist?
Daten der Spule mit Kern ohne Luftspalt:
Kern 14·8; μ_r = 600; l_m = 1,98 cm (mittlere Länge der Magnetfeldlinien).

Daten der Spule mit Kern und Luftspalt:

Kern 14·8; $\mu_{Luft} = 1$; Luftspalt 0,03 cm. Die übrigen Daten, wie Windungszahl, magnetischer Querschnitt und Geometrie sind gleich.

Lösung:

$$L = \frac{\mu_0 \, \mu_r \, A \, n^2}{l} = \frac{n^2}{\frac{l}{\mu_0 \mu_r A}} = \frac{n^2}{R_m}; \quad R_m: \text{magnetischer Widerstand}$$

$$\frac{L - L_1}{L} = \frac{\frac{n^2}{R_m} - \frac{n^2}{R_{m1}}}{\frac{n^2}{R_m}}$$

$$\frac{\Delta L}{L} = \frac{n^2 R_{m\,1} - n^2 R_m}{R_m \, R_{m\,1}} \cdot \frac{R_m}{n^2} = 1 - \frac{R_m}{R_{m\,1}}$$

$$R_{m\,1} = R_m + R_{m\,2}; \quad R_{m\,2}: \text{magnetischer Widerstand des Luftspalts}$$

$$\frac{\Delta L}{L} = 1 - \frac{R_m}{R_m + R_{m\,2}} = \frac{R_{m\,2}}{R_m + R_{m\,2}}$$

$$\frac{\Delta L}{L} = \frac{\frac{l_l}{\mu_0 \, \mu_{rl} \, A}}{\frac{l}{\mu_0 \, \mu_r \, A} + \frac{l_l}{\mu_0 \, \mu_{rl} \, A}} = \frac{l_l \, \mu_r}{l \mu_{rl} + l_l \, \mu_r}$$

$$\frac{\Delta L}{L} = \frac{0,3 \text{ mm} \cdot 600}{19,8 \text{ mm} \cdot 1 + 0,3 \text{ mm} \cdot 600} = 0,9 \quad \text{entspricht 90 \%.}$$

Aufgabe 1.1   Wie groß ist der maximal mögliche Ladestrom des Kondensators mit der Kapazität 4 µF, bei einer Frequenz von f = 10 kHz und dem Spannungseffektivwert von 10 V? Die Lösung lautet: I_{max} = 3,55 A.

Aufgabe 1.2   Ein Plattenkondensator mit dem Plattenabstand von d = 2mm wird zur Messung der Dicke einer Kunststoffolie verwendet, deren Dicke 1 mm betragen soll, ihre relative Dielektrizitätskonstante beträgt 4. Das andere Dielektrikum ist Luft mit der Dielektrizitätskonstanten 1. Um wieviel Prozent ändert sich die Kapazität des Meßkondensators, wenn die Foliendicke um + 20 % schwankt ?

Die Lösung lautet: $\dfrac{\Delta C}{C} = 13,6 \cdot 10^{-2}$ (das sind 13,6 %)

Aufgabe 1.3   An einem zweikreisigen, induktiv gekoppelten Bandfilter soll der Koppelfaktor k zwischen beiden Spulen bestimmt werden. Die Induktivitäten der Einzelspulen betragen L_1 = 20 mH, L_2 = 5 mH.

Bei der Reihenschaltung der beiden Spulen wird eine Induktivität von $L_{Ges} = 26$ mH gemessen. Bestimmen Sie k und die wirksame Gegeninduktivität (M)!
Die Lösung lautet: $M = 0,5$ mH; $k = 0,05$ (5 %).

2 Passive Eintore (Zweipolnetzwerke)

In diesem Kapitel sollen zur Auffrischung noch einmal die wesentlichen Zusammenhänge für einfache Schwingkreise zusammengestellt werden. Dabei geht es sowohl um die Formeln für die Scheinwiderstände, Resonanzfrequenzen, Güten usw. als auch um eine Einführung der äußerst nützlichen Pol-Nullstellenverteilungen.

Diese Betrachtungen werden hier eingefügt, weil sie in der Hochfrequenztechnik sowohl bei den Selektionsproblemen als auch bei Fragen der Schwingungserzeugung eine herausragende Rolle spielen.

2.1 Einleitung

Definition 2.1. Ein Zweipolnetzwerk ist ein Netzwerk mit einer Eingangs- und einer Ausgangsklemme zwischen denen sich aufgrund von Strom-Spannungsbeziehungen elektrische Energie umwandelt. Das Eintor (Zweipolnetzwerk) wird als passiv bezeichnet, wenn es aus Bauelementen aufgebaut ist, die die Nutzenergie nicht verstärken. Das bedeutet, daß die Ausgangsenergie immer kleiner oder höchstens gleich der Eingangsenergie ist.

Zweipolnetzwerke können i. allg. sein:

• Ein Scheinwiderstand (impedance) oder sein Kehrwert,
• ein Scheinleitwert (admittance).

Ihre Bestandteile sind ggf.:

• Wirkwiderstände (resistance) oder ihre Kehrwerte,
• Wirkleitwerte (conductance),
• Blindwiderstände (reactance) oder ihre Kehrwerte,
• Blindleitwerte (susceptance),

die ihrerseits bestehen können aus:

• induktiven Blindwiderständen (inductance) und/oder
• kapazitiven Blindwiderständen (capacitance).

Es können auch passive Bauelemente beteiligt sein, die selbst nur durch eine Ersatzschaltung darstellbar sind, z.B. Dioden.

2.2 Einkreisige LC-Filter

2.2.1 Der Reihenschwingkreis

2.2.1.1 Grundformeln

Ausgangspunkt der folgenden Betrachtungen ist die Reihenschaltung von einem kapazitiven und einem induktiven Widerstand, meist ergänzt durch einen ohmschen Widerstand (Verluste), wie in Abb. 2.1 dargestellt.

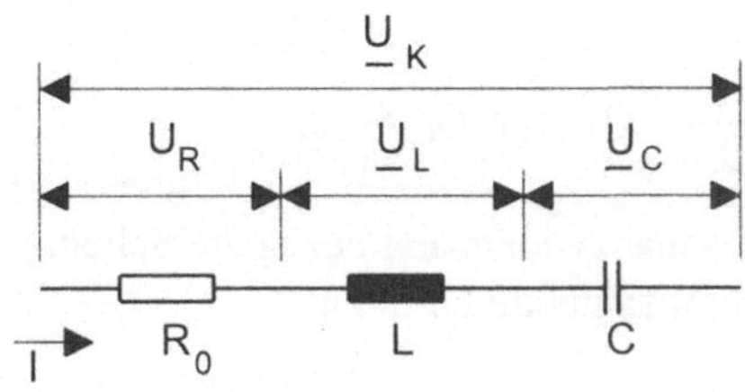

Abb. 2.1 Schaltung des Reihenresonanzkreises (Serienschwingkreis)

Es sollen eine Reihe bekannter Beziehungen zusammengestellt werden und einige neu formuliert werden.

Der Widerstand R_0 setzt sich aus dem die Verluste des Kondensators charakterisierenden Widerstand R_{Cr} und dem die Verluste der Spule charakterisierenden Widerstand R_{Lr} additiv zusammen.

$$R_0 = R_{Lr} + R_{Cr}$$

Bei sinusförmiger Erregung ergibt sich der Gesamtwiderstand $\underline{Z}$:

$$\underline{Z} = R_0 + j\left(\omega L - \frac{1}{\omega C}\right) \quad \text{oder} \quad \underline{Z} = |\underline{Z}|\, e^{j\varphi_Z}.$$

Betrag und Phasenwinkel sind gegeben durch:

$$|\underline{Z}| = \sqrt{R_0^2 + \left(\omega L - \frac{1}{\omega C}\right)^2}\,, \tag{2.1}$$

$$\varphi_Z = \arctan \frac{\omega L - \frac{1}{\omega C}}{R_0}. \tag{2.2}$$

Die Resonanzbedingung lautet: die Phasenverschiebung zwischen Strom und Spannung ist Null, d.h. $\varphi_Z = 0$. Daraus ergibt sich mit

$$\frac{\omega L - \frac{1}{\omega C}}{R_0} = 0$$

die *Thomsonsche Schwingungsformel*.

$$\omega_0 = \frac{1}{\sqrt{LC}} \qquad\qquad \text{Thomsonsche Formel} \qquad (2.3)$$

Sie liefert die Resonanzkreisfrequenz ω_0 , bei der der Phasenwinkel φ_Z gleich Null wird und damit der Scheinwiderstand $\underline{Z}$ reell wird und sein Minimum erreicht s.a. Abb.2.2. Dieser Widerstand ist der Resonanzwiderstand (R_0).

Kennwiderstand (R_K) und *Kreisgüte* (Q_0) werden folgendermaßen definiert:

$$R_K = \omega_0 L = \frac{1}{\omega_0 C} = \sqrt{\frac{L}{C}} \ ,$$

$$Q_0 = \frac{\omega_0 L}{R_0} = \frac{1}{R_0 \omega_0 C} = \frac{R_K}{R_0} = \frac{Q_L Q_C}{Q_L + Q_C} \approx Q_L \ \ \text{für} \ \ Q_C \gg Q_L \ .$$

Der *normierter Widerstand* ist der auf den Resonanzwiderstand bezogene Scheinwiderstand des Reihenschwingkreises. Er nimmt folgende Form an:

$$\frac{\underline{Z}}{R_0} = 1 + j \left(\frac{\omega L}{R_0} - \frac{1}{\omega C R_0} \right).$$

Nach Anwendung einer identischen Umformung erhält man:

$$\frac{\underline{Z}}{R_0} = 1 + j \left(\frac{\omega L \, \omega_0}{R_0 \, \omega_0} - \frac{\omega_0}{\omega C \, R_0 \, \omega_0} \right),$$

$$= 1 + j \left(Q_0 \frac{\omega}{\omega_0} - Q_0 \frac{\omega_0}{\omega} \right) = 1 + j \, Q_0 \left(\frac{\omega}{\omega_0} - \frac{\omega_0}{\omega} \right),$$

und mit Einführung der Doppelverstimmung $v = \frac{\omega}{\omega_0} - \frac{\omega_0}{\omega}$ ergibt sich:

$$\frac{\underline{Z}}{R_0} = 1 + j \, Q_0 \, v \quad \text{und} \quad \frac{|\underline{Z}|}{R_0} = \sqrt{1 + (Q_0 \, v)^2} \qquad (2.4)$$

Um die Bedeutung der Doppelverstimmung zu erkennen, sind folgende Umrechnungen erforderlich:

$$V = \frac{\omega}{\omega_0} - \frac{\omega_0}{\omega} = \frac{\omega^2 - \omega_0^2}{\omega \omega_0} = \frac{(\omega - \omega_0)(\omega + \omega_0)}{\omega \omega_0} \quad \text{mit} \ \omega \approx \omega_0 \ ,$$

d.h. in Resonanznähe gilt:

$$v \approx \frac{\Delta\omega \, 2\omega}{\omega \omega_0} = \frac{2 \, \Delta\omega}{\omega_0} = \frac{2 \, \Delta f}{f_0}$$

und mit Einführung der *normierten Verstimmung* $\Omega = Q_0 v$ folgt

$$\frac{|\underline{Z}|}{R_0} = \sqrt{1 + \Omega^2} \qquad \text{und} \qquad \varphi_Z = \text{arc} \tan \Omega \ . \qquad (2.5)$$

Der normierte Widerstand und der Phasenwinkel als Funktion der normierten Verstimmung sind in den Abb. 2.2 und 2.3 dargestellt.

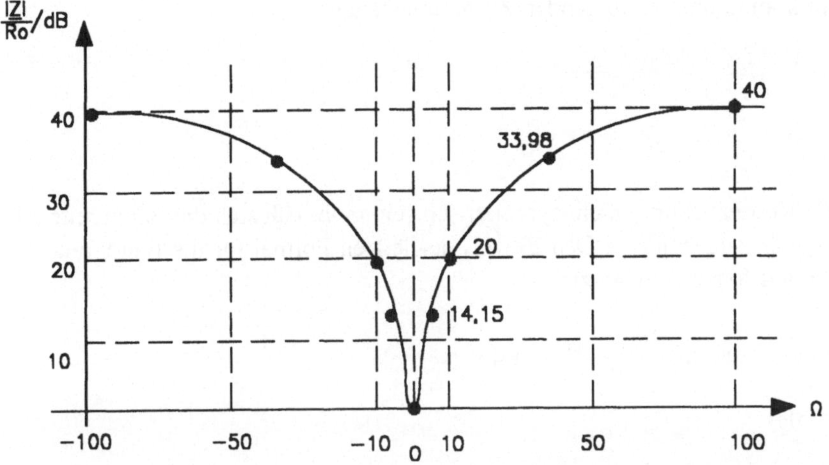

Abb. 2.2 Resonanzkurve des Reihenschwingkreises (normierter Widerstand)

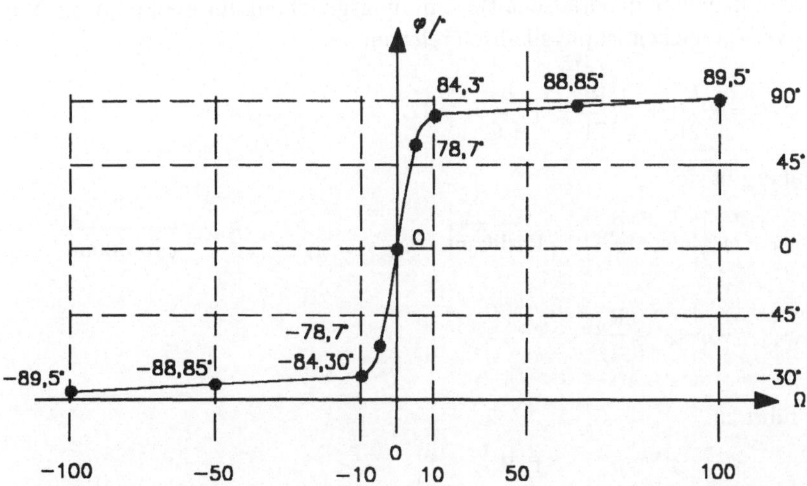

Abb. 2.3 Phasenkurve des Reihenschwingkreises

Aus den Abb. 2.2 und 2.3 entnimmt man die besondere Bedeutung der Resonanz ($\Omega = 0$). Dort hat der normierte Widerstand den Wert 1 und der Phasenwinkel φ_Z den Wert 0.

2.2.1.2 Bestimmung der Bandbreite des Schwingkreises

Definition 2.2. Die Bandbreite wird definiert als die Differenz aus der oberen und der unteren Grenzfrequenz.

Definition 2.3. Als Grenzfrequenz wird diejenige Frequenz festgelegt, bei der der Phasenwinkel zwischen Strom und Spannung den Wert +45° (obere Grenzfrequenz) oder −45° (untere Grenzfrequenz) erreicht.

Damit kommt man zu folgenden Zusammenhängen:

$$B = f_{45°} - f_{-45°} \, ,$$

$$B = \frac{f_o}{Q_o} \approx 2 \, \Delta f_{45°} \, .$$

Weil die Resonanzkurve nicht symmetrisch sein muß, läßt sich die Bandbreite (B) nur ungefähr angeben ($\approx$). Den Beweis der letzten Formel für die Bandbreite erhält man auf folgendem Wege:

$$\varphi_Z = \text{arc tan} \, \frac{\omega L - \frac{1}{\omega C}}{R_o} = \pm \, 45$$

daraus folgt

$$\frac{\omega L - \frac{1}{\omega C}}{R_o} = \pm \, 1 \, .$$

Damit erhält man eine quadratische Bestimmungsgleichung für die Frequenz. Nur das positive Vorzeichen ist physikalisch relevant:

$$\omega_{1,2} = \pm \, \frac{R_o}{2L} + \sqrt{\left(\frac{R_o}{2L}\right)^2 + \frac{1}{LC}}$$

und damit ergibt sich:

$$\omega_1 = \omega_{+45°} = + \, \frac{R_o}{2L} + \sqrt{\text{Radikant}} \; ; \; \omega_2 = \omega_{-45°} = - \, \frac{R_o}{2L} + \sqrt{\text{Radikant}} \, ,$$

$$\omega_{+45°} - \omega_{-45°} = \frac{R_o}{L}$$

und das führt zu:

$$f_{+45°} - f_{-45°} = \frac{R_o}{2\pi L} = \frac{f_o R_o}{2\pi f_o L} = \frac{f_o}{Q_o} \, .$$

Für die relative Bandbreite ergibt sich somit:

$$\frac{B}{f_o} = B_{\text{rel.}} = \frac{1}{Q_o} \approx \frac{2\Delta f_{45°}}{f_o} \, . \tag{2.6}$$

Für den Strom im Reihenschwingkreis erhält man bei Fehlen eines Generators oder bei Anschluß eines extrem niederohmigen Generators:

$$\underline{I} = \frac{\underline{U}_K}{R_0 \, (1 + j \, \Omega)} \, , \quad I_0 = \frac{\underline{U}_K}{R_o} \, , \quad \left| \underline{U}_K \right| = \left| \underline{U}_{K0} \right| ,$$

$$\frac{\underline{I}}{I_0} = \frac{1}{1 + j \, \Omega} \, . \tag{2.7}$$

Die normierte Strombetragskurve ist gleich dem reziproken Wert der normierten Widerstandskurve.

2.2.1.3 Berechnung der Spannung an den Schaltelementen

Es soll der Verlauf der Funktionen $U_L = f(\omega)$ und $U_C = f(\omega)$ untersucht werden, insbesondere ist zu prüfen, ob Extremwerte auftreten. Die Untersuchung wird nur am Beispiel der Spannung am induktiven Widerstand geführt, für die Spannung am kapazitiven Widerstand ist der Gang der Rechnung ganz analog. Da sich der Strom aus dem Quotienten aus Klemmenspannung und Betrag des Schwingkreiswiderstands ergibt, erhält man:

$$\left| \underline{U}_L \right| = \left| \underline{I}\, j\, \omega L \right| = \frac{\omega L\, U_K}{\sqrt{R_0^2 + (\omega L - \frac{1}{\omega C})^2}}\,.$$

Zur Bestimmung des erwarteten Extremwertes ist folgende Aufgabe zu lösen:

$$\frac{dU_L(\omega)}{d\omega} = \frac{d}{d\omega} \left\{ \frac{\omega L\, U_K}{\sqrt{R_0^2 + (\omega L - \frac{1}{\omega C})^2}} \right\} = 0\,.$$

Diese Gleichung ist nach ω aufzulösen, um die Kreisfrequenz zu bestimmen, bei der ein Extremwert auftreten könnte. Das Ergebnis lautet:

$$\omega_{Ex}^2 = \frac{2}{2LC - R_0^2 C^2} = \frac{1}{LC\,(1 - \frac{R_0^2 C^2}{2LC})} = \frac{1}{LC\,(1 - \frac{R_0^2 C}{2L})}\,.$$

und mit

$$Q_0 = \frac{\sqrt{\frac{L}{C}}}{R_0}$$

ergibt sich:

$$\omega_{Ex} = \frac{1}{\sqrt{LC}\,\sqrt{1 - \frac{1}{2 Q_0^2}}}\,.$$

Unter Anwendung der folgenden Näherung kann man den Ausdruck übersichtlicher gestalten:

$$(1 + x)^{-\frac{1}{2}} \approx 1 - \frac{1}{2}\,x$$

gilt für $x \ll 1$, und damit erhält man:

$$\omega_{Lmax} \approx \omega_0\,(1 + \frac{1}{4 Q_0^2})\,.$$

Daß diese Kreisfrequenz die Frequenz eines Maximums ist, möge der Leser durch Bildung der zweiten Ableitung und Kontrolle, ob deren Funktionswert für die ermittelte Frequenz kleiner als Null wird, selbst prüfen. Für den kapazitiven Widerstand erhält man auf ganz analogem Wege das Resultat:

$$\omega_{Cmax} \approx \omega_0 \left(1 - \frac{1}{4\,Q_o^2}\right).$$

Wenn man voraussetzt, daß $2Q_0 \gg 1$, was in der Praxis fast immer erfüllt ist, dann ist $4 \cdot Q_0^2 \ggg 1$ und somit ist

$$\frac{1}{4\,Q_o^2} \lll 1,$$

daraus folgt aber

$$\omega_{Lmax} \approx \omega_{C\,max} \approx \omega_0$$

und damit

$$U_{L\,max} \approx U_{C\,max} \approx \frac{\omega_o L\, U_K}{\sqrt{R_o^2 + (\omega_o L - \frac{1}{\omega_o C})^2}} = \frac{\omega_o L\, U_K}{R_o} = Q_o\, U_K \,,$$

woraus das endgültige Resultat folgt:

$$U_{Lmax} \approx U_{C\,max} \approx Q_0\, U_K \tag{2.8}$$

Dieses Ergebnis ist von enormer Bedeutung, denn es besagt, *daß die am Blindwiderstand wirksame Spannung um die Schwingkreisgüte höher sein kann als die angelegte Klemmenspannung. In Reihenschwingkreisanwendungen ist unter diesem Aspekt stets die Spannungsfestigkeit der Bauelemente zu prüfen.*

2.2.1.4 Anschluß von Generator und Last an den Reihenschwingkreis

Wird der Schwingkreis durch einen Generator (R_Q) und durch einen Abschlußwiderstand (R_A) belastet, dann erhält man die in Abb. 2.4 dargestellte Schaltung.

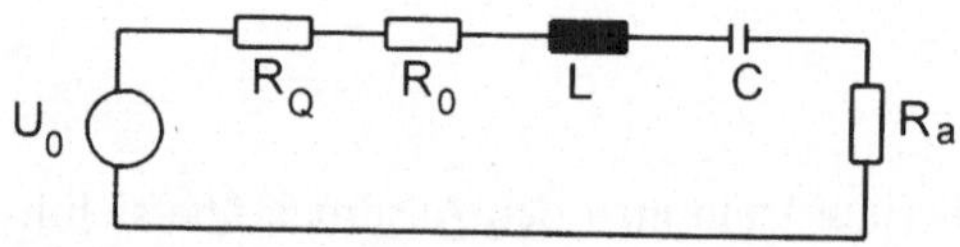

Abb. 2.4 Reihenschwingkreis mit Belastung

Man kann alle bisher abgeleiteten Formeln des Abschn. 2.2.1 sinngemäß übernehmen, wenn man folgende Vereinbarung trifft:

$$R_0^* = R_0 + R_Q + R_a \,,$$

$$Q_0 \rightarrow Q^* \,, \quad \underline{Z} \rightarrow \underline{Z}^* \,, \quad \underline{Z}^* = R_o^* + j\,(\omega L - \frac{1}{\omega C}) \quad \text{usw.,}$$

das heißt, man braucht in den Grundformeln des Reihenschwingkreises nur R_0 durch R_0^*, Q_0 durch Q_0^* usw. zu ersetzen und kann alle Formeln aus Abschn. 2.2.1 für den Fall der Belastung übernehmen.

2.2.1.5 Berechnung der Pol-Nullstellenverteilung

Die zu lösende Aufgabe besteht darin, Pole und Nullstellen des Schwingkreiswiderstands als Funktion der Kreisfrequenz darzustellen. Dazu wird der Formalismus der Laplace-Transformation genutzt. Es wird die verallgemeinerte komplexe Frequenz (p) eingeführt:

$$p = \sigma + j\,\omega,$$

dabei hat σ die Bedeutung des Dämpfungsfaktors und ω die Bedeutung der Kreisfrequenz. Mit der Einführung der komplexen Frequenz wird die bisherige Bedingung der harmonischen Erregung fallen gelassen. Die Spannungen und Ströme können unter dieser Bedingung folgendermaßen geschrieben werden:

$$\underline{u}\,(t) = \hat{u}\,e^{j\,\varphi_u}\,e^{p\,t} = \hat{\underline{u}}\,e^{p\,t}$$

$$\underline{i}\,(t) = \hat{i}\,e^{j\,\varphi_i}\,e^{p\,t} = \hat{\underline{i}}\,e^{p\,t}$$

Für die Widerstände erhält man aus ihren Definitionsgleichungen:

$$\underline{u}\,(t) = R\,\underline{i}\,(t)$$

mit dem Operator R,

$$\underline{u}_L(t) = L\,\frac{d\underline{i}_L(t)}{dt} = L\,\frac{d}{dt}\,(\hat{\underline{i}}\,e^{p\,t}) = pL\,\hat{\underline{i}}\,e^{p\,t} = p\,L\,\underline{i}\,(t)$$

mit dem Operator pL und

$$\underline{u}_C\,(t) = \frac{1}{C}\int \hat{\underline{i}}_C\,e^{p\,t}\,dt = \frac{1}{p\,C}\,\hat{\underline{i}}\,e^{p\,t} = \frac{1}{pC}\,\underline{i}\,(t)$$

mit dem Operator $1/pC$.

Zur Unterscheidung zwischen Orginal- und Bildbereich werden die Widerstände im Bildbereich als Operatoren bezeichnet. Verzichtet man auf die Möglichkeit der Darstellung gedämpfter Schwingungen, dann wird σ (der Dämpfungsfaktor) gleich Null und man erhält den formalen Operator $p = j\,\omega$ (formale Laplace-Transformation). Damit kann die Differentialgleichung des Reihenschwingkreises anhand der Abb. 2.5 mit Hilfe der Maschenregel aufgestellt und anschließend gelöst werden.

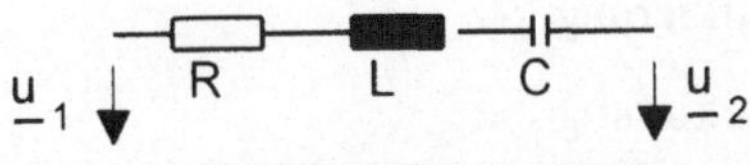

Abb. 2.5 Maschendarstellung für den Reihenschwingkreis

Die Maschengleichung liefert im Oberbereich (Zeitbereich):

$$u_2(t) = u_1(t) - [\, R\, i(t) + L\, \frac{d\, i(t)}{dt} + \frac{1}{C} \int i(t)\, dt\,].$$

Die Anwendung der formalen Laplace-Transformation für den Bildbereich ergibt:

$$u_2(p) = u_1(p) - i(p)\, [\, R + pL + 1/pC\,] = u_1(p) - i(p)\, Z(p).$$

Das ist eine algebraische Gleichung zur Lösung des Problems im Unterbereich. Der in eckigen Klammern stehende Teil stellt den Schwingkreiswiderstand im Bildbereich dar. Bevor die Frage nach seinen Eigenschaften beantwortet wird, soll der Ausdruck aber noch etwas umgeformt werden, um ihn besser auswerten zu können.

$$Z(p) = R + pL + 1/pC = \frac{pR + p^2 L + \frac{1}{C}}{p} = L\, \frac{p^2 + p\, \frac{R}{L} + \frac{1}{LC}}{p}\, .$$

Nach Aufspaltung in die bekannten Linearfaktoren ergibt sich allgemein:

$$Z(p) = L\, \frac{(p - p_{01})\, (p - p_{02})}{p - p_{x1}}\, ,$$

$p_{01,\,02}$ sind die Nullstellen und p_{x1} ist die Polstelle des Scheinwiderstands im Bildbereich. Damit kann das wichtige Zwischenresultat formuliert werden:

Der Scheinwiderstand Z(p) ist bis auf die Konstante L durch seine Pol-Nullstellenverteilung eindeutig bestimmt.

Die explizite Nullstellenbestimmung liefert:

$$p_{01,\,02} = -\frac{R}{2L} \pm j\, \sqrt{\frac{1}{LC} - (\frac{R}{2L})^2}\, .$$

Führt man die folgenden Abkürzungen ein:

$$\sigma = -\frac{R}{2L}\, ; \quad \omega_0^2 = \frac{1}{LC}\, ,$$

dann führt das zu den endgültigen *Lösungen für die Pol-Nullstellenverteilung:*

$$p_{01,\,02} = \sigma \pm j\, \sqrt{\omega_0^2 - \sigma^2} = \sigma \pm j\, \omega_0'\, , \tag{2.9}$$

$$p_{x1} = 0. \tag{2.10}$$

Werden diese Ergebnisse in der komplexen Frequenzebene eingetragen, dann ergibt sich Abb. 2.6. In Abb. 2.6 bedeuten:

Nullstelle 1: $p_{01} = \sigma + j\, \omega_0'$ Markierung •,

Nullstelle 2: $p_{02} = \sigma - j\, \omega_0'$ Markierung •,

Polstelle 1: $p_{x1} = 0$ Markierung x.

Für den Fall, daß $\sigma = 0$ ist (das bedeutet R = 0), also der Schwingkreis verlustlos ist, erhält man für den Widerstandsverlauf das Diagramm gemäß Abb.2.7.

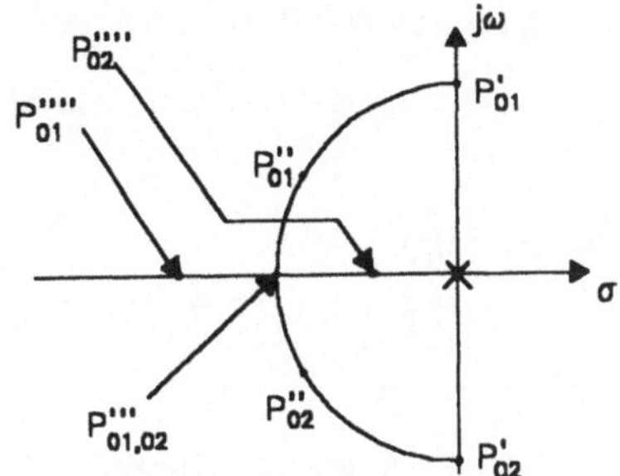

Abb. 2.6 Pol-Nullstellenverteilung in der komplexen Frequenzebene

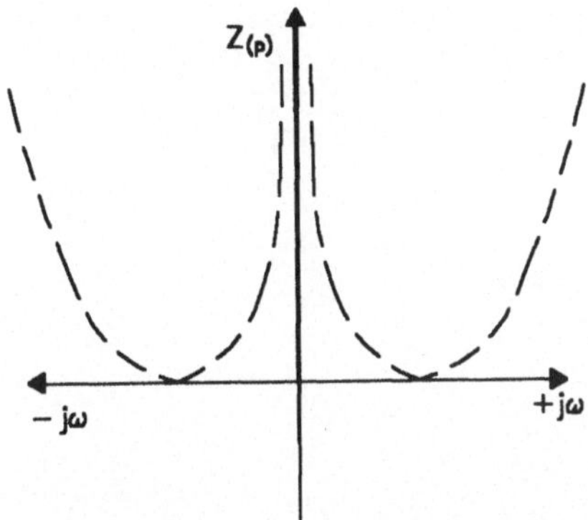

Abb. 2.7 Widerstandsverlauf für R = 0 in der komplexen Frequenzebene

In Abb. 2.7 ist nur die rechte Abzissenseite physikalisch von Bedeutung. Sie liefert im wesentlichen das bekannte Widerstandsverhalten als Funktion der Kreisfrequenz ω, da σ mit Null angenommen wurde. In Verallgemeinerung vorstehender Überlegungen kann man sich ein plastisches Bild vom Verlauf des Schwingkreiswiderstands machen, wenn man in der komplexen Frequenzebene für konstantes σ (konstante Dämpfung) Schnitte parallel zur Kreisfrequenzachse legt und sich die Pol-Nullstellenverteilung des Schwingkreiswiderstands in der entsprechenden Ordinatenebene ansieht. Um das Verhalten des Schwingkreises als Funktion seines Dämpfungswiderstands näher untersuchen zu können, werden eine Reihe von Fallunterscheidungen analysiert. Dazu soll im Folgenden davon ausgegangen werden, daß der Widerstandswert veränderlich ist, bei 0 beginnt und dann zunimmt. Man hat folgende Fälle zu unterscheiden:

Fall 1: $R = 0$, dann folgt $\sigma = 0$ und damit

$$p'_{01} = j\,\omega'_o\,,$$
$$p'_{02} = -\,j\,\omega'_o\,.$$

Fall 2: $R^2 < 4L/C$, daraus folgt Radikant > 0

$$p''_{01} = \sigma + j\,\omega'_o\,,$$
$$p''_{02} = \sigma - j\,\omega'_o\,.$$

Es handelt sich um eine mit σ abklingende Schwingung, da $\sigma < 0$, denn es galt: $\sigma = - R/2L$.

Fall 3: $R^2 = 4L/C$.

Es handelt sich um den aperiodischen Grenzfall, daraus folgt:

$$p_{01}''' = p_{02}''' = + \sigma < 0.$$

Fall 4: $R^2 > 4L/C$,

daraus folgt Radikant < 0, die Wurzel wird reell, es treten keine Schwingungen auf.

$$p_{01}'''' = \sigma - \omega_o',$$
$$p_{02}'''' = \sigma + \omega_o'.$$

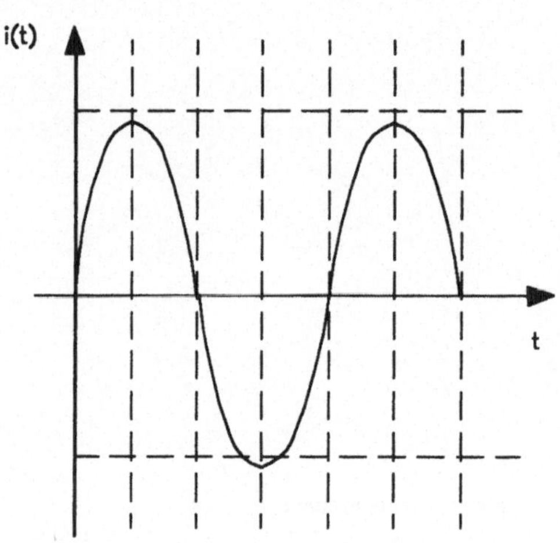

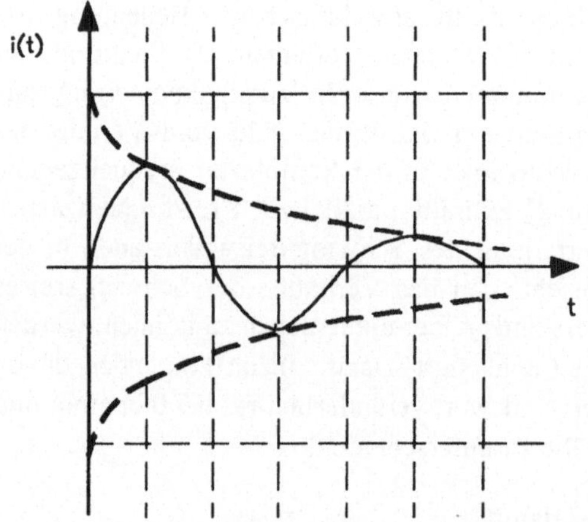

Abb. 2.8 Ungedämpfte und gedämpfte Schwingungen (Fall 1 und 2). Fall 1 (oben): Der Kreis wird durch ein kurzzeitig eingespeistes Signal erregt und dann sich selbst überlassen. In diesem Fall bildet sich eine ungedämpfte Schwingung aus. Fall 2 (unten): Der Kreis wird wie im Fall 1 erregt. Im Ergebnis bildet sich zwar auch eine Schwingung aus, sie ist wegen der Verluste aber gedämpft.

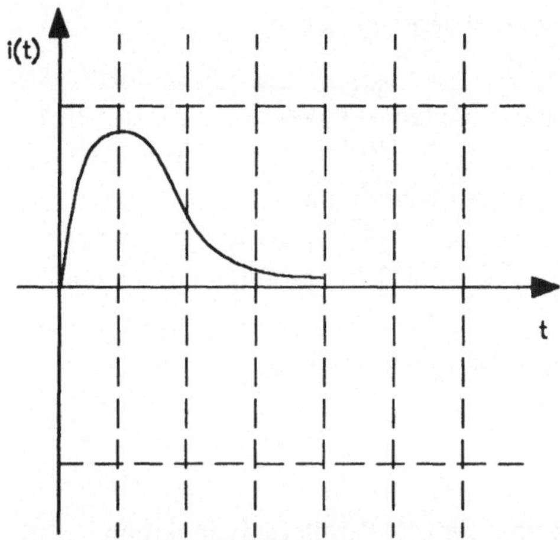

Abb. 2.9 Aperiodischer Grenzfall. Der Kreis wird wie im Fall 1 erregt. Wegen der großen Dämpfung kann sich keine Schwingung ausbilden, der Strom steigt kurzzeitig an und fällt dann ohne Polaritätswechsel auf Null ab.

2.2.2 Der Parallelschwingkreis

2.2.2.1 Grundformeln

Ausgangspunkt der folgenden Betrachtungen ist die Parallelschaltung von einem kapazitiven und einem induktiven Widerstand, meist durch einen ohmschen Widerstand (Verluste) ergänzt.

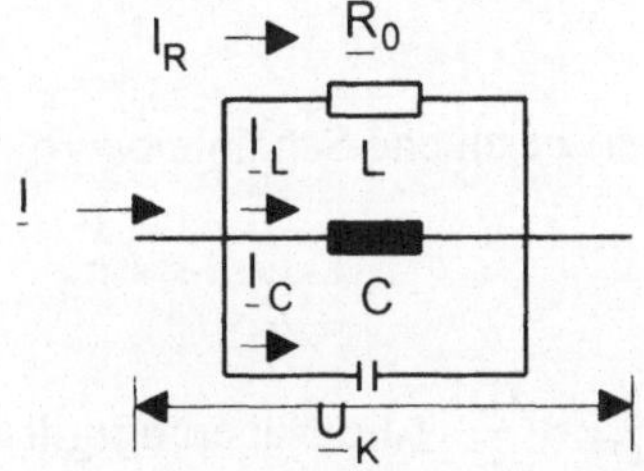

Abb. 2.10 Schaltung des Parallelschwingkreises

Im Fall des Parallelschwingkreises wird mit den Leitwerten gerechnet, da diese sich addieren. Die Erregung sei als sinusförmig angenommen. Die Leitwerte der Verluste ergeben insgesamt:

$$G_o = \frac{1}{R_o} = \frac{1}{R_{Lp}} + \frac{1}{R_{Cp}} \ .$$

Der Gesamtleitwert des Parallelschwingkreises liefert:

$$\underline{Y} = G_o + j\,(\omega C - \frac{1}{\omega L}) \ , \quad \underline{Y} = |\underline{Y}|\,e^{\,j\varphi_Y} \ ,$$

sein Betrag und der zugehörige Phasenwinkel ergeben sich zu:

$$|\underline{Y}| = \sqrt{G_0^2 + (\omega C - \frac{1}{\omega L})^2} \;, \quad \varphi_Y = \arctan \frac{\omega C - \frac{1}{\omega L}}{G_0} \;. \tag{2.11}$$

Der Widerstand (Reziprokwert des Leitwerts) liefert damit:

$$\underline{Z} = \frac{1}{\underline{Y}} = \frac{1}{G_0 + j(\omega C - \frac{1}{\omega L})} \;, \quad \varphi_Z = -\varphi_Y \;.$$

Die Resonanzbedingung lautet: $\varphi_Y = 0$, woraus sich ergibt:

$$\frac{\omega C - \frac{1}{\omega L}}{G_0} = 0 \;.$$

Daraus erhält man die Thomsonsche Formel für den Parallelschwingkreis:

$$\omega_0 = \frac{1}{\sqrt{LC}} \tag{2.12}$$

Sie liefert die Resonanzkreisfrequenz ω_0. Der Phasenwinkel des komplexen Leitwerts φ_y wird dafür Null und der Leitwert erreicht ein Minimum (s.a. Abb. 2.11).

Kennleitwert (G_K) *und Güte* (Q_0) werden für den Fall des Parallelkreises wie folgt definiert:

$$G_K = \omega_0\, C = \frac{1}{\omega_0\, L} = \sqrt{\frac{C}{L}} \quad \text{wegen} \quad \omega_0 = \frac{1}{\sqrt{LC}} \;,$$

$$Q_0 = \omega_0\, C\, R_0 = \frac{R_0}{\omega_0\, L} = \frac{G_K}{G_0} = \frac{Q_L\, Q_C}{Q_L + Q_C} \;.$$

Der normierte Leitwert ist der auf den Resonanzleitwert bezogene Scheinleitwert:

$$\frac{\underline{Y}}{G_0} = 1 + j\left(\frac{\omega C}{G_0} - \frac{1}{\omega L G_0}\right).$$

Mit Einführung der *Doppelverstimmung* $v = \frac{\omega}{\omega_0} - \frac{\omega_0}{\omega} \approx \frac{2\Delta f}{f_0}$ (die Näherung gilt solange $v < 0{,}2$ ist) erhält man:

$$\frac{\underline{Y}}{G_0} = 1 + j\, Q_0\, v$$

und für den Betrag

$$\left|\frac{\underline{Y}}{G_0}\right| = \sqrt{1 + (Q_0\, v)^2} \;. \tag{2.13}$$

Führt man noch die *normierte Verstimmung* $\Omega = Q_0\, v$ ein, dann liefert das:

$$\left|\frac{\underline{Y}}{G_0}\right| = \sqrt{1 + \Omega^2} \quad \text{und} \quad \varphi_y = \arctan \Omega \;. \tag{2.14}$$

Damit zeigt der normierte Leitwert des Parallelschwingkreises dasselbe Verhalten wie der normierte Widerstand des Reihenschwingkreises. Für die Widerstandsdarstellung gilt:

$$\frac{|\underline{Z}|}{R_0} = \frac{1}{\frac{|\underline{Y}|}{G_0}} = \frac{1}{\sqrt{1 + \Omega^2}} \quad \text{und} \quad \varphi_Z = -\arctan\Omega .$$

Die graphische Auswertung der Formel des normierten Widerstands und des Phasenwinkels ist in Abb. 2.11 dargestellt. Man entnimmt der Abbildung, daß der normierte Widerstand bei Resonanz ($\Omega = 0$) ein Minimum durchläuft und daß der Phasenwinkel an derselben Stelle Null wird.

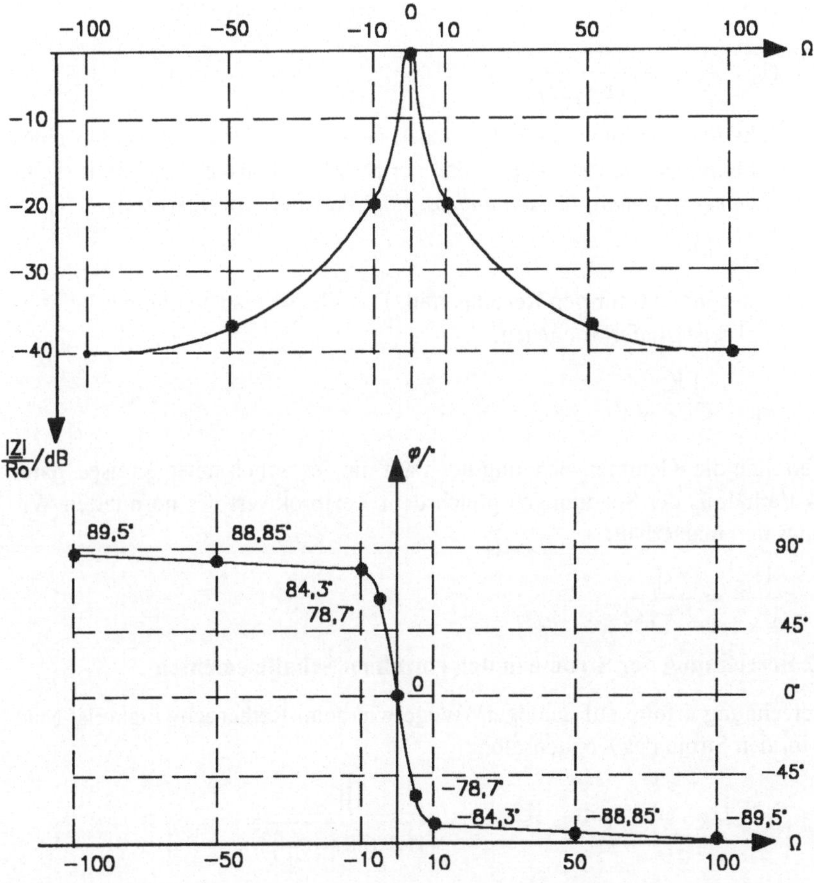

Abb. 2.11 Normierte Widerstands-und Phasenkurve für den Parallelschwingkreis

Bandbreite: Die Definition von Grenzfrequenz (2.2.) und Bandbreite (2.3.) gilt ganz allgemein (also auch für den Parallelschwingkreis) und es ergibt sich:

$$B = f_{45°} - f_{-45°} .$$

Die Berechnung der Grenzfrequenz läuft nach demselben Schema wie beim Reihenschwingkreis ab, darum kann das Resultat ohne Ableitung mitgeteilt werden. Man erhält für die *relative Bandbreite* (B_{rel}):

$$B_{rel} = \frac{B}{f_o} = \frac{1}{Q_o} \approx \frac{2\Delta f_{45^0}}{f_o} \ .$$

Man findet Übereinstimmung der relativen Bandbreite des Parallelschwingkreises mit der des Reihenschwingkreises (Gl. 2.6), folglich gilt diese Gleichung allgemein für alle *einfachen Schwingkreise* (sie bestehen nur aus zwei Blindelementen).

Berechnung der Spannungen an den Bauelementen des Parallelschwingkreises: Nach Anwendung des ohmschen Gesetzes erhält man zunächst:

$$\underline{U}_K = \frac{I}{\underline{Y}} = \frac{I}{G_o\,(1+j\,\Omega)}.$$

Für den Schwingkreis ohne angeschlossenen Generator oder bei Anschluß eines extrem hochohmigen Generators gilt, daß der Strom $\underline{I}$ konstant ist. Somit ergibt sich die *Klemmenspannung für den unbelasteten Parallelschwingkreis* zu:

$$\underline{U}_{K0} = \underline{I}\,R_0 \ ,$$

dabei steht der Index 0 für den Resonanzfall. Die Klemmenspannung des belasteten Schwingkreises liefert hingegen:

$$\underline{U}_K = \frac{\underline{I}\,R_o}{1+j\,\Omega} \ ,$$

normiert man die Klemmenspannung noch auf die des unbelasteten Kreises, dann ist das Verhältnis der Spannungen gleich dem Reziprokwert des normierten Widerstands und man erhält:

$$\frac{\underline{U}_K}{\underline{U}_{K\,0}} = \frac{1}{1+j\,\Omega} \ .$$

2.2.2.2 Berechnung der Ströme in den einzelnen Schaltelementen

Die Berechnung erfolgt auf analogem Wege wie beim Reihenschwingkreis. Man erhält für den Strom des Kondensators:

$$\underline{I}_C = \underline{U}_K\,j\,\omega C \quad \text{mit} \quad |\underline{U}_K| = \frac{|\underline{I}|}{\sqrt{G_o^2 + (\omega C - \frac{1}{\omega L})^2}}\ .$$

Man hat den Quotienten aus dem Kondensatorstrom $|\underline{I}_C|$ und dem Gesamtstrom $|\underline{I}|$ nach ω zu differenzieren, Null zu setzen und die Kreisfrequenz zu bestimmen, bei der der Extremwert auftritt. Das Ergebnis lautet:

$$\omega^2 = \frac{1}{LC\,(1 - \frac{LG_o^2}{2C})}$$

und unter Verwendung von

$$Q_o = \frac{\sqrt{C/L}}{G_o} \quad \text{folgt} \quad \frac{1}{Q_o^2} = \frac{LG_o^2}{C},$$

daraus kann man das folgende Resultat ableiten:

$$\omega_{C\,max} = \frac{1}{LC\left(1 - \frac{1}{2Q_o^2}\right)} = \frac{\omega_o^2}{1 - \frac{1}{2Q_o^2}} \approx \omega_o^2 \left(1 + \frac{1}{4Q_o^2}\right)^2.$$

Da $4 \cdot Q_o^2 >>> 1$ ist (s. Reihenschwingkreis), kann man $\omega_{C\,max} \approx \omega_o$ setzen und erhält für den Stromquotienten:

$$\left|\frac{\underline{I}_C}{\underline{I}}\right| \approx \frac{\omega_o C}{G_o} = Q_o \quad \text{da} \quad \omega_o C - \frac{1}{\omega_o L} = 0 \quad \text{ist.}$$

Damit wird:

$$\left|\underline{I}_C\right| = |\underline{I}|\, Q_o\,.$$

Verallgemeinert man, dann gilt:

$$I_{C\,max} \approx I_{L\,max} \approx I\, Q_o \qquad\qquad (2.15)$$

Die Ableitung für den Induktivitätsstrom erfolgt nach demselben Algorithmus. Das Ergebnis (2.15) ist von gleicher Bedeutung wie das des Reihenschwingkreises (2.8) und besagt:

Der Strom durch die einzelnen Bauelemente des Parallelschwingkreises kann um den Faktor der Güte größer sein als der Gesamtstrom im Zweipol. Man hat also beim Einsatz der Bauelemente streng darauf zu achten, daß deren Strombelastbarkeit nicht überschritten wird.

2.2.2.3 Anschluß von Generator und Last an den Parallelschwingkreis

Beim Anschluß eines Generators und einer Last an den Parallelschwingkreis erhält man die Schaltung nach Abb. 2.12; für die man alle bisherigen Formeln aus Abschn. 2.2.2 verwenden kann, wenn man folgende Vereinbarungen trifft:

$$G_o^* = \frac{1}{R_o} + \frac{1}{R_Q} + \frac{1}{R_a} \quad \text{sowie} \quad Q_o \to Q_o^* \quad Z \to Z^*,$$

$$\underline{Y}^* = G_o^* + j\left(\omega C - \frac{1}{\omega L}\right) \text{ usw. .}$$

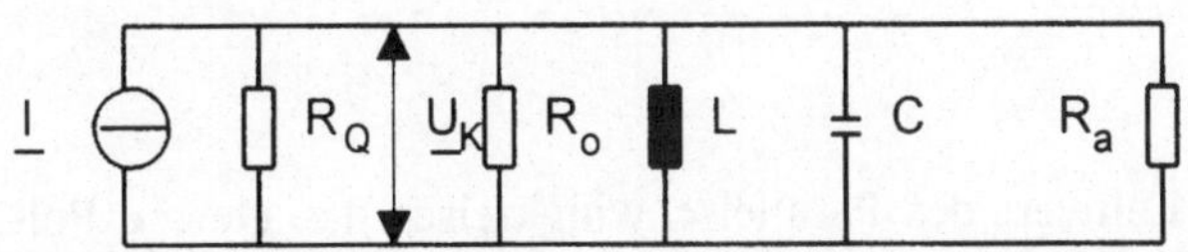

Abb. 2.12 Parallelschwingkreis mit angeschlossem Generator und Last

Man braucht in den Grundformeln des Parallelschwingkreises nur G_0 durch G_0^* und Q_0 durch Q_0^* usw. für den Fall der Belastung zu ersetzen.

2.2.2.4 Berechnung der Pol-Nullstellenverteilung

Vergleiche hierzu die einleitenden Bemerkungen des Abschn. 2.2.1.5, sie gelten hier sinngemäß. Der Leitwert in der Bildebene unter Anwendung der formalen Laplace-Transformation kann folgendermaßen angegeben werden:

$$Y(p) = G + pC + 1/pL = \frac{pG + p^2 C + \frac{1}{L}}{p} = C \, \frac{p^2 + p\,\frac{G}{C} + \frac{1}{LC}}{p}$$

$$= C \, \frac{(p - p_{01})\,(p - p_{02})}{p - p_{x_1}} \, ,$$

dabei bedeuten p_{01}, p_{02} die Nullstellen des Scheinleitwerts im Bildbereich und p_x die Polstelle des Scheinleitwerts im Bildbereich.

Man erhält eine analoge Aussage zum Scheinleitwert des Parallelschwingkreises, wie für den Scheinwiderstand des Reihenschwingkreises, nämlich: *Der Scheinleitwert ist somit ebenfalls bis auf eine Konstante C durch seine Pol-Nullstellenverteilung eindeutig bestimmt.*

Die Nullstellenbestimmung liefert:

$$p^2 + p\,\frac{G}{C} + \frac{1}{LC} = 0 \, ,$$

daraus folgt:

$$p_{01,02} = -\frac{G}{2C} \pm \sqrt{\left(\frac{G}{2C}\right)^2 - \frac{1}{LC}} \;\; = -\frac{G}{2C} \pm j \sqrt{\frac{1}{LC} - \left(\frac{G}{2C}\right)^2} \; .$$

Da die Nullstellen hier dieselben Dimensionen wie beim Reihenschwingkreis habe, werden die gleichen Größen verwendet:

$$\sigma = -\frac{G}{2C} \, , \quad \omega_0^2 = \frac{1}{LC} \, ,$$

mit diesen Festlegungen erhält man:

$$p_{01,02} = \sigma \pm j \sqrt{\omega_0^2 - \sigma^2} \, ,$$

daraus folgen

$$p_{01} = \sigma + j\,\omega_0'$$

$$p_{02} = \sigma - j\,\omega_0' \, ,$$

$$p_x = 0 \, .$$

Damit ergibt sich für den Leitwert des Parallelschwingkreises das gleiche Pol-Nullstellendiagramm wie für den Widerstand des Reihenschwingkreises und somit auch die gleichen Schlußfolgerungen. Unter der Annahme, daß die Dämpfung

Null ist, also der Kreis keine Verluste hat, erhält man in der komplexen Frequenzebene die Pol-Nullstellenverteilung (Abb. 2.13a) und den Widerstandsverlauf
(Abb. 2.13b).

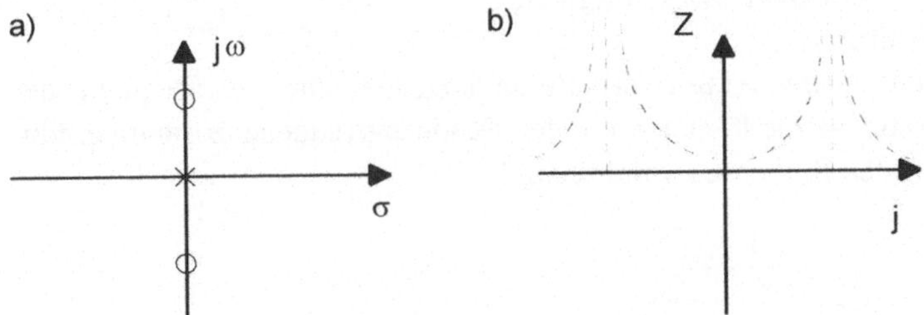

Abb. 2.13 Pol-Nullstellendiagramm in der komplexen Frequenzebene und Kreiswiderstand als Funktion der Frequenz (für verlustlosen Resonanzkreis)

2.3 Zusammenfassung Schwingkreise

Aus dem Vergleich der Formeln für einfache LC-Schwingkreise kann man folgende Korrespondenzen ablesen:

Reihenschaltung	$\rightleftarrows$	Parallelschaltung
Widerstand	$\rightleftarrows$	Leitwert
Induktivität	$\rightleftarrows$	Kapazität
Strom	$\rightleftarrows$	Spannung

Reihenschwingkreis	Parallelschwingkreis
$\dfrac{\underline{Z}}{R_o} = 1 + j\,\Omega$	$\dfrac{\underline{Y}}{G_o} = 1 + j\,\Omega$
$\dfrac{|\underline{Z}|}{R_o} = \sqrt{1 + \Omega^2}$	$\dfrac{|\underline{Y}|}{G_o} = \sqrt{1 + \Omega^2}$
$\tan \varphi_Z = \Omega$	$\tan \varphi_Y = \Omega$
$\dfrac{\underline{Y}}{G_o} = \dfrac{1}{1 + j\,\Omega}$	$\dfrac{\underline{Z}}{R_o} = \dfrac{1}{1 + j\,\Omega}$
$\dfrac{|\underline{Y}|}{G_o} = \dfrac{1}{\sqrt{1 + \Omega^2}}$	$\dfrac{|\underline{Z}|}{R_o} = \dfrac{1}{\sqrt{1 + \Omega^2}}$
$\tan \varphi_Y = -\,\Omega$	$\tan \varphi_Z = -\,\Omega$

2.4 Übungen

Beispiel 2.1   Beweisen Sie die Richtigkeit der Gl. (2.8) unter der Bedingung hoher Schwingkreisleerlaufgüten.
Lösung:
Hohe Schwingkreisleerlaufgüte bedeutet, daß die Frequenz der Resonanzüberhöhung mit der Resonanzfrequenz zusammenfällt. Für den Reihenschwingkreis gilt:

$$I = \frac{U_K}{\sqrt{R_r^2 + (\omega L - \frac{1}{\omega C})^2}}$$

bei Resonanz folgt daraus:

$$I_0 = I_{max} = \frac{U_K}{R_r} ,$$

$$\tan \delta_r = R_r \, \omega_0 \, C = \frac{R_r}{\omega_0 L} ,$$

$$Q = \frac{1}{R_r \, \omega_0 \, C} = \frac{\omega_0 \, L}{R_r} ,$$

$$U_{L\,max} = U_{C\,max} = \omega_0 \, L \, I_0 = \omega_0 L \, \frac{U_K}{R_r} = \frac{\omega_0 L}{R_r} U_k ,$$

und damit wird

$$U_{L\,max} = U_{C\,max} = Q \, U_K .$$

Beispiel 2.2   Weisen Sie für den Parallelschwingkreis nach, daß sich aus den Bauelementeeinzelgüten (Q_C, Q_L) die Gesamtgüte Q_0 zu Q_C multipliziert mit Q_L dividiert durch ($Q_C + Q_L$) ergibt.
Lösung:

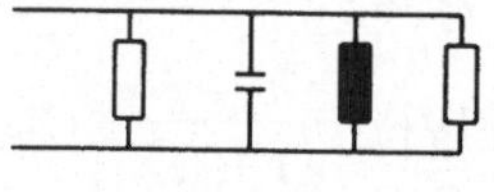

$$Q_L = \frac{R_{pL}}{\omega_0 L} ,$$

$$Q_C = R_{pC} \, \omega_0 C ,$$

und damit erhält man:

$$\frac{1}{R_p} = \frac{1}{R_{pL}} + \frac{1}{R_{pC}} = \frac{1}{Q_L \, \omega_0 L} + \frac{\omega_0 C}{Q_C} = \frac{Q_C + Q_L \, \omega_0^2 LC}{Q_C Q_L \, \omega_0 L} ,$$

$$Q_o = \frac{G_K}{G_o} = \frac{R_p}{\omega_o L} = \frac{1}{\omega_o L} \left(\frac{Q_L Q_C \omega_o L}{Q_C + Q_L \omega_o^2 LC} \right),$$

$$Q_0 = \frac{Q_C Q_L}{Q_C + Q_L}.$$

Beispiel 2.3 Der Resonanzwiderstand eines Parallelschwingkreises beträgt bei 10,7 MHz $R_0 = 76$ KΩ. Die Kreisgüte wurde mit 80 ermittelt, dabei werden die Verluste nur von der Induktivität verursacht. Berechnen Sie die Bandbreite, die Kreiskapazität sowie die Kreisinduktivität.

Lösung:

$$B = \frac{f_o}{Q_L} = \frac{10,7 \cdot 10^6}{80} = 133,75 \text{ kHz},$$

$$Q_L = \frac{R_{Lp}}{\omega_o L}$$

daraus folgt

$$L = \frac{R_{Lp}}{\omega_o Q_L}$$

und damit ergibt sich:

$$L = \frac{76 \cdot 10^3}{2\pi \, 10,7 \cdot 10^6 \cdot 80} = 14,1 \, \mu H,$$

$$C = \frac{1}{\omega_o^2 L} = \frac{1}{4\pi^2 \, 10,7^2 \cdot 10^{12} \cdot 14,1 \cdot 10^{-6}} = 15,7 \text{ pF}.$$

Beispiel 2.4 Es ist der Amplitudenfrequenzgang eines C-L-Hochpasses zu berechnen.

Lösung:

$$\frac{U_2}{U_1} = \frac{j\omega L}{j\omega L - j\frac{1}{\omega C}} = \frac{U_2}{U_1} = \frac{\omega^2 LC}{\omega^2 LC - 1},$$

da $LC = 1/\omega_o^2$ erhält man:

$$\frac{U_2}{U_1} = \frac{\omega^2}{\omega^2 - \omega_o^2}.$$

Fallunterscheidungen:

Fall 1:

es ist ω klein gegen ω_0 , man erhält $\left|\dfrac{U_2}{U_1}\right| \approx (\dfrac{\omega}{\omega_0})^2 \sim \omega^2$.

Fall 2:

es ist $\omega \approx \omega_0$, man erhält $\dfrac{U_2}{U_1} = \dfrac{\omega^2}{(\omega + \omega_0)\,(\omega - \omega_0)}$ und

$$\dfrac{U_2}{U_1} \approx \dfrac{\omega^2}{2\omega_0\,\Delta\omega}$$

woraus dann folgt:

$$\left|\dfrac{U_2}{U_1}\right| \sim \dfrac{\omega^2}{\Delta\omega} \to \infty \text{ für } \Delta\omega \to 0$$

Fall 3:

$\omega \gg \omega_0$, das liefert $\left|\dfrac{U_2}{U_1}\right| \approx 1$.

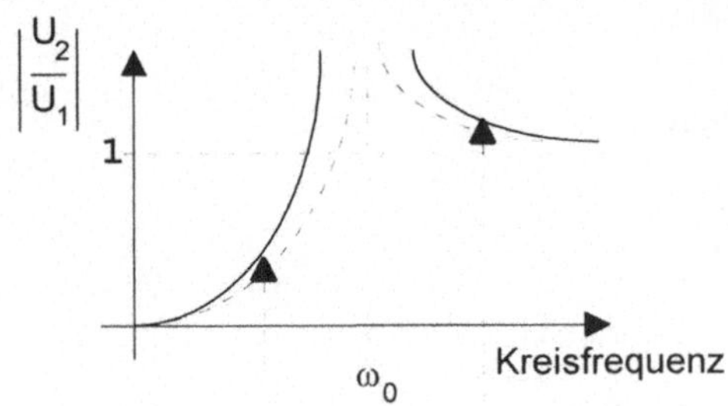

Rechter Pfeil: Parabel mit Asymptote (= 1); linker Pfeil: Parabel Fall 1 ($\sim \omega^2$) gestrichelt: unter Berücksichtigung der Verluste.

Beispiel 2.5   Ein Reihenschwingkreis besteht aus einem Kondensator mit C =330 pF; Q_C= 2000 und einer Spule mit L= 490 µH; $R_{L\,r}$= 8,1Ω. Berechnen Sie:

a) die Resonanzfrequenz ,

b) den parallelen Verlustwiderstand des Kondensators,

c) die Güte der Spule (Widerstand in Reihe),

d) die Güte des Schwingkreises,

e) den Resonanzwiderstand,

f) und den Kennwiderstand.

Lösung:

zu a)

$$f_0 = \dfrac{1}{2\pi\sqrt{LC}} = \dfrac{1}{2\pi\sqrt{490\cdot 10^{-6}\cdot 330\cdot 10^{-12}}} = 395,8 \text{ kHz}$$

zu b)

$$Q_C = \omega_0 \, C \, R_{Cp}$$

daraus ergibt sich

$$R_{Cp} = \frac{Q_C}{\omega_0 C}$$

und somit

$$R_{Cp} = \frac{2 \cdot 10^3}{2\pi \, 395{,}8 \cdot 10^3 \cdot 330 \cdot 10^{-12}} = 2{,}437 \, \mathrm{M\Omega} \, .$$

zu c)

$$Q_L = \frac{\omega_0 L}{R_{Lr}} = \frac{2\pi \, 395{,}8 \cdot 10^3 \cdot 490 \cdot 10^{-6}}{8{,}1} = 150$$

zu d)

$$Q_0 = \frac{Q_L Q_C}{Q_L + Q_C} = \frac{150 \cdot 2 \cdot 10^3}{2150} = 140$$

zu e)

$$Q_0 = \frac{\omega_0 L}{R_0}$$

daraus folgt

$$R_0 = \frac{2\pi \cdot 395{,}8 \cdot 10^3 \cdot 490 \cdot 10^{-6}}{140} = 8{,}7 \, \Omega \, .$$

zu f)

$$R_K = \sqrt{\frac{L}{C}} = \sqrt{\frac{490 \cdot 10^{-6}}{330 \cdot 10^{-12}}} = 1{,}22 \, \mathrm{k\Omega} \, .$$

Beispiel 2.6   An einem Reihenschwingkreis mit $C = 200$ pF wurden gemessen: $B = 4{,}8$ kHz; $U_{K0} = 2$ mV; $U_{L0} = U_{C0} = 0{,}20$ V.
a) Berechnen Sie Kreisgüte, Resonanzfrequenz und Resonanzwiderstand!
b) Wie groß ist der Innenwiderstand eines an den Kreis angeschlossenen Generators, durch den sich die Bandbreite der Schaltung auf 10 kHz ändert?
Lösung:
zu a)

$$Q_0 = \frac{U_{C0}}{U_{K0}} = \frac{200 \, \mathrm{mV}}{2 \, \mathrm{mV}} = 100 \, ,$$

$$B_{rel} = \frac{B}{f_0} = \frac{1}{Q_0}$$

das ergibt

$$f_o = BQ_o = 4,8 \text{ kHz} \cdot 100,$$

$$f_0 = 480 \text{ kHz},$$

$$Q_0 = \frac{1}{R_0 \, \omega_0 C}$$

somit ergibt sich

$$R_o = \frac{1}{Q_o \, \omega_o C},$$

$$R_0 = \frac{1}{10^2 \cdot 2\,\pi\,480 \cdot 10^3 \cdot 200 \cdot 10^{-12}} = 16,6\ \Omega.$$

zu b)

$$Q_o^* = 1/B_{rel}^* = \frac{f_0}{B^*} = \frac{1}{R_0^* \, \omega_0 \, C},$$

$$R_o^* = \frac{B^*}{f_0 \, \omega_0 C} = \frac{10^4}{2\pi\,480^2 \cdot 10^6 \cdot 200 \cdot 10^{-12}} = 34,5\ \Omega,$$

$$R_o^* = R_0 + R_G \quad \text{somit} \quad R_G = 34,5\ \Omega - 16,6\ \Omega = 17,9\ \Omega.$$

Beispiel 2.7   In einem Parallelschwingkreis mit der Kapazität $C = 150$ pF und dem Kennwiderstand $R_K = 1,0$ kΩ fließen bei Resonanz 50 μA. Der Verlustfaktor der Spule ist $d_L = 10^{-2}$ und der des Kondensators $d_C = 2,5 \cdot 10^{-3}$.
a) Berechnen Sie die Resonanzfrequenz!
b) Wie groß ist der Resonanzwiderstand?
c) Welchen Wert hat die Klemmenspannung bei Resonanz?
Lösung:

$$R_K = \frac{1}{\omega_o C}$$

zu a)

$$f_0 = \frac{1}{2\pi\,CR_K} = \frac{1}{2\pi\,1,5 \cdot 10^{-10} \cdot 10^3} = 1,06 \text{ MHz},$$

$$d_0 = d_L + d_C = 10^{-2} + 0,25 \cdot 10^{-2} = 1,25 \cdot 10^{-2}$$

$$R_0 = Q_0 \, R_K = \frac{R_K}{d_0} = \frac{10^3}{0,0125} = 80 \text{ k}\Omega.$$

zu b)

$$U_{K0} = I_0 R_0 = 50 \cdot 10^{-6} \cdot 80 \cdot 10^{+3} = 4,0 \text{ V}.$$

Aufgabe 2.1 Zwei Kondensatoren, $C_1 = 220$ pF; $Q_{C1} = 500$ und $C_2 = 470$ pF; $Q_{C2} = 1000$ werden zusammengeschaltet und an eine Spannung mit der Frequenz $f = 1,5$ MHz gelegt. Berechnen Sie Güte und Kapazität der Parallelschaltung. Wie groß werden Kapazität und Güte, wenn die Kondensatoren in Reihe geschaltet werden?
Lösung:
Parallelschaltung: $C_{ges} = 690$ pF ; $Q_{C\,ges} = 758$.
Reihenschaltung: $C_{ges} = 150$ pF ; $Q_{C\,ges} = 594$.

Aufgabe 2.2 Ein Reihenschwingkreis mit der Kreisgüte $Q_0 = 100$ liegt an einer Klemmenspannung $U_K = 100$ mV. Bei seiner Resonanzfrequenz $f_0 = 1,0$ MHz fließen 8 mA. C hat eine Kapazität von 200 pF. Bei welcher Doppelverstimmung v beträgt die Stromstärke 5 mA? Welcher Frequenz entspricht diese Doppelverstimmung?
Lösung:
$v = \pm 0,0125$; $f_1 = 1006,25$ kHz und $f_2 = 993,75$ kHz.

Aufgabe 2.3 Ein Parallelschwingkreis mit der Induktivität $L = 100$ µH und der Spulengüte $Q_L = 150$ hat die Resonanzfrequenz $f_0 = 800$ kHz und die Bandbreite $B = 8,0$ kHz.
a) Berechnen Sie die Kreisgüte, die Kondensatorgüte und den Resonanzwiderstand!
b) Welcher Widerstand ist dem Schwingkreis parallel zu schalten, wenn die Bandbreite auf 12 kHz vergrößert werden soll?
Lösung:
zu a) $Q_0 = 100$; $Q_C = 300$; $R_0 = 50,3$ kΩ,
zu b) Der parallel zu schaltende Widerstand beträgt 100kΩ.

Aufgabe 2.4 Gegeben ist ein Parallelschwingkreis mit der Resonanzfrequenz $f_0 = 120$ kHz und der Kreisgüte $Q_0 = 90$.

a) Bei welchen Frequenzen beträgt der Scheinwiderstand 80 % des Resonanzwiderstands?
b) Wie groß ist bei den Frequenzen nach a) der Betrag des Phasenwinkels zwischen Strom und Spannung?
c) Wie groß sind die Grenzfrequenzen?
Lösung:
zu a) $f_1 = 119,5$ kHz; $f_2 = 120,5$ kHz,
zu b) $|\varphi| = 36,9°$,
zu c) $f_{45°} = 120,67$ kHz; $f_{-45°} = 119,33$ kHz.

3 Zweitore (Vierpole)

Im folgenden Kapitel sollen die Grundlagen für alle nachfolgenden Betrachtungen gelegt werden. Es beginnt mit der Darstellung der wesentlichsten Vierpolparameter (den Hybrid- oder h-Parametern, den Leitwert- oder y-Parametern und den Streu- oder s-Parametern). Sie charakterisieren den unbeschalteten Vierpol. Wird dieser mit äußerer Beschaltung betrieben (Normalfall), dann ändern sich seine Eigenschaften. Diesen Sachverhalt drücken die Vierpolbetriebsgrößen aus. Sie geben die Eingangs-, Ausgangs-,Vorwärts- und Rückwärtsübertragungseigenschaften des beschalteten Vierpols für eine feste Frequenz oder ein i. allg. schmales Frequenzband an. Soll das frequenzabhängige Verhalten untersucht werden, dann stehen die Übertragungseigenschaften, ausgedrückt durch den Übertragungsfaktor im Frequenzbereich oder ausgedrückt durch die Übertragungsfunktion im Bildbereich der Laplace-Transformation zur Debatte. Es schließen sich weitere Überlegungen zu selektiven Netzwerken an. Da die Palette der Selektionsschaltungen sehr groß ist, wird eine Auswahl aus den Grundschaltungen vorgenommen. Es werden RC-Hoch- und RC-Tiefpässe, sowie einfache Bandpässe und Bandsperren und wegen ihrer imensen Bedeutung zweikreisige Bandfilter analysiert. Das Kapitel schließt dann mit einer kurzen Untersuchung der Phasen- und Gruppenlaufzeit von Netzwerken und gibt Kriterien an, die zur verzerrungsfreien Übertragung eingehalten werden müssen.

3.1 Vierpolparameter

Ein Vierpol (in der Übertragungstechnik Zweitor) ist eine Schaltung mit zwei Eingangs- und zwei Ausgangsklemmen. Sie kann gemäß Abb. 3.1 dargestellt werden:

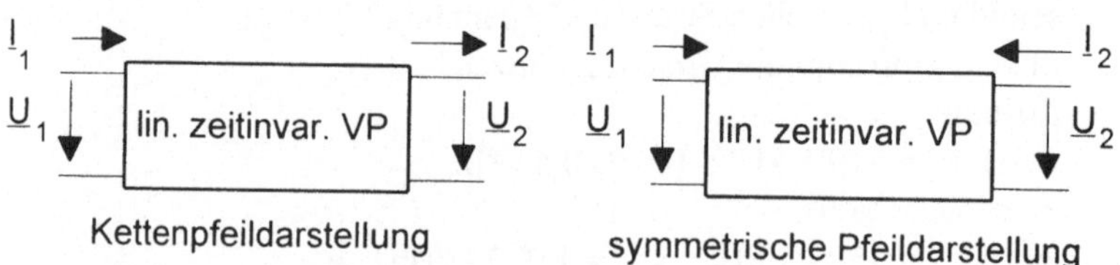

Abb. 3.1 Die zwei üblichen Vierpoldarstellungen

Es sollen zeitliche Änderungen der Vierpoleigenschaften ausgeschlossen werden oder vernachlässigbar bleiben (zeitliche Invarianz). Um die verlangte Linearität einzuhalten, hat man mit Steuersignalen zu arbeiten, die so klein sind, daß das Ausgangssignal stets proportional zum Eingangssignal bleibt. Die Kettenpfeildarstellung wird vorrangig in der Übertragungstechnik und die symmetrische Pfeildarstellung in der Transistortechnik angewendet. Bei geeigneter Verknüpfung der an den Klemmen auftretenden Spannungen und Ströme erhält man zwei von einander unabhängige Gleichungen. Mit ihnen lassen sich ohne Kenntnis der inneren Struktur des Vierpols das Übertragungsverhalten und die Klemmeneigenschaften vollständig beschreiben. Den Vierpolgleichungen lassen sich Ersatzschaltungen zuordnen. Sie stellen den Versuch dar, ein physikalisch beliebig kompliziertes Gebilde, z.B. einen Transistor, durch eine Reihe von Elementarzweipolen zu repräsentieren. In diesen Ersatzschaltungen können auch Spannungs- und Stromquellen auftreten. Im Fall aktiver Bauelemente sind die Quellen von äußeren Signalen abhängig, deshalb werden sie als gesteuerte Quellen bezeichnet. Je nach Anwendungszweck werden verschiedene Vierpolparameter zum Einsatz kommen, da sie sich je nach Problemstellung als unterschiedlich geeignet erweisen.

3.1.1 Hybridparameter oder h-Parameter

Die Bezeichnung weist auf gemischte Dimensionen der einzelnen Parameter hin. Sie sind nur bedingt anwendbar, haben aber den Vorteil, einfach in ihrer Handhabung zu sein, deshalb sollen die wichtigsten Formeln mit ihnen abgeleitet werden, zumal der Algorithmus zur Berechnung der Beziehungen für die y-Parameter analog ist. Die h-Parameter können überall dort angewendet werden, wo in den Ersatzschaltungen Blindelemente noch keine wesentliche Rolle spielen, d.h., wo kaum eine Frequenzabhängigkeit zu erwarten ist. Das bedeutet, die h-Parameter sind i. allg. reell. Die obere Frequenzgrenze für ihre Anwendbarkeit liegt bei ca. 500 kHz. Diese Frequenz ist nur eine Orientierungsgröße, denn bei kritischen Entwürfen, z.B. bei Oszillatoren, kann diese Grenze schon zu großen Ungenauigkeiten Veranlassung geben, wohingegen für einen Verstärker mit geringer Verstärkung die Anwendung der h-Parameter auch bei Frequenzen von einigen MHz, bei Auswahl geeigneter Transistoren, noch berechtigt sein kann. Die eingangs erwähnte, geeignete Verknüpfung von Strömen und Spannungen wird durch die Vierpolgleichungen realisiert.

Vierpolgleichungen:

$$\underline{U}_1 = h_{11}\, \underline{I}_1 + h_{12}\, \underline{U}_2 \tag{3.1a}$$
$$\underline{I}_2 = h_{21}\, \underline{I}_1 + h_{22}\, \underline{U}_2 \tag{3.1b}$$

Spannungen und Ströme sind Effektivwerte von Wechselgrößen.

Matritzenform:

$$\begin{pmatrix} \underline{U}_1 \\ \underline{I}_2 \end{pmatrix} = \begin{pmatrix} h_{11} & h_{12} \\ h_{21} & h_{22} \end{pmatrix} \begin{pmatrix} \underline{I}_1 \\ \underline{U}_2 \end{pmatrix}$$

Um die Bedeutung der einzelnen Parameter zu ermitteln (vier Unbekannte bei zwei Gleichungen), müssen folgende Annahmen getroffen werden: Es wird einmal der Fall betrachtet, daß der Vierpol *dynamisch* kurzgeschlossen wird. Das kann durch einen großen Kondensator am Ausgang erreicht werden. Zum anderen wird angenommen, der Vierpol würde am Eingang leerlaufen (offene Eingangsklemmen). Unter diesen Voraussetzungen erhält man die Bedeutung der Hybridparameter aus den Gl. (3.1):

$$h_{11} = \left. \frac{U_1}{I_1} \right|_{U_2 = 0} \qquad \textit{Kurzschlußeingangswiderstand}$$

$$h_{12} = \left. \frac{U_1}{U_2} \right|_{I_1 = 0} \qquad \textit{Leerlauf-Spannungsrückwirkung}$$

$$h_{21} = \left. \frac{I_2}{I_1} \right|_{U_2 = 0} \qquad \textit{Kurzschluß-Stromübertragungsfaktor}$$
$$\textit{(Kurzschlußstromverstärkung)}$$

$$h_{22} = \left. \frac{I_2}{U_2} \right|_{I_1 = 0} \qquad \textit{Leerlauf-Ausgangsleitwert}$$

Deutet man die Vierpolgleichung (3.1a) als Maschengleichung und (3.1b) als Knotenpunktsgleichung, dann kann man die Ersatzschaltung gemäß Abb. 3.2 angeben:

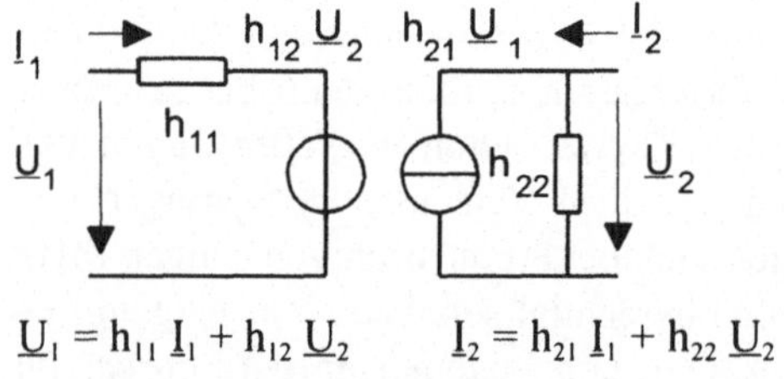

$$U_1 = h_{11} I_1 + h_{12} U_2 \qquad I_2 = h_{21} I_1 + h_{22} U_2$$

Abb. 3.2 h-Parameter-Ersatzschaltung

Neben der erwähnten Frequenzbeschränkung werden diese Parameter auch immer dann angewendet, wenn Vierpole eingangsseitig in Reihe und ausgangsseitig parallelgeschaltet werden, man spricht von einer R-P-Schaltung. Die Zusammenschaltung muß eine widerstandsfreie Masche enthalten (s. Abb. 3.3).

Mathematisch ergeben sich die h-Parameter des neuen Vierpols durch elementeweise Addition der entsprechenden Matrixelemente der beiden zusammengeschalteten Einzelvierpole, d.h. ((h ')) + ((h ")) = ((h)).

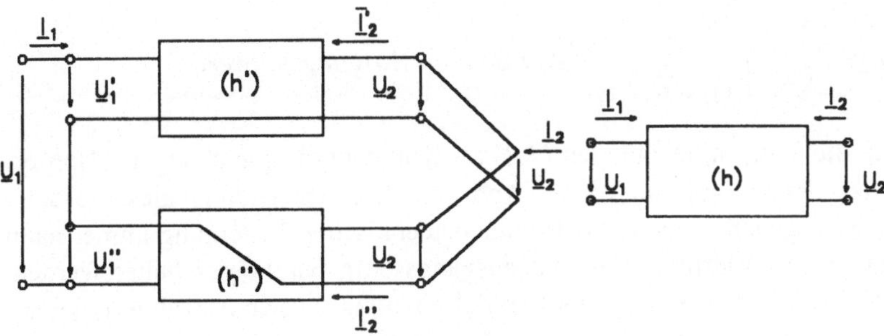

Abb. 3.3 Zusammenschaltung zweier Vierpole (h-Parameter)

3.1.2 Leitwert- oder y-Parameter

Die unter (3.1) angegebenen Verknüpfungen von Strömen und Spannungen sind nicht die einzig möglichen. Man kann beispielsweise alle Ströme in Abhängigkeit von Spannungen darstellen, man gelangt dann zu den y-Vierpolgleichungen. Die y- oder Leitwertparameter sollen grundsätzlich als komplex angenommen werden, der Einfachheit halber wird in der Darstellung auf den Komplexstrich verzichtet. Wenn von dieser Regelung abgewichen wird, wird gesondert darauf hingewiesen. Die Vorgehensweise ist analog der der h-Parameterbetrachtung, deswegen wird hier auf eine verkürzte Darstellung zurückgegriffen und auf Ableitungen verzichtet. Man erhält die *Vierpolgleichungen* in folgender Form:

$$\underline{I}_1 = y_{11}\,\underline{U}_1 + y_{12}\,\underline{U}_2 \tag{3.2a}$$
$$\underline{I}_2 = y_{21}\,\underline{U}_1 + y_{22}\,\underline{U}_2 \tag{3.2b}$$

Die *Matrizengleichung* lautet dann:

$$\begin{pmatrix} \underline{I}_1 \\ \underline{I}_2 \end{pmatrix} = \begin{pmatrix} y_{11} & y_{12} \\ y_{21} & y_{22} \end{pmatrix} \begin{pmatrix} \underline{U}_1 \\ \underline{U}_2 \end{pmatrix}$$

Um die Bedeutung der Leitwertparameter erkennen zu können, müssen wechselseitig der Eingang und der Ausgang dynamisch kurzgeschlossen werden, dadurch verschwindet einmal $\underline{U}_1$ und zum anderen $\underline{U}_2$.

Dieser wechselseitige Kurzschluß darf aber nur, wie schon bei der Betrachtung zu den h-Parametern, ein dynamischer sein. Man hat also dafür Sorge zu tragen, daß die Gleichspannungsverhältnisse nicht beeinflußt werden.

$$y_{11} = \left. \frac{\underline{I}_1}{\underline{U}_1} \right|_{\underline{U}_2 = 0} \qquad \textit{Kurzschluß-Eingangsleitwert}$$

$$y_{12} = \left. \frac{\underline{I}_1}{\underline{U}_2} \right|_{\underline{U}_1 = 0} \qquad \textit{Kurzschluß-Rückwirkleitwert}$$

$$y_{21} = \left. \frac{\underline{I}_2}{\underline{U}_1} \right|_{\underline{U}_2 = 0} \qquad \textit{Kurzschluß-Übertragungsleitwert}$$

$$y_{22} = \frac{\underline{I}_2}{\underline{U}_2} \Bigg|_{\underline{U}_1 = 0} \qquad \textit{Kurzschluß- Ausgangsleitwert}$$

Deutet man die Vierpolgleichungen (3.2) als Knotenpunktsgleichungen, dann erhält man das Ersatzschaltbild gemäß Abb. 3.4. Die Anwendung dieses Ersatzschaltbilds ist ungeachtet seiner hochfrequenztechnischen Bedeutung immer dann von Vorteil, wenn Vierpole ein- und ausgangsseitig parallelgeschaltet werden. Die Matrix des neuen Vierpols (als Parallelschaltung zweier Einzelvierpole) ergibt sich in folgender Weise: $((y\,')) + ((y\,'')) = ((y))$.

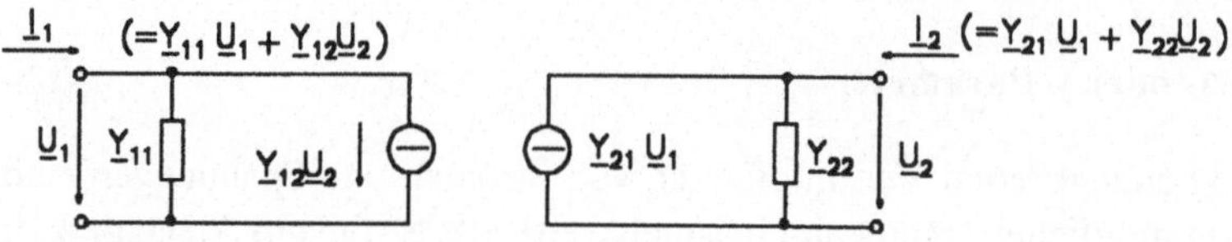

Abb. 3.4 Das y-Parameter-Ersatzschaltbild

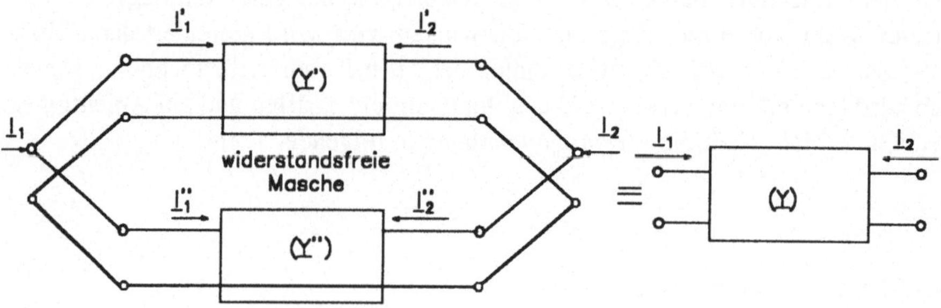

Abb. 3.5 Parallelschaltung von Vierpolen

3.1.3 Streu- oder s-Parameter

Man bezeichnet die s-Parameter auch als Scattering-Parameter. Wurden die h-Parameter hinsichtlich ihrer Anwendbarkeit auf den Frequenzbereich f < 500 kHz festgelegt und oberhalb dessen auf die y-Parameter verwiesen, so war deren Einsatzbereich auf etwa f < 300 MHz begrenzt und es ergibt sich die Frage, womit oberhalb dieser Frequenzen gearbeitet wird. Die Antwort darauf sind die s-Parameter. Das Arbeiten mit ihnen ist gewöhnungsbedürftig. Für Verstärker, Oszillatoren und ähnlich kritische Baugruppen werden die Kleinsignaleigenschaften von Transistoren (oder allgemein von Vierpolen) durch die Leitwertparameter bis etwa 300 MHz charakterisiert. Oberhalb 300 MHz wird die Messung der y-Parameter zunehmend ungenau, weil z.B. dynamische Kurzschlüsse durch Zuleitungsinduktivitäten verfälscht werden. Hinzu kommt die Neigung aktiver Schaltungen, bei sehr hohen Frequenzen, bei Kurzschluß- oder Leerlaufbetrieb ungewollt zu schwingen. Bei so hohen Frequenzen darf der Leitungscharakter der Zuleitungen nicht mehr vernachlässigt werden (umso mehr, wenn Bauelementegröße und Zuleitungslängen in die Größenordnung der Wellenlänge kommen). Dem Wellencharakter wird durch die Anwendung der s-Parameter Rechnung getragen, die bei diesen Frequenzen besser meßbar sind. Um diese Größen besser verstehen zu können, sollen zuvor Leitungsquellen in vereinfachter Darstellung betrachtet werden.

Die Leitungsquelle dargestellt als Eintor oder Zweipol

Ein beliebiger, linearer Generator kann mit Hilfe der Wechselleistung als Leitungsquelle beschrieben werden. Die vom Generator über eine Leitung an einen beliebigen, äußeren Abschluß abgegebene Leistung p ist:

$$p = a^2 - b^2,$$

a^2: *verfügbare Wechselleistung,*
b^2: *reflektierte Wechselleistung.*

Zur Beschreibung von Zwei- und Mehrtoren benutzt man die einfachen Größen $\underline{a}$ und $\underline{b}$; also die Quadratwurzel aus diesen Leistungen und definiert:

$\underline{a}$: *hinlaufende Leistungsgröße,*
$\underline{b}$: *rücklaufende oder reflektierte Leistungsgröße.*

Damit wird dem Wellencharakter Rechnung getragen; man bezeichnet $\underline{a}$ und $\underline{b}$ als Wellengrößen. Obwohl $\underline{a}$ und $\underline{b}$ nicht die Dimension von Strom oder Spannung haben, kann man doch den Zusammenhang mit Strömen und Spannungen, die auf Leitungen nicht direkt zu messen sind, herstellen.

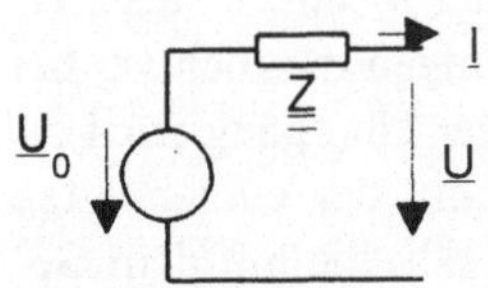

Abb. 3.6 Generator

Aus Abb. 3.6 kann man zusammen mit den Festlegungen zur Leitungsquelle folgenden Zusammenhang formulieren:

$$\underline{U}\,\underline{I} = a^2 - b^2.$$

Setzt man die Anpassung der Quelle voraus, dann tritt keine Reflexion auf, folglich gilt:

$$\frac{\underline{U}_0^2}{4\underline{Z}} = a^2 \, ,$$

außerdem kann die Maschenregel für Abb. 3.6 aufgestellt werden.

$$\underline{U}_0 = \underline{U} + \underline{I}\,\underline{Z}$$

Unter Verwendung der letzten Gleichung erhält man:

$$\frac{(\underline{U} + \underline{I}\,\underline{Z})^2}{4\underline{Z}} = a^2$$

Löst man die Gleichungen nach $\underline{a}$ und $\underline{b}$ auf, so erhält man folgendes Resultat:

$$\underline{a} = \frac{\underline{U} + \underline{I}\,\underline{Z}}{2\sqrt{\underline{Z}}} \quad \text{und} \quad \underline{b} = \frac{\underline{U} - \underline{I}\,\underline{Z}}{2\sqrt{\underline{Z}}}. \tag{3.3}$$

Diese Beziehung stellt den gesuchten Zusammenhang zwischen den Leitungsgrößen $\underline{a}$ und $\underline{b}$ sowie dem Strom $\underline{I}$ und der Spannung $\underline{U}$ her. Eine Leitungsquelle kann man bildlich (Abb.3.7) darstellen. In Abbildung 3.7 ist die Leitungsquelle durch die verfügbare Leistung (a^2) und den inneren Widerstand $\underline{Z}$ dargestellt.

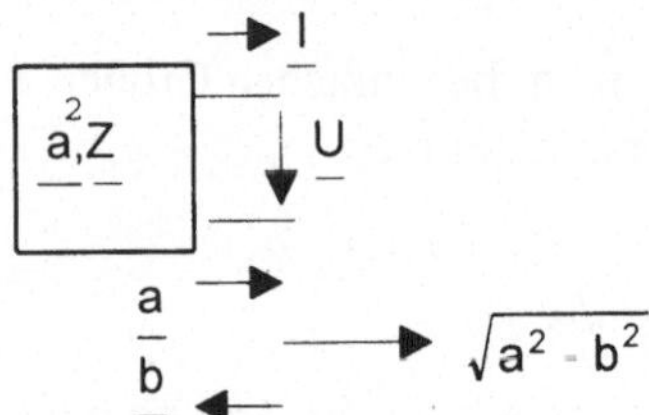

Abb. 3.7 Die Leitungsquelle

Die Wellenquelle dargestellt als Eintor oder Zweipol

Es erweist sich in der Praxis als zweckmäßig, von der Leitungsquelle zur Wellenquelle überzugehen. Die Betrachtung der Wechselleistungen a^2 und b^2 als Leitungsquellen hat den Vorteil, daß sie auch bei solchen Leitungen möglich ist, bei denen die Begriffe Spannung und Strom nicht existieren. Der Übergang zur Leitungsquelle wird dadurch vollzogen, daß ein Wellenleiter mit der eingeprägten Wechselleistungsgröße $\underline{a}$ als Wellenquelle bezeichnet wird; d.h. die mit dem Generatorwiderstand $\underline{Z}_1$ abgeschlossene und für ihn angepaßte Leitung ist die Quelle der Wechselleistungsgröße $\underline{a}$. Bildlich stellt sich der Übergang zur Wellenquelle wie in Abb. 3.8 dar.

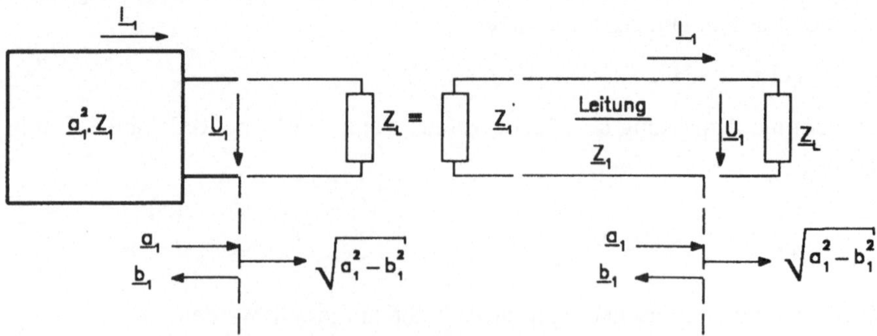

Abb. 3.8 Darstellung der Überführung der Leitungsquelle in eine Wellenquelle

Erweiterung auf Zweitore oder Vierpole

Abbildung 3.9 soll die Erweiterung verdeutlichen und der Definition der s-Parameter dienen. Sie sollen ebenfalls, wie schon bei den y-Parametern vereinbart, grundsätzlich als komplex angenommen werden. Deshalb wird auf eine gesonderte Kennzeichnung später verzichtet.

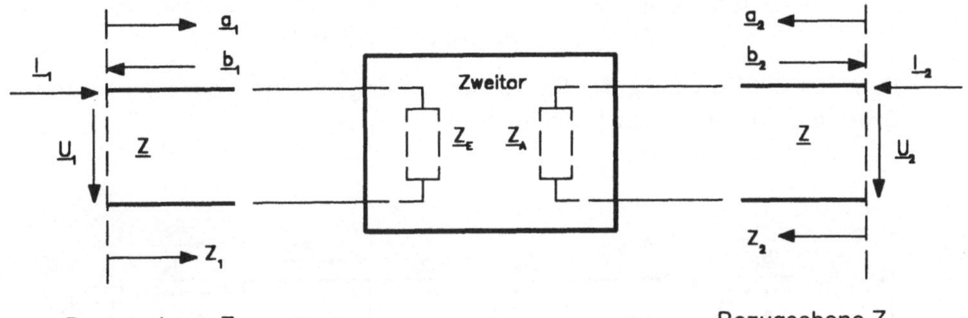

Abb. 3.9 Beschaltung eines Vierpols durch Leitungen

Bedeutung der $\underline{a}_i$ und $\underline{b}_i$:

> $|\underline{a}_1|^2$: *am Tor 1 einfallende Leistung,*
>
> $|\underline{b}_1|^2$: *am Tor 1 reflektierte Leistung,*
>
> $|\underline{a}_2|^2$: *von der Last reflektierte, in Tor 2 einfallende Leistung,*
>
> $|\underline{b}_2|^2$: *aus Tor 2 in die Last eingespeiste Leistung.*

Die Leitungen sind jeweils angepaßt, d.h. an den Toren erscheint der Leitungswiderstand $\underline{Z}$. Unter der Voraussetzung linearer, zeitinvarianter Vierpole kann man die Streuparameter folgendermaßen definieren (Linearität des Zusammenhangs zwischen $\underline{a}_i$ und $\underline{b}_i$ (mit i = 1,2) ebenfalls vorausgesetzt):

Streuparametergleichung:

$$\underline{b}_1 = s_{11}\,\underline{a}_1 + s_{12}\,\underline{a}_2 \tag{3.4a}$$
$$\underline{b}_2 = s_{21}\,\underline{a}_1 + s_{22}\,\underline{a}_2 \tag{3.4b}$$

Matrizendarstellung:

$$\begin{pmatrix} \underline{b}_1 \\ \underline{b}_2 \end{pmatrix} = \begin{pmatrix} s_{11} & s_{12} \\ s_{21} & s_{22} \end{pmatrix} \begin{pmatrix} \underline{a}_1 \\ \underline{a}_2 \end{pmatrix}$$

Es sind die vorlaufenden Wellen $\underline{a}_i$ als unabhängig Variable angenommen worden. Man kann die Bedeutung der s_{ik} (i,k = 1,2) auf analoge Weise bestimmen wie bei den schon betrachteten h- und y-Parametern. Dazu wird wechselseitig angenommen, daß $\underline{a}_2$ bzw. $\underline{a}_1$ Null werden. Man erhält dann folgende Gleichungen:

$$s_{11} = \underline{b}_1/\underline{a}_1 \quad \text{bei } \underline{a}_2 = 0 \qquad \textit{Reflexionsfaktor am Tor 1 (bei Anpassung der}$$
$$\textit{Ausgangsleitung),}$$

$$s_{21} = \underline{b}_2/\underline{a}_1 \text{ bei } \underline{a}_2 = 0$$

Vorwärtsübertragungsfaktor (bei Anpassung der Ausgangsleitung), bei Verstärkern ein Maß für die Vorwärtsverstärkung,

$$s_{12} = \underline{b}_1/\underline{a}_2 \text{ bei } \underline{a}_1 = 0$$

Rückwärtsübertragungsfaktor (bei Anpassung der Eingangsleitung) bei Verstärkern ein Maß für unerwünschte Rückwirkungen,

$$s_{22} = \underline{b}_2/\underline{a}_2 \text{ bei } \underline{a}_1 = 0$$

Reflexionsfaktor am Tor 2 (bei Anpassung der Eingangsleitung).

Damit ist die Bedeutung der Streuparameter dargetan. Abbildung 3.10 soll die Bedeutung noch anschaulich untermauern.

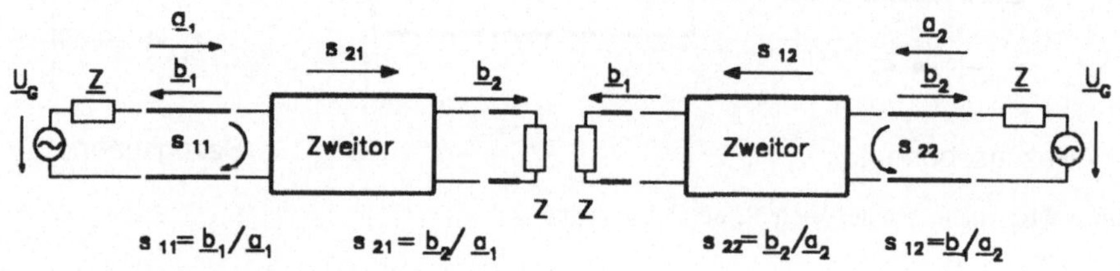

Abb. 3.10 Darstellung der Bedeutung der s-Parameter

Aus der Darstellung ist unschwer zu erkennen, daß der Betrag von s_{21}^2 den Gewinn in Vorwärtsrichtung und der Betrag von s_{12}^2 den Gewinn in Rückwärtsrichtung darstellt. Die Parameter s_{11} und s_{22} werden entsprechend ihrer Bedeutung als Reflexionsfaktoren im Smith-Diagramm dargestellt, wohingegen die Parameter s_{21} und s_{12} als Übertragungsgrößen nach Betrag und Phase angegeben werden.

3.2 Vierpolbetriebsgrößen

3.2.1 Allgemeingültige Festlegungen

Vor der eigentlichen Berechnung der Vierpolbetriebsgrößen sollen noch einige Festlegungen zu immer wiederkehrenden Bezeichnungen getroffen werden. Es sind dies der Eingangswiderstand ($\underline{Z}_1$), der Ausgangswiderstand ($\underline{Z}_2$), sowie die Spannungs-, Strom- und Leistungsverstärkung ($\underline{V}_u$, $\underline{V}_i$, V_p). Formelmäßig ergeben sie sich zu:

$$\underline{Z}_1 = \frac{U_1}{I_1} = \left|\underline{Z}_1\right| e^{j\varphi_1}, \quad \underline{Z}_2 = \frac{U_2}{I_2} = \left|\underline{Z}_2\right| e^{j\varphi_2}, \tag{3.5a}$$

$$\underline{V}_u = \frac{U_2}{U_1} = \left|\underline{V}_u\right| e^{j\varphi_u}, \quad \underline{V}_i = \frac{I_2}{I_1} = \left|\underline{V}_i\right| e^{j\varphi_i}, \tag{3.5b}$$

$$V_p = P_2/P_1 . \tag{3.5c}$$

$\underline{V}_u$, $\underline{V}_i$ und V_p beziehen sich auf konstante und frequenzunabhängige Eingangsgrößen $\underline{U}_1$, $\underline{I}_1$, P_1. Bei frequenzveränderlichen Eingangsvariablen hat man folgende Funktionen zu bilden:

Frequenzgang:	$\underline{V}$ = Funktion (f)
Amplitudenfrequenzgang:	$|\underline{V}|$ = Funktion (f)
Phasenfrequenzgang:	φ = Funktion (f)

In der Technik werden selten absolute Größen verwendet. Aus Gründen der Vergleichbarkeit wird meist ein logarithmischer Maßstab gewählt. Er hat zudem den Vorteil, daß die Multiplikation der absoluten Größen (z.B. Verstärkungen) in eine Addition der logarithmischen Größen übergeht. Außerdem wird der Zahlenumfang damit wesentlich kleiner und somit besser handhabbar.

$$\lg |\underline{V}| = \text{Funktion } (\lg (f)) \qquad \text{logarithmischer Amplitudenfrequenzgang}$$

$$\varphi = \text{Funktion } (\lg (f)) \qquad \text{logarithmischer Phasengang}$$

Die beiden letztgenannten Funktionen bezeichnet man in ihrer Gesamtheit auch als das *Bode-Diagramm.* Weiter soll noch vereinbart werden:

$$A_u/dB = 20 \lg |\underline{V}_u| \tag{3.6}$$

Vorzeichenfestlegung: Minus bedeutet Dämpfung ,Plus bedeutet Verstärkung.

$$A_i / dB = 20 \lg |\underline{V}_i| \tag{3.7}$$

$$A_p / dB = 10 \lg V_p \tag{3.8}$$

Wenn keine idealen Spannungs- oder Stromquellen als Signalquellen zur Verfügung stehen, dann müssen folgende Umrechnungen berücksichtigt werden:

$$\underline{U}_1 = \underline{U}_0 \, \frac{\underline{Z}_1}{\underline{Z}_Q + \underline{Z}_1} \quad \text{und } \underline{I}_1 = \underline{I}_0 \, \frac{\underline{Z}_Q}{\underline{Z}_Q + \underline{Z}_1} .$$

Die Bedeutung der Bauelementebezeichnungen geht aus Abb.3.11 hervor. Der Quellwiderstand soll alle außerhalb des Vierpols liegenden Widerstände beinhalten, das bedeutet, der Generatorwiderstand ist nur ein Teil von $\underline{Z}_Q$, hinzu kommen ggf. Spannungsteiler- und sonstige Widerstände.

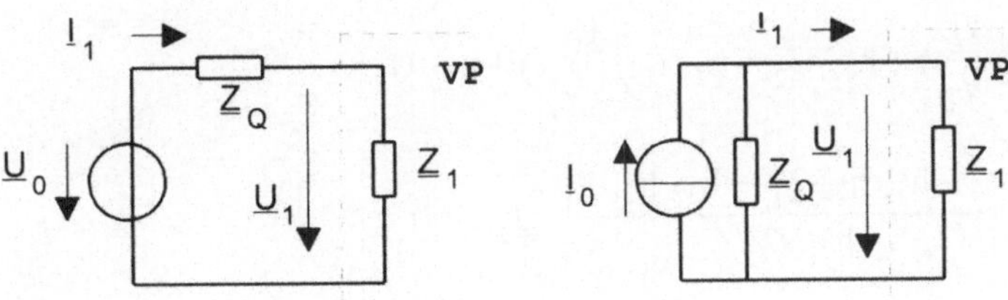

Abb. 3.11 Vierpolbeschaltung mit realen Quellen

3.2.2 Berechnung der Vierpolbetriebsgrößen mittels h-Parameter

Betriebsgrößen sind die Kenngrößen des durch äußere Beschaltung belasteten Vierpols, also die Kenngrößen des Betriebszustands. Vereinfachend wird häufig nur von Betriebsgrößen gesprochen. Den Betriebszustand bringt Abb.3.12 zum Ausdruck:

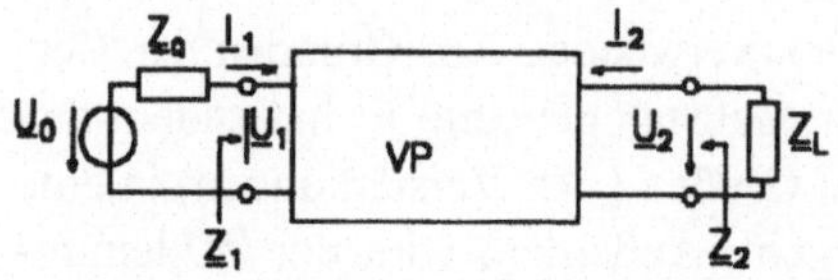

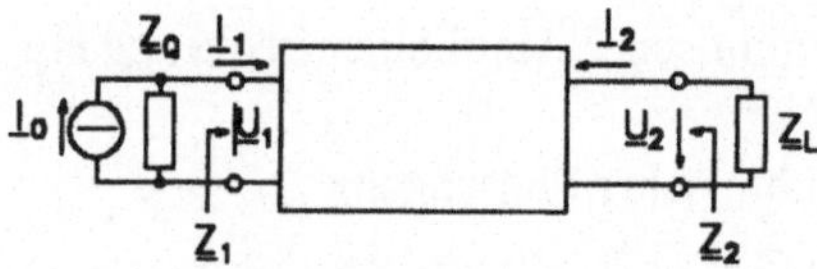

Abb. 3.12 Betriebszustand (beschalteter Vierpol)

Der Berechnung liegen folgende vier Gleichungen zugrunde:

$$\underline{U}_1 = h_{11}\,\underline{I}_1 + h_{12}\,\underline{U}_2 \tag{3.9}$$

$$\underline{I}_2 = h_{21}\,\underline{I}_1 + h_{22}\,\underline{U}_2 \tag{3.10}$$

$$\underline{U}_2 = -\,\underline{I}_2\,\underline{Z}_L \tag{3.11}$$

$$\underline{U}_1 = \underline{U}_0 - \underline{I}_1\,\underline{Z}_Q \tag{3.12}$$

Berechnung von $\underline{V}_i$:

$$\underline{I}_2 = h_{21}\,\underline{I}_1 + h_{22}\,(-\underline{I}_2\,\underline{Z}_L\,),$$
$$\underline{I}_2\,(1 + h_{22}\,\underline{Z}_L) = h_{21}\,\underline{I}_1$$

daraus folgt:

$$\frac{\underline{I}_2}{\underline{I}_1} = \underline{V}_i = \frac{h_{21}}{1 + h_{22}\,\underline{Z}_L}. \tag{3.13}$$

Berechnung von $\underline{V}_u$:
Gleichung (3.11) nach $\underline{I}_2$ aufgelöst, $\underline{I}_2 = \underline{V}_i\,\underline{I}_1$ eingesetzt und das Ergebnis in (3.9) eingesetzt, ergibt:

$$\underline{U}_1 = h_{11}\left(\frac{\underline{I}_2}{\underline{V}_i}\right) + h_{12}\,\underline{U}_2 = h_{11}\left(\frac{-\underline{U}_2}{\underline{Z}_L\,\underline{V}_i}\right) + h_{12}\,\underline{U}_2$$

$$= \frac{-h_{11} - h_{11}\,h_{22}\,\underline{Z}_L + h_{12}\,h_{21}\,\underline{Z}_L}{h_{21}\,\underline{Z}_L}\,\underline{U}_2\,,$$

$$\frac{\underline{U}_2}{\underline{U}_1} = \underline{V}_u = -\frac{h_{21}\underline{Z}_L}{h_{11} + \Delta h\underline{Z}_L}; \quad \Delta h = h_{11}\,h_{22} - h_{12}h_{21}. \tag{3.14}$$

Die Berechnung von $\underline{Z}_1$ erfolgt bei abgetrennter Signalquelle und ergibt:

$$\underline{U}_1/\underline{I}_1 = h_{11} + h_{12}\,\underline{U}_2/\underline{I}_1$$

$$= h_{11} + h_{12}\,(-\frac{\underline{I}_2\,\underline{Z}_L}{\underline{I}_1})$$

$$= h_{11} + h_{12}\,(-\frac{\underline{Z}_L\,h_{21}}{1 + h_{22}\,\underline{Z}_L})$$

woraus sich ergibt:

$$\frac{\underline{U}_1}{\underline{I}_1} = \underline{Z}_1 = \frac{h_{11} + \Delta h\,\underline{Z}_L}{1 + h_{22}\,\underline{Z}_L}. \tag{3.15}$$

Für die Berechnung von $\underline{Z}_2$ hat zu gelten: $\underline{U}_0 = \underline{I}_0 = 0$ und $\underline{Z}_L$ abgetrennt. Aus den Gln. (3.9) und (3.12) erhält man unter Berücksichtigung von $\underline{U}_0 = 0$:

$$- \underline{I}_1\,\underline{Z}_Q - h_{11}\,\underline{I}_1 = h_{12}\,\underline{U}_2 \quad \text{oder} - \underline{I}_1\,(\underline{Z}_Q + h_{11}) = h_{12}\,\underline{U}_2\,,$$

hinzu kommt aus (3.10):

$$\underline{I}_1 = \frac{\underline{I}_2 - h_{22}\,\underline{U}_2}{h_{21}}\,,$$

oben eingesetzt ergibt

$$- \frac{\underline{I}_2 - h_{22}\,\underline{U}_2}{h_{21}}\,(\underline{Z}_Q + h_{11}) = h_{12}\,\underline{U}_2\,.$$

Wird die Gleichung noch umgestellt, so folgt:

$$\frac{\underline{U}_2}{\underline{I}_2} = \underline{Z}_2 = \frac{\underline{Z}_Q + h_{11}}{\Delta h + h_{22}\,\underline{Z}_Q} \tag{3.16}$$

Mit den Beziehungen (3.13) bis (3.16) sind alle Grundlagen gegeben, um das Verhalten von Vierpolen bei äußerer Beschaltung und für *eine* Frequenz (entsprechend den Festlegungen f < 500 kHz) berechnen zu können. Der Umgang mit diesem Formelapparat wird an späterer Stelle noch ausführlich demonstriert. Hier sollen zunächst die für die folgenden Abschnitte notwendigen Berechnungsgrundlagen bereitgestellt werden.

3.2.3 Berechnung der Vierpolbetriebsgrößen mittels y-Parameter

Grundlage der Berechnung ist wiederum Abb. (3.12). Diese Schaltungen gelten unabhängig von den speziell gewählten Vierpolparametern. Der Algorithmus ist dem für die h-Parameterdarstellung sehr ähnlich und soll darum dem Leser als Übung vorbehalten bleiben. Die Ergebnisse lauten:

$$\frac{\underline{I}_2}{\underline{I}_1} = \underline{V}_i = \frac{y_{21}}{y_{11} + \Delta y\,\underline{Z}_L} \qquad \textit{Betriebsstromverstärkung} \tag{3.17}$$

$$\frac{\underline{U}_2}{\underline{U}_1} = \underline{V}_u = -\frac{y_{21}\,\underline{Z}_L}{1 + y_{22}\,\underline{Z}_L} \qquad \textit{Betriebsspannungsverstärkung} \qquad (3.18)$$

$$\frac{\underline{U}_1}{\underline{I}_1} = \underline{Z}_1 = \frac{1 + y_{22}\,\underline{Z}_L}{y_{11} + \Delta y\,\underline{Z}_L} \qquad \textit{Betriebseingangswiderstand} \qquad (3.19)$$

$$\frac{\underline{U}_2}{\underline{I}_2} = \underline{Z}_2 = \frac{1 + y_{11}\,\underline{Z}_Q}{y_{22} + \Delta y\,\underline{Z}_Q} \qquad \textit{Betriebsausgangswiderstand} \qquad (3.20)$$

dabei ist $\Delta y = y_{11}\,y_{22} - y_{12}\,y_{21}$.

Für Leitwertparameter gibt es noch andere, nützliche Ersatzschaltbilder, die häufig in der HF-Technik Anwendung finden und zwar immer dann, wenn die Rückwirkungen besondere Beachtung finden müssen. Das ist z.B. dann der Fall, wenn Neutralisationsschaltungen zur Unterdrückung der Rückwirkungen entworfen werden sollen. Im folgenden sollen sie, ohne auf ihre Ableitung einzugehen, für die drei Transistorgrundschaltungen nur mitgeteilt werden.

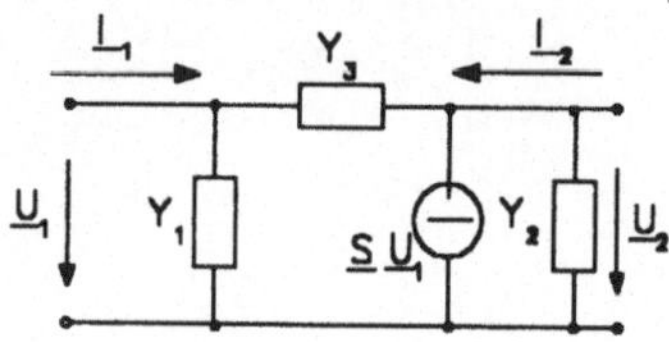

Emitterschaltung :

$y_1 = y_{11e} + y_{12e}$; $y_2 = y_{12e} + y_{22e}$;

$y_3 = - y_{12e}$; $\underline{S} = y_{21e} - y_{12e}$;

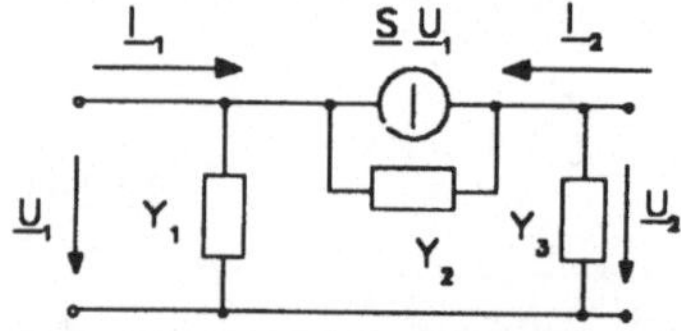

Basisschaltung :

$y_1 = y_{11b} + y_{21b}$; $y_2 = - y_{12b}$;

$y_3 = y_{12b} + y_{22b}$; $\underline{S} = - y_{21b} + y_{12b}$.

Abb. 3.13a π-Ersatzschaltbilder für die Emitter- und Basisgrundschaltung

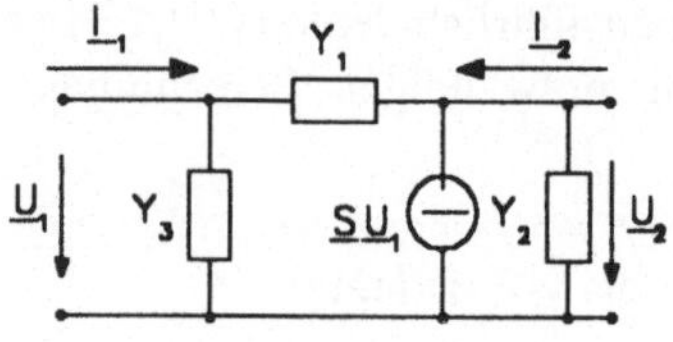

Kollektorschaltung :

$y_1 = - y_{12c}$; $y_2 = y_{21c} + y_{22c}$;

$y_3 = y_{11c} + y_{12c}$; $\underline{S} = - y_{21c} + y_{12c}$.

Abb. 3.13b π-Ersatzschaltbild für die Kollektorgrundschaltung

3.2.4 Berechnung der Verstärkung mittels s-Parameter

Aufgrund der Art und der Bedeutung der s-Parameter werden anstelle von Ein- und Ausgangswiderständen Reflexionsfaktoren von Bedeutung sein. Auch für die

Reflexionsfaktoren soll die Festlegung gelten, daß diese generell als komplex anzunehmen sind und darum auf eine gesonderte Kennzeichnung dieses Sachverhalts verzichtet wird. Abbildung 3.14 soll die Bedeutung der verschiedenen Reflexionsfaktoren verdeutlichen.

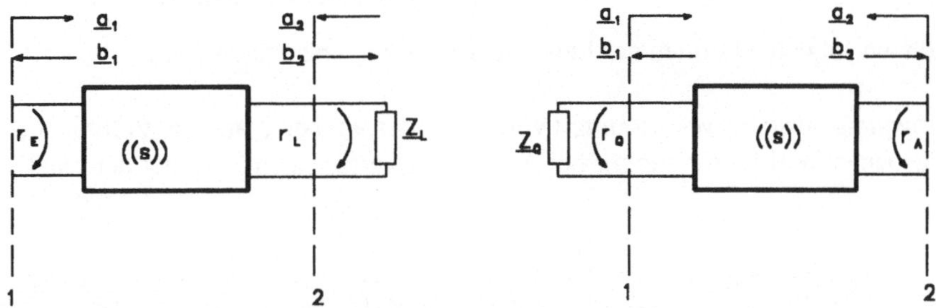

Abb. 3.14 Ein -und Ausgangsreflexionsfaktoren

Nach [1] gelten folgende Festlegungen:

$$r_E = \underline{b}_1/\underline{a}_1 \qquad \textit{Eingangsreflexionsfaktor,}$$
$$r_L = \underline{a}_2/\underline{b}_2 \qquad \textit{Lastreflexionsfaktor.}$$

Mit den Streuparametergleichungen ergibt sich nach einfacher Rechnung der Eingangsreflexionsfaktor:

$$\underline{r}_E = s_{11} + \frac{s_{21}\, s_{12}\, r_L}{1 - s_{22}\, r_L}. \tag{3.21}$$

$$r_A = \underline{b}_2/\underline{a}_2 \qquad \textit{Ausgangsreflexionsfaktor,}$$
$$r_Q = \underline{a}_1/\underline{b}_1 \qquad \textit{Quellreflexionsfaktor.}$$

Mit den Streuparametergleichungen ergibt sich ebenfalls nach einfacher Rechnung der Ausgangsreflexionsfaktor:

$$\underline{r}_A = s_{22} + \frac{s_{21}\, s_{12}\, r_Q}{1 - s_{11}\, r_Q} \tag{3.22}$$

Aus den Beziehungen für die beiden Reflexionsfaktoren erkennt man, daß für den Parameter $s_{12} = 0$ der Ein- und Ausgangsreflexionsfaktor gleich den zugehörigen Streuparametern wird:

$$\underline{r}_E = s_{11} \quad \text{und} \quad \underline{r}_A = s_{22}.$$

Das bedeutet, daß die Reflexionsfaktoren unabhängig von der äußeren Beschaltung werden. Das ist auch logisch, denn wenn keine Rückwirkungen auftreten, kann sich die Beschaltung nicht auf das entgegengesetzte Tor auswirken. Da die Wirkanteile bei Hoch- und Höchstfrequenzleitungen i. allg. relativ niederohmig sind, werden nicht so sehr Spannungs- und Stromverstärkung von Interesse sein, sondern die Leistungsverstärkung (oder Gewinn). Für die Leistungsverstärkungen erhält man nach [2] mit Z_W (Wellenwiderstand):

$$\underline{r}_Q = (\underline{Z}_Q - Z_W)/(\underline{Z}_Q + Z_W) \qquad \textit{Reflexionsfaktor für den Grad der}$$
$$\textit{Quellwiderstandsanpassung,}$$
$$\underline{r}_L = (\underline{Z}_L - Z_W)/(\underline{Z}_L + Z_W) \qquad \textit{Reflexionsfaktor für den Grad der}$$
$$\textit{Lastwiderstandsanpassung.}$$

Es können folgende Formen der Leistungsverstärkung berechnet werden:

Übertragungsleistungsverstärkung (Verhältnis der an Tor 2 an den Verbraucher abgegebenen Wirkleistung P zur bei Anpassung verfügbaren Leistung der Quelle P_Q).

$$V_{ü} = \frac{P}{P_Q} = |s_{21}|^2 \frac{1 - |\underline{r}_Q|^2}{|1 - \underline{r}_Q s_{11}|^2} \frac{1 - |\underline{r}_L|^2}{|1 - \underline{r}_L r_A|^2} \qquad (3.23)$$

Unilaterale Übertragungsleistungsverstärkung (Übertragungsleistungsverstärkung eines rückwirkungsfreien Vierpols).

$$V_{or} = |s_{21}|^2 \frac{1 - |\underline{r}_Q|^2}{|1 - \underline{r}_Q s_{11}|^2} \frac{1 - |\underline{r}_L|^2}{|1 - \underline{r}_L s_{22}|^2} \qquad (3.24)$$

Verfügbare Leistungsverstärkung (Verhältnis der am Tor 2 verfügbaren Wirkleistung zur verfügbaren Leistung der Quelle am Tor 1).

$$V_V = |s_{21}|^2 \frac{1 - |\underline{r}_Q|^2}{|1 - \underline{r}_Q s_{11}|^2} \frac{1}{1 - |\underline{r}_A|^2} \qquad (3.25)$$

Maximale Leistungsverstärkung (Verstärkung bei Anpassung am Ein- und Ausgangstor unter der Bedingung der absoluten Stabilität; k größer oder gleich 1).

$$V_{max} = \left| \frac{s_{21}}{s_{12}} \right| (k - \sqrt{k^2 - 1}); \qquad k \geq 1 \qquad (3.26)$$

mit

$$k = \frac{1 + |\Delta|^2 - |s_{11}|^2 - |s_{22}|^2}{2 |s_{12}| |s_{21}|}$$

und mit

$$\Delta = s_{11} s_{22} - s_{12} s_{21} .$$

3.3 Die Übertragungsfunktion

Entsprechend ihrem Namen charakterisiert sie die Übertragungseigenschaften von Netzwerken. Die Untersuchungen können im Frequenzbereich, aber auch im

Bildbereich der Laplace-Transformierten erfolgen. Dementsprechend unterscheidet man zwischen Übertragungsfaktor (im Frequenzbereich) oder Übertragungsfunktion (im Bildbereich).

Definition 3.1. Der Übertragungsfaktor ($\underline{H}$) ist der Quotient der kreisfrequenzabhängigen Wirkung zur kreisfrequenzabhängigen Ursache, als Formel:

$$\underline{H} = \frac{(\text{Wirkung}\,(\omega))}{(\text{Ursache}\,(\omega))}\,. \tag{3.27}$$

Ursache und Wirkung können unterschiedliche Dimensionen haben. Der Übertragungsfaktor stellt eine Frequenzfunktion dar. In Verallgemeinerung des Übertragungsfaktors geht man zur komplexen Frequenz $p = \sigma + j\omega$ über und erhält dann die Übertragungs- oder Bildfunktion. Sie wird immer als der von der komplexen Frequenz abhängige Quotient aus Ursache und Wirkung dargestellt. Jedes beliebige Netzwerk mit linearen, konzentrierten, zeitinvarianten Schaltelementen kann durch einen Bruch aus algebraischem Zähler- und Nennerpolynom mathematisch exakt beschrieben werden.

Definition 3.2. Die Übertragungsfunktion ist der laplace-transformierte Übertragungsfaktor, bei dem Ursache und Wirkung durch algebraische Polynome ausgedrückt werden. Als Formel erhält man:

$$\underline{H}\,(p) = \frac{a_0 + a_1\,p + a_2\,p^2 + \ldots + a_m\,p^m}{b_0 + b_1 p + b_2\,p^2 + \ldots + b_n\,p^n} \tag{3.28}$$

p: komplexe Frequenz,
a_μ: reelle, konstante Koeffizienten,
b_ν: reelle, konstante Koeffizienten.

Die Übertragungsfunktion läßt sich immer in die Form der Linearfaktordarstellung umwandeln, ggf. unter Abspaltung eines Faktors. Man erhält dann folgenden Ausdruck:

$$\underline{H}(\,P\,) = \frac{(p - p_{01})\,(p - p_{02})\,\ldots\ldots\,(p - p_{0m})}{(p - p_{x1})\,(p - p_{x2})\,\ldots\ldots\,(p - p_{xn})}\,K$$

$p_{0\,\mu}$: Nullstellen der Übertragungsfunktion,
$p_{x\nu}$: Polstellen der Übertragungsfunktion.

Die Übertragungs- oder Bildfunktion ist immer eine Funktion der komplexen Frequenz p.

Die Zeitfunktion ist in dieser Darstellung für beliebige Erregungsfunktionen (u,i) gültig, jedoch stehen in den Gleichungen ungelöste Differentialgleichungen. Wenn im Speziellen die Erregungsfunktion eine harmonische Funktion ist, dann kann man die Differentialgleichungen bekanntlich einfach lösen und es gelten die Ergebnisse der Frequenzfunktion. Sollen die Zeitfunktionen bei beliebiger Erregung bestimmt werden, dann wird die Lösung über die Bildfunktion ermittelt. Zur Verallgemeinerung sollen die harmonischen Funktionen noch erweitert werden. Es wird dazu ein Faktor eingeführt, der es gestattet, die Amplitude exponen-

Tabelle 3.1 Zeit-, Frequenz- und Bildfunktion von Elementarzweipolen

	Zeitfunktion	Frequenzfunktion	Bildfunktion
	$u = iR$	$\underline{u} = \underline{i}R$	$\underline{u}(p) = \underline{i}(p)R$
	$u = L\dfrac{di}{dt}$	$\underline{u} = \underline{i}\, j\,\omega\, L$	$\underline{u}(p) = \underline{i}(p)pL$
	$u = \dfrac{1}{C}\int i\, dt$	$\underline{u} = \underline{i}\,\dfrac{1}{j\,\omega\, C}$	$\underline{u}(p) = \underline{i}(p)\,\dfrac{1}{pC}$

tiell verändern zu können.

$$u\,(t) = \hat{U}\, e^{\sigma t}\cos\left(\omega t + \varphi_u\right)$$

Nach Transformation in die komplexe Zahlenebene folgt:

$$\underline{u} = \hat{U}\, e^{\sigma t}\, e^{j\,(\omega t + \varphi_u)} = \hat{U}\, e^{(\sigma + j\,\omega)\,t}\, e^{j\,\varphi_u} = \hat{U}\, e^{pt}\, e^{j\varphi_u} = \hat{\underline{U}}\, e^{pt},$$

mit

$$p = \sigma + j\omega\;.$$

Stellt man u(t) nicht als Funktion der Frequenz, sondern als Funktion des Winkels dar, dann wird die Bedeutung des Amplitudenfaktors exp (σt) besonders deutlich. Das soll Abb. 3.15 veranschaulichen:

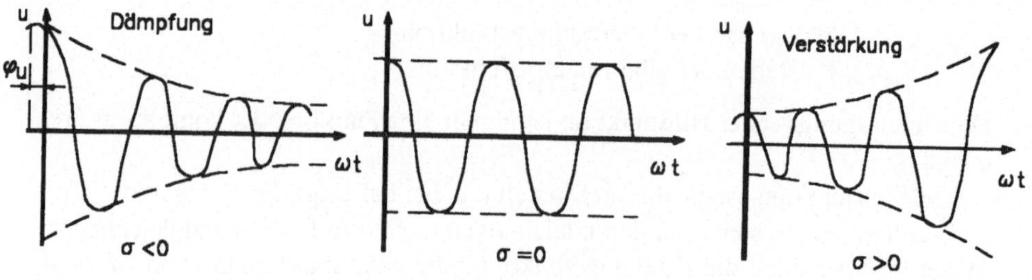

Abb. 3.15 Signale mit exponentiell veränderlicher Amplitude

Mit Abb. 3.16 kann man sich den Zusammenhang zwischen der Lage bestimmter Punkte in der komplexen Frequenzebene und den dazugehörigen Zeitfunktionen plausibel machen.

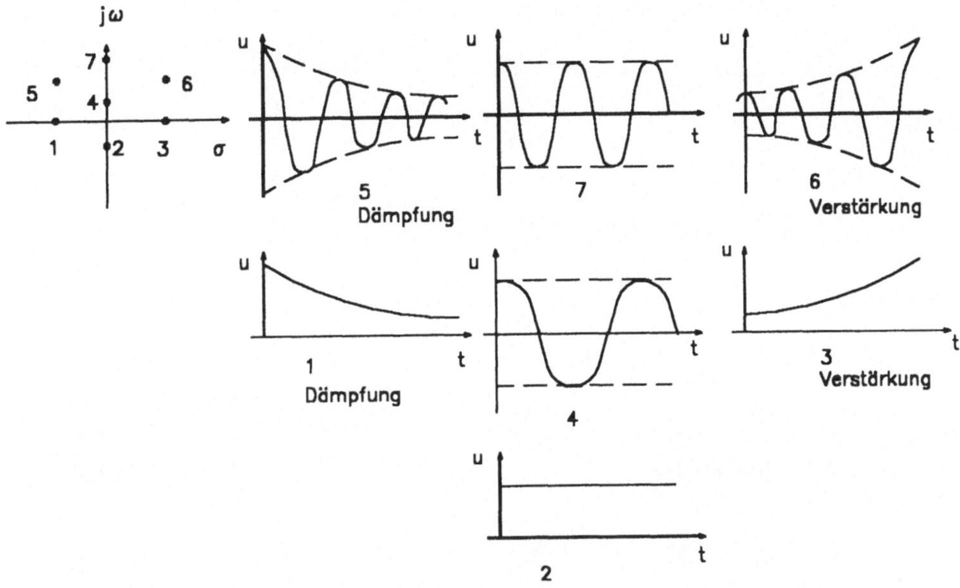

Abb. 3.16 Zusammenhang zwischen komplexer Frequenz und zugehöriger Zeitfunktion. Dämpfung bedeutet: $\sigma < 0$; Verstärkung bedeutet: $\sigma > 0$.

3.4 Selektive Netzwerke

3.4.1 Tiefpässe (TP)

Tiefpässe sind Netzwerke, deren Durchlaßbereich (DB) unterhalb einer festgelegten oberen Grenzfrequenz liegt.

3.4.1.1 TP 1. Grades, unbelastet (1 Blindelement)

Für die spätere Gegenüberstellung der unterschiedlichen Flankensteilheiten wird dieses Beispiel als *Variante 1* bezeichnet.

Definition 3.3. Die Flankensteilheit eines selektiven Netzwerks ist der in dB/Oktave oder dB/Dekade (dB/Okt, dB/Dek) ausgedrückte Dämpfungswert im linearen Teil des Dämpfungsverlaufs des Bode-Diagramms.

Es soll nun der Übertragungsfaktor untersucht und das Bode-Diagramm für die Schaltung gemäß Abb. 3.17 aufgetragen werden. Die Schaltung stellt einen eingliedrigen RC-Tiefpaß dar.

Abb. 3.17 Eingliedriger RC-Tiefpaß (1. Grades)

Der zugehörige Übertragungsfaktor ergibt sich bekanntlich zu:

$$\frac{\underline{U}_2}{\underline{U}_1} = \frac{1}{1 + j\omega\,RC} \quad,$$

mit

$$\tau_{TP} = RC = \frac{1}{\omega_{go}} \quad \text{und mit} \quad \Omega_{TP} = \frac{\omega}{\omega_{go}} = \frac{f}{f_{go}}$$

erhält man:

$$\frac{\underline{U}_2}{\underline{U}_1} = \frac{1}{1 + j\,\Omega_{TP}}\,; \quad \left|\frac{\underline{U}_2}{\underline{U}_1}\right| = \frac{1}{\sqrt{1 + \Omega_{TP}^2}}\,; \tag{3.29}$$

$$\varphi = -\,\text{arc tan}\,\Omega_{TP} \tag{3.30}$$

$$\left|\frac{\underline{U}_2}{\underline{U}_1}\right|\Big/\text{dB} = -\,20\,\lg\,\sqrt{1 + \Omega_{TP}^2} \tag{3.31}$$

Trägt man das Bode-Diagramm, ausgedrückt durch die Beziehungen (3.31) und (3.30), auf, dann ergibt sich die Abb. 3.18.

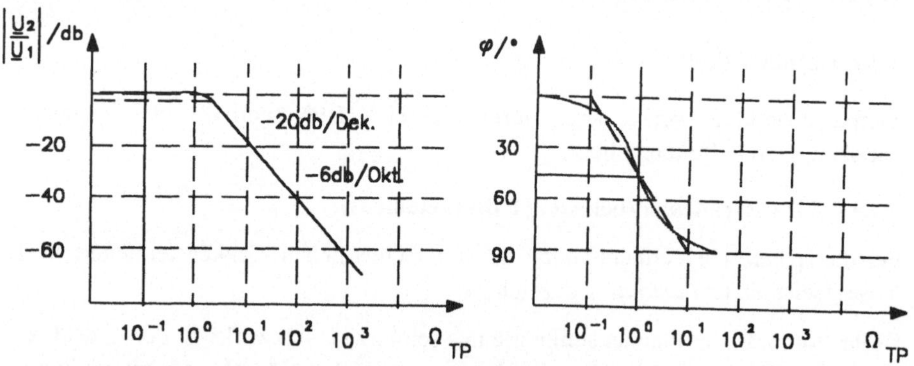

Abb. 3.18 Bode-Diagramm des einfachen, unbelasteten RC-Tiefpasses

Die Übertragungsfunktion des einfachen, unbelasteten RC-Tiefpasses erhält man zu:

$$\underline{H}\,(p) = \frac{\underline{U}_2\,(p)}{\underline{U}_1\,(p)} = \frac{1}{1 + pRC} = \frac{1}{1 + p\tau} \quad \text{mit} \quad \tau = RC\,.$$

Die Übertragungsfunktion hat eine einfache Polstelle, sie lautet:

$$1 + p\tau = 0$$

daraus ergibt sich:

$$p = - \frac{1}{\tau} = \sigma_x + j\,\omega_x$$

und nach Koeffizientenvergleich folgt:

$$p = - \frac{1}{\tau} = \sigma_x \qquad \text{und} \qquad \omega_x = 0.$$

Das letzte Resultat liefert die Pol-Nullstellenverteilung (Abb. 3.19).

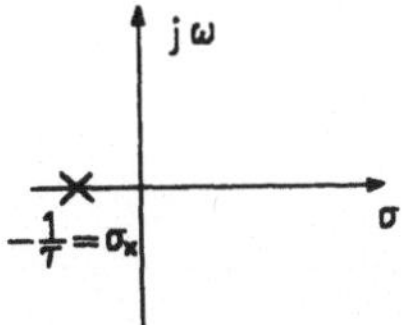

Abb. 3.19 Pol-Nullstellendiagramm

3.4.1.2 TP 2. Grades, unbelastet, nicht entkoppelt (2 Blindelemente)

Variante 2
Ausgangspunkt der Berechnung des Übertragungsfaktors ist der Stromlaufplan des nachfolgenden Netzwerks dargestellt in Abb.3.20.

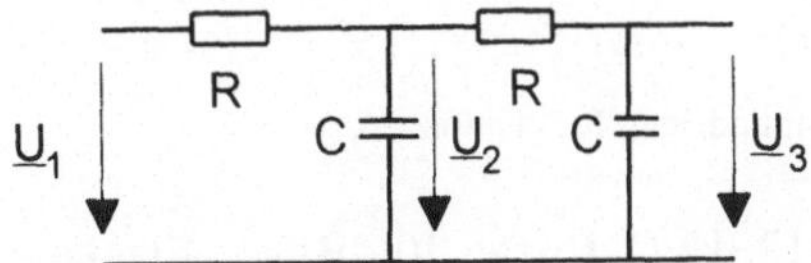

Abb. 3.20 RC-Tiefpaß 2. Grades, nicht entkoppelt

Ohne die triviale, aber etwas umfangreiche Rechnung darzustellen, soll zu Vergleichszwecken mit den übrigen Varianten nur das Resultat mitgeteilt werden; es lautet:

$$\left| \frac{\underline{U}_3}{\underline{U}_1} \right| = \frac{1}{\sqrt{(1 - A^2)^2 + (3A)^2}} \qquad \text{mit} \quad A = \omega RC,$$

$$\varphi = - \arctan \frac{3A}{1 - A^2}.$$

Die resultierende Kreisgrenzfrequenz ist trotz gleicher RC-Glieder nicht $\omega_g = 1/RC$ wie bei Variante 1, sondern sie muß neu berechnet werden, denn der zweite Tiefpaß belastet den ersten (sie sind nicht entkoppelt) und verändert damit die Kreisgrenzfrequenz. Zur Berechnung wird der Betrag des Spannungsverhältnisses $|\underline{U}_3|/|\underline{U}_1| = 1/\sqrt{2}$ gesetzt und die Gleichung nach A und anschließend nach der Kreisgrenzfrequenz aufgelöst; das ergibt:

$$\omega_g = \frac{0{,}374}{RC}.$$

Um das Bode-Diagramm auftragen zu können, muß im Spannungsverhältnis noch die Kreisfrequenz auf die Kreisgrenzfrequenz normiert werden und das Ergebnis im dB-Maß angegeben werden. Auf die Darstellung des Phasenwinkels soll hier verzichtet werden, da er von untergeordneter Bedeutung ist.

$$\left|\frac{\underline{U}_3}{\underline{U}_1}\right|/dB = -10\,\lg\left\{1 + 0,979\,\frac{\omega^2}{\omega_g^2} + 0,0196\,\frac{\omega^4}{\omega_g^4}\right\}$$

Das Ergebnis ist in Abb. 3.21 aufgetragen.

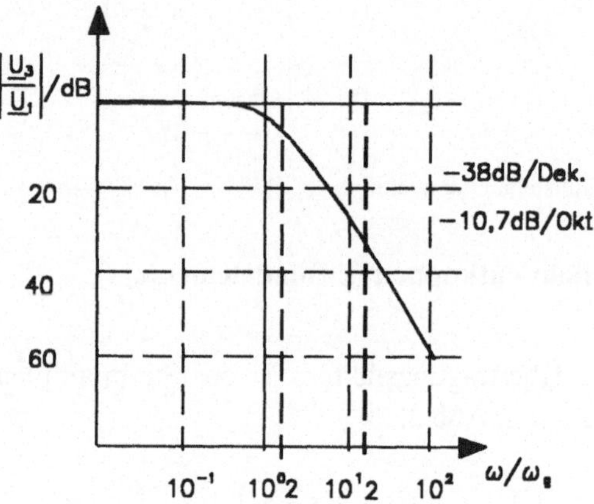

Abb. 3.21 Bode-Diagramm des nicht entkoppelten, zweigliedrigen RC-Tiefpasses

Man erkennt aus dem Diagramm, daß nicht 12 dB/Okt bzw. 40 dB/Dek Flankensteilheit erhalten werden, sondern sie bleibt aufgrund der fehlenden Entkopplung erheblich unter den Erwartungswerten, nämlich 10,7 dB/Okt bzw. 38 dB/Dek.

Übertragungsfunktion für den zweigliedrigen Tiefpaß

Die folgenden Betrachtungen gelten ganz allgemein für passive oder aktive Vierpole 2. Grades. Die allgemeinere Darstellung wurde hier gewählt, weil der Rechenaufwand der gleiche ist, wie für den konkreten Fall. Für vorstehende Variante reduziert sich die Gl. (3.28) auf das Nennerpolynom, ggf. noch mit einem Faktor versehen, auf den im folgenden aber verzichtet wird.

$$\underline{H}\,(p) = 1/(b_2\,p^2 + b_1\,p^1 + 1),$$

dabei bedeuten die b_μ netzwerkbedingte Konstanten. Zur Polstellenbestimmung wird der Nenner 0 gesetzt und die algebraische Gleichung zur Berechnung der p gelöst.

$$b_2\,(p^2 + p\,b_1/b_2 + 1/b_2) = 0$$

Diese Normalform der quadratischen Gleichung liefert nachstehende Lösungen:

$$p_{x\,1,2} = -\frac{b_1}{2b_2} \pm j\,\sqrt{\frac{1}{b_2} - \left(\frac{b_1}{2\,b_2}\right)^2} = \sigma_x \pm j\,\omega_x.$$

Definiert man noch $\dfrac{1}{b_2} = \omega_{rx}^2$ als Polfrequenz und $\dfrac{\sqrt{b_2}}{b_1} = Q_x$ als Polgüte, dann nimmt die Lösung folgende Form an:

$$p_{x\,1,2} = -\frac{\omega_{rx}}{2Q_x} \pm \sqrt{\left(\frac{\omega_{rx}}{2Q_x}\right)^2 - \omega_{rx}^2} \ .$$

Zur weiteren Untersuchung müssen Fallunterscheidungen getroffen werden.

Fall 1:   Radikant > 0 d.h. $Q_x < 1/2$,

$$p_{x\,1,2} = \omega_{rx}\left\{ -\frac{1}{2Q_x} \pm \sqrt{\frac{1}{4Q_x^2} - 1} \right\} = \sigma_{x\,1,2}\,.$$

Das sind negativ reelle Pole, es treten keine Schwingungen auf.

Fall 2:   Radikant $= 0$ d.h. $Q_x = 1/2$,

$$p_{x\,1,,2} = -\omega_{rx} = \sigma_{x\,1,2}\,.$$

Das ist ein negativ reeller Doppelpol, man nennt ihn den aperiodischen Grenzfall.

Fall 3:   Radikant < 0 d.h. $Q_x > 1/2$ (mit passivem Netzwerk nicht erreichbar),

$$p_{x\,1,2} = \omega_{rx}\left\{ -\frac{1}{2Q_x} \pm j\sqrt{1 - \frac{1}{4Q_x^2}} \right\} = \sigma_{x\,1,2} \pm j\,\omega_{x\,1,2}\,.$$

Wegen der komplexen Lösungen sind offensichtlich Schwingungen möglich, jedoch sind dieselben wegen des Realteils gedämpft.

Fall 4: Q_x geht gegen ∞,

$$p_{x\,1,2} = \pm j\,\omega_{rx} = \pm j\,\omega_{x\,1,2}\,.$$

Das bedeutet Instabilität, es bildet sich eine ungedämpfte Schwingung aus; dieser Fall ist mit einem passivem Netzwerk nicht zu erreichen.

Das Pol-Nullstellendiagramm wird in Abb. 3.22 dargestellt.

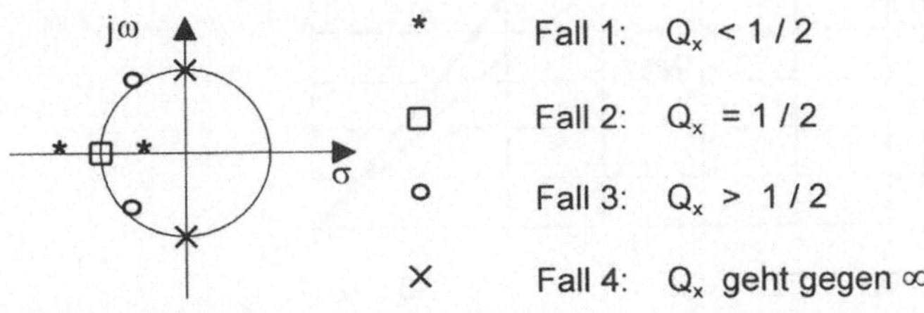

Abb. 3.22 Pol-Nullstellendiagramm für Netzwerke 2.Ordnung (2 Blindelemente)

Zur Ermittlung des Amplitudenfrequenzgangs für beliebige aktive oder passive Tiefpässe 2. Ordnung als Funktion der Polgüte (Q_x) werden folgende Umformungen gemacht, wobei eine Beschränkung auf die jω -Achse erfolgt:

$$\underline{H}(p) = 1/(b_2\, p^2 + b_1\, p^1 + 1).$$

Mit

$$p \to j\omega, \quad b_2 = \frac{1}{\omega_{rx}^2}, \quad b_1 = \frac{\sqrt{b_2}}{Q_x} = \frac{1}{Q_x\, \omega_{rx}},$$

erhält man nach Einsetzen und Anwendung der folgenden Abkürzungen:

$$\Omega_{TP} = \frac{\omega}{\omega_{rx}} = \frac{f}{f_{rx}},$$

$$\left|\frac{\underline{U}_3}{\underline{U}_1}\right| = 1/\sqrt{(1 - \Omega_{TP}^2)^2 + \frac{\Omega_{TP}^2}{Q_x^2}}\,.$$

Der Amplitudenfrequenzgang in dB ergibt sich daraus zu:

$$|\underline{V}_u| = -\,20\,\lg\sqrt{(1 - \Omega_{TP}^2)^2 + (\frac{\Omega_{TP}}{Q_x})^2}\,.$$

Den Phasenfrequenzgang erhält man zu:

$$\varphi_u = -\,\text{arc tan}\,\frac{\Omega_{TP}\,/\,Q_x}{1 - \Omega_{TP}^2} - \pi$$

Die Ergebnisse sind in Abb. (3.23) und (3.24) dargestellt.

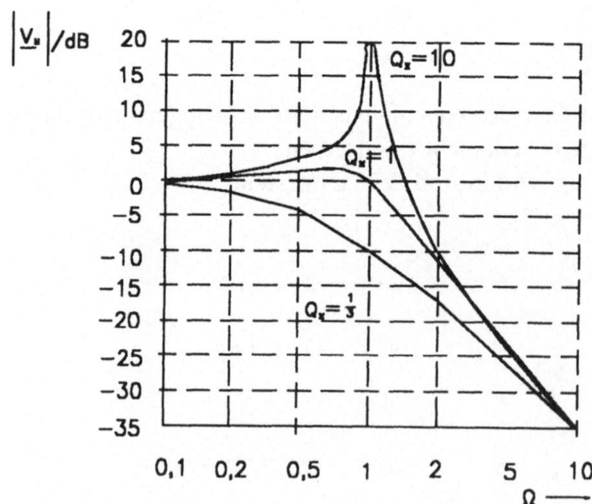

Abb. 3.23 Amplitudenfrequenzgang des Tiefpasses 2. Ordnung

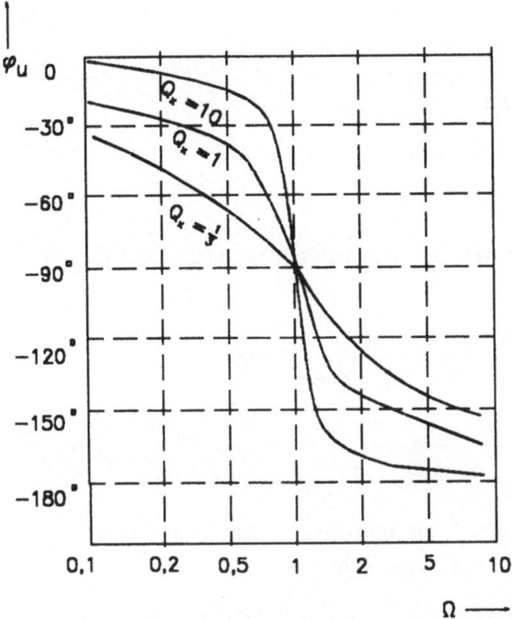

Abb. 3.24 Phasenfrequenzgang des Tiefpasses 2. Ordnung

Man kann die eben besprochenen Tiefpässe auf sehr unterschiedliche Art und Weise realisieren. Abbildung 3.25 soll das an zwei willkürlich gewählten Beispielen demonstrieren.

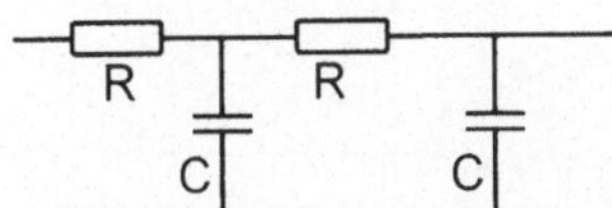

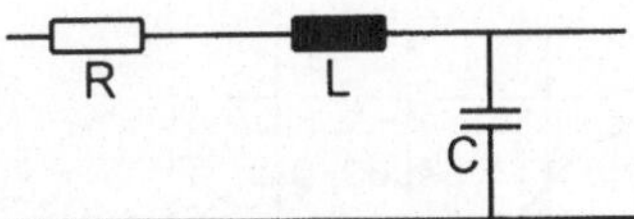

Abb. 3.25 Zwei mögliche Tiefpaßrealisierungen (nicht entkoppelt)

Die zugehörigen Polstellenkreisfrequenzen und die zugehörigen Polgüten lassen sich folgendermaßen darstellen:

$$\omega_{rx} = \frac{1}{\sqrt{b_2}} = \frac{1}{RC} \, , \qquad \omega_{rx} = \frac{1}{\sqrt{LC}} \, ,$$

$$Q_x = \frac{\sqrt{b_2}}{b_1} = \frac{1}{3} \, , \qquad Q_x = \frac{1}{R} \sqrt{\frac{L}{C}} \gtrless \frac{1}{2} \, .$$

3.4.1.3 TP 2. Grades, unbelastet, entkoppelt (2 Blindelemente)

Variante 3

Es soll wieder von Tiefpässen ausgegangen werden. Die betrachtete Schaltung zeigt Abb. 3.26.

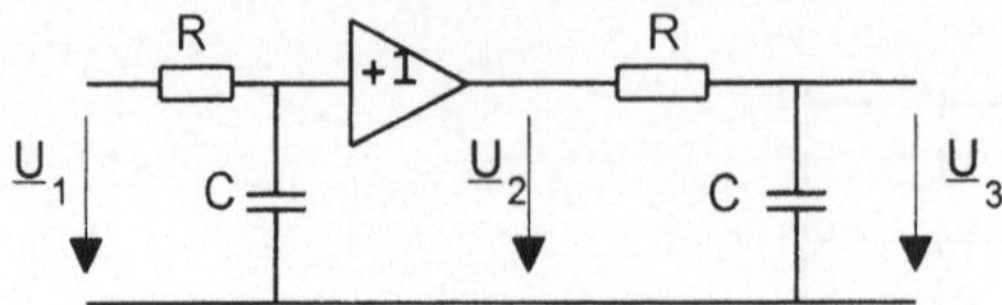

Abb. 3.26 RC-Tiefpaß 2. Grades, entkoppelt

Wegen der Entkopplung erhält man für den Gesamtübertragungsfaktor das Produkt aus beiden Einzelübertragungsfaktoren.

$$\frac{\underline{U}_3}{\underline{U}_1} = \frac{1}{(\,1 + j\,\omega\,RC\,)^2}\;;\quad \left|\frac{\underline{U}_3}{\underline{U}_1}\right| = \frac{1}{1 + (\,\omega\,CR\,)^2}\quad \text{und}$$

$$\varphi = -\,\text{arc tan}\,\frac{2\omega\,RC}{1 - (\omega RC)^2}\,.$$

Führt man auch hier, wie beim Tiefpaß 1. Ordnung $\omega_g = (\,RC\,)^{-1}$ ein (das ist zulässig, da beide Tiefpässe entkoppelt sind), dann erhält man:

$$\left|\frac{\underline{U}_3}{\underline{U}_1}\right|/dB = -\,20\,\lg\,(1 + \Omega_{TP}^2)\,.$$

Als Diagramm aufgetragen ergibt sich Abb. 3.27. Man erkennt, daß die Flankensteilheit 12 dB/Okt. oder 40 dB/Dek. beträgt.

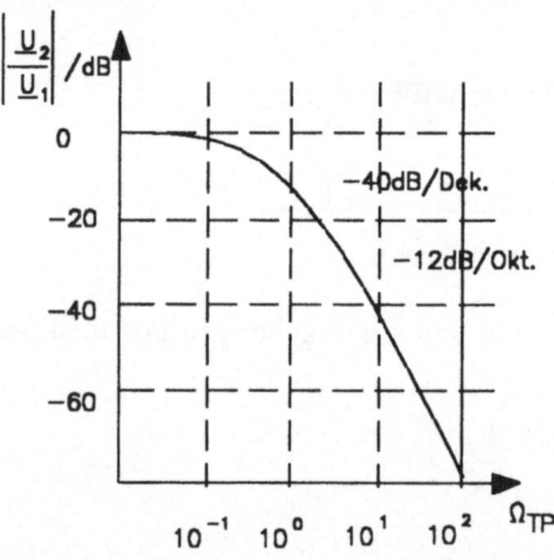

Abb. 3.27 Amplitudenfrequenzgang des entkoppelten TP 2. Ordnung

3.4.1.4 Bestimmung der Flankensteilheit der drei Varianten

Allgemein wird die Flankensteilheit entsprechend Definition 3.3. im Gebiet $\omega \gg \omega_g$ bestimmt, das bedeutet für:

Fall 1: $\left|\dfrac{\underline{U}_2}{\underline{U}_1}\right| = \dfrac{1}{\sqrt{1 + \Omega_{TP}^2}}\quad$ für $\quad \Omega_{TP} \gg 1$

damit bekommt man

$$\left|\frac{U_2}{U_1}\right| = \frac{1}{\Omega_{TP}} \ .$$

und im dB-Maß:

$$\left|\frac{U_2}{U_1}\right| = -20 \lg \Omega_{TP} \ .$$

Im Fall einer Oktave, d.h. $\Omega \to 2\Omega$: $\left|\dfrac{U_2}{U_1}\right| = -6$ dB.

Im Falle einer Dekade, d.h. $\Omega \to 10\Omega$: $\left|\dfrac{U_2}{U_1}\right| = -20$ dB.

Fall 2 : $\left|\dfrac{U_3}{U_1}\right| = 1/\sqrt{1 + 0{,}979\,\dfrac{\omega^2}{\omega_g^2} + 0{,}0196\,\dfrac{\omega^4}{\omega_g^4}}$

für $\omega \gg \omega_g$ muß man willkürlich 2 Werte ausrechnen.

Im Fall einer Oktave, d.h. z.B. $10\dfrac{\omega}{\omega_g} \to 20\dfrac{\omega}{\omega_g}$ ergibt das:

$$\left|\frac{U_3}{U_1}\right| = -10{,}8 \text{ dB.}$$

Im Fall einer Dekade, d.h. z.B. $10\,\dfrac{\omega}{\omega_g} \to 100\,\dfrac{\omega}{\omega_g}$ liefert das:

$$\left|\frac{U_3}{U_1}\right| = -38{,}2 \text{ dB.}$$

Fall 3 : $\left|\dfrac{U_3}{U_1}\right| = \dfrac{1}{1 + \Omega_{TP}^2}$ für $\Omega_{TP} \gg 1$ $\left|\dfrac{U_3}{U_1}\right| = \dfrac{1}{\Omega_{TP}^2}$

Das ergibt für eine Oktave -12 dB und im Fall einer Dekade -40 dB.

3.4.2 Hochpässe (HP)

Hochpässe sind Netzwerke, deren Durchlaßbereich oberhalb einer festgelegten, unteren Grenzfrequenz liegt. Da die Betrachtungen ganz analog zu denen der Tiefpässe ablaufen, können sie hier verkürzt dargestellt werden.

3.4.2.1 HP 1. Grades, unbelastet (1 Blindelement)

Die Schaltungsstruktur zeigt Abb. 3.28. Der zugehörige Übertragungsfaktor lautet bekanntlich:

$$\frac{U_2}{U_1} = \frac{1}{1 + \dfrac{1}{j\,\omega\,CR}} \ .$$

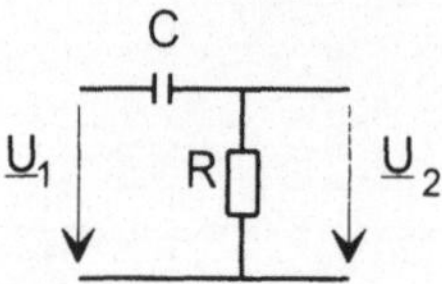

Abb. 3.28 CR-Hochpaß 1. Grades

Mit

$$\tau_{HP} = RC = 1/\omega_{gu}; \quad \Omega_{HP} = \omega / \omega_{gu}$$

erhält man:

$$\left| \frac{\underline{U}_2}{\underline{U}_1} \right| = \frac{1}{\sqrt{1 + 1/\Omega_{HP}^2}} \quad \text{und} \quad \varphi = \arctan(1/\Omega_{HP}) \quad \text{bzw.}$$

$$\left| \frac{\underline{U}_2}{\underline{U}_1} \right| /dB = -20 \lg \sqrt{1 + 1/\Omega_{HP}^2} \; .$$

Stellt man den logarithmischen Betrag der Spannungsübertragung und den Phasenwinkel als Funktion der normierten Frequenz dar, dann erhält man das Bode-Diagramm Abb. 3.29.

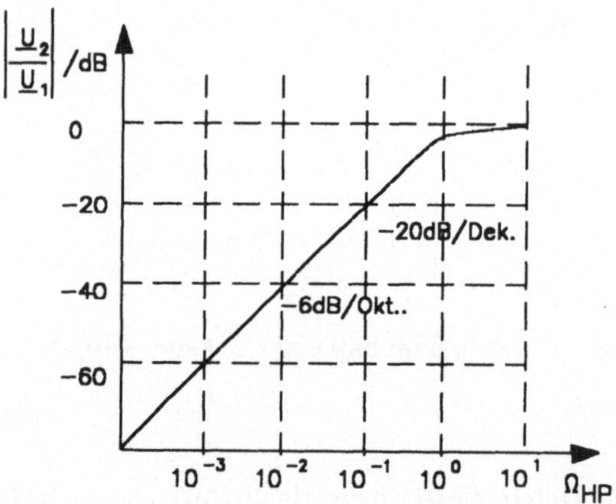

Abb. 3.29 Bode-Diagramm für einen CR-Hochpaß 1.Grades

Auf die Betrachtung eines nichtentkoppelten Hochpasses 2.Grades kann verzichtet werden, da die Aussagen generell dieselben sind wie beim Tiefpaß, nämlich bei fehlender Entkopplung wird nicht die maximal mögliche Flankensteilheit erreicht. Deshalb wird gleich zu entkoppelten Hochpässen 2.Grades übergegangen.

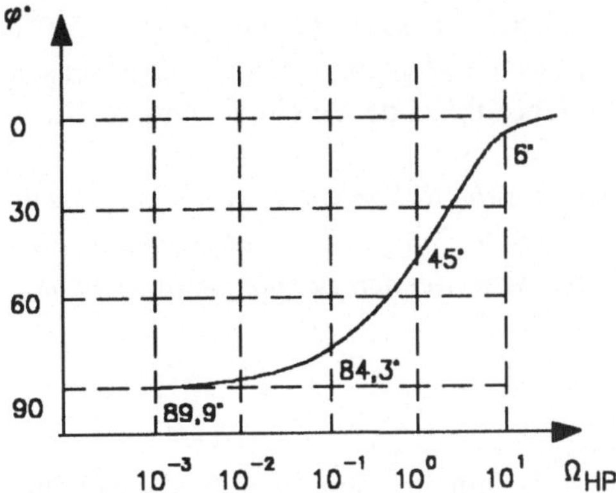

Abb. 3.30 Phasenverlauf für einen CR-Hochpaß 1.Grades

3.4.2.2 HP 2. Grades, unbelastet, entkoppelt (2 Blindelemente)

Die Bezeichnungen werden aus Abschn. 3.4.2.1 übernommen, der Übertragungsfaktor ergibt sich aufgrund der Entkopplung wieder als das Produkt aus den Einzelübertragungsfaktoren. Man erhält dann den Stromlaufplan wie in Abb. 3.31
dargestellt.

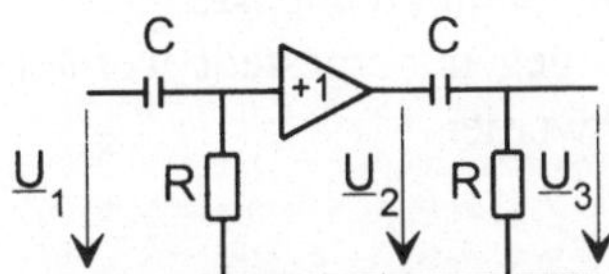

Abb. 3.31 Stromlaufplan des entkoppelten Hochpasses 2.Grades

Der Übertragungsfaktor ist gemäß obiger Bemerkung gegeben durch:

$$\frac{\underline{U}_3}{\underline{U}_1} = \frac{1}{1+\frac{1}{j\,\Omega_{HP}}}\;\frac{1}{1+\frac{1}{j\,\Omega_{HP}}} \quad\text{und}\quad \left|\frac{\underline{U}_3}{\underline{U}_1}\right| = \frac{1}{1+\frac{1}{\Omega_{HP}^2}},$$

$$\varphi = \arctan\frac{2/\Omega_{HP}}{1-1/\Omega_{HP}^2}.$$

Für die logarithmische Betragsdarstellung des Übertragungsfaktors erhält man:

$$\left|\frac{\underline{U}_3}{\underline{U}_1}\right|/dB = -20\,\lg\left(1+\frac{1}{\Omega_{HP}^2}\right).$$

Auf die graphische Darstellung des Bode-Diagramms kann hier sicher verzichtet
werden, denn der Verlauf ist dem des Hochpasses 1. Ordnung analog, nur daß die
Flankensteilheit größer ist. Sie beträgt -12 dB/Okt oder -40 dB/Dek, wie man
unschwer aus der letzten Formel ablesen kann.

Interessant ist aber die Tatsache, daß sich Phasen- und Frequenzgang von Hoch- und Tiefpässen gerade entgegengesetzt verhalten, ansonsten aber denselben Verlauf aufweisen. Man kann sich daher folgende Vereinfachung zu Nutze machen:

Wenn man im Stromlaufplan des Tiefpasses die Rollen von R und C vertauscht, dann gelangt man zum äquivalenten Hochpaß. Um auch die abgeleiteten Formeln des Tiefpasses auf äqivalente Hochpässe anwenden zu können, braucht man nur folgende Beziehungen zu verwenden:

$$j\,\Omega_{TP} \quad \text{geht über in} \quad \frac{1}{j\,\Omega_{HP}}$$

Hat man Tiefpässe der unterschiedlichsten Ordnung berechnet und kennt ihre Amplituden- sowie Phasenverläufe, dann hat man mit obiger Vertauschung auch alle äquivalenten Hochpaßverläufe, man braucht in den Diagrammen auf den Abszissen nur dieselbe Variablenvertauschung vorzunehmen. Man kann noch eine andere Schlußfolgerung ziehen. Für entkoppelte Tiefpässe bis zur 2. Ordnung ist nachgewiesen, daß die Flankensteilheit mit jedem Grad um 20 dB/Dek zunimmt, d.h. 1. Grad ergibt 20 dB/Dek,

    2. Grad ergibt 40 dB/Dek und ohne Beweis,

    3. Grad ergibt 60 dB/Dekade usw.

Analog sind die Zunahmen für Frequenzänderungen um jeweils Oktavschritte. Erwartungsgemäß gilt dann selbstverständlich das Analoge für Hochpässe.

Es sollen die genannten Zusammenhänge nochmal gegenübergestellt werden und gleich noch einige Verallgemeinerungen getroffen werden.

3.4.3 Verallgemeinerung auf unbelastete, entkoppelte Filter n. Grades

Tiefpässe 1. Grades   Hochpässe 1. Grades

$$j\Omega_{TP} = Q = j\omega RC\;;\;\Omega_{TP} = \frac{\omega}{\omega_{go}} \qquad j\Omega_{HP} = Q = j\omega RC\;;\;\Omega_{HP} = \frac{\omega}{\omega_{gu}}$$

$$\omega_{go} = \frac{1}{RC} \qquad\qquad\qquad \omega_{gu} = \frac{1}{RC}$$

$$\frac{\underline{U}_2}{\underline{U}_1} = \frac{1}{1 + j\,\Omega_{TP}} \qquad\qquad \frac{\underline{U}_2}{\underline{U}_1} = \frac{1}{1 + \dfrac{1}{j\,\Omega_{HP}}}$$

Tiefpässe 2. Grades   Hochpässe 2. Grades

$$\frac{\underline{U}_2}{\underline{U}_1} = \frac{1}{1 + j\,\Omega_{TP}}\,\frac{1}{1 + j\,\Omega_{TP}} \qquad \frac{\underline{U}_2}{\underline{U}_1} = \frac{1}{1 + \dfrac{1}{j\,\Omega_{HP}}}\,\frac{1}{1 + \dfrac{1}{j\,\Omega_{HP}}}$$

$$= \frac{1}{1 + 2\,Q + Q^2} \qquad\qquad\qquad = \frac{1}{1 + 2\,Q^{-1} + Q^{-2}}$$

Tiefpässe n. Grades　　　　　　　　Hochpässe n. Grades

$$\frac{\underline{U}_2}{\underline{U}_1} = \frac{1}{1 + C_1 Q + C_2 Q^2 \,...\, + C_n Q^n} \quad ; \quad \frac{\underline{U}_2}{\underline{U}_1} = \frac{1}{1 + C_1 Q^{-1} + C_2 Q^{-2} \,...\, + C_n Q^{-n}}$$

Hierbei ist im Gegensatz zur bisherigen Schreibweise der Index 1 für Eingang und der Index 2 für Ausgang verwendet worden. Es soll noch darauf hingewiesen werden, daß die Festlegung für Q in diesem Abschn. nicht zu verwechseln ist mit der Güte Q bei den übrigen Selektionsbetrachtungen.

<table>
<tr><td>

Die Flankensteilheit erhält man aus der Asymptote, d.h. für $Q \gg 1$, das bedeutet, genügend weit von der Grenzfrequenz nach oben entfernt.

$$\underline{U}_2/\underline{U}_1 \sim 1/Q^{\,n}$$

da bei 1. Grades galt:

$$\underline{U}_2/\underline{U}_1 \sim 1/Q \text{ mit} - 6 \text{ dB/Okt}$$
$$- 20 \text{ dB/Dek}$$

gilt bei n. Grades:

$n (- 6 \text{ dB/Okt})$
$n (-20 \text{ dB/Dek})$
$\varphi = n\,\pi\,/\,2$

</td><td>

Die Flankensteilheit erhält man aus der Asymptote, d.h. für $Q \ll 1$, das be-deutet, genügend weit von der Grenz-frequenz nach unten entfernt.

$$\underline{U}_2/\underline{U}_1 \sim 1/Q^{-n}$$

da bei 1. Grades galt :

$$\underline{U}_2/\underline{U}_1 \sim Q \text{ mit Anstieg } \; 6 \text{ dB/Okt}$$
$$20 \text{ dB/Dek}$$

gilt bei n. Grades:

$n (\; 6 \text{ dB/Okt})$
$n (20 \text{ dB/Dek})$
$\varphi = n\,\pi\,/\,2$

</td></tr>
</table>

Es handelt sich hier um Filtertypen mit optimierbarem Frequenzgang, je nach Wahl der Koeffizienten.

3.4.4 Bandpässe

Bandpässe sind durch einen Amplitudenfrequenzgang gekennzeichnet, der bei ei-ner bestimmten Frequenz ein Maximum durchläuft und bei dem der Phasenfre-quenzgang bei diesem Maximum den Wert Null erreicht, also bei dem der Durch-laßbereich zwischen einer unteren und einer oberen Grenzfrequenz liegt. Die Vielfalt der Bandpaßvarianten ist sehr groß. Es soll nur eine kleine Auswahl ge-troffen werden, um wesentliche Eigenschaften zu untersuchen.

3.4.4.1 Der RLC-Bandpaß

Der Stromlaufplan in Abb. 3.32 zeigt einen Parallelschwingkreis mit vorgeschal-tetem Generatorwiderstand. Sollte der Schwingkreis mit einem Lastwiderstand abgeschlossen sein, dann braucht dieser nur dem Resonanzwiderstand des Schwingkreises zugeschlagen zu werden und es können alle Ergebnisse verwen-det werden.

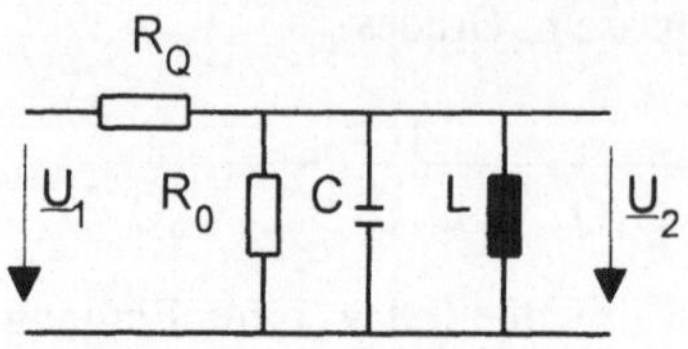

Abb. 3.32 Parallelschwingkreis mit angeschlossenem Generator

Da der Schwingkreis nicht belastet ist, gilt die Spannungsteilerregel, man erhält:

$$\frac{\underline{U}_2}{\underline{U}_1} = \frac{\underline{Z}_2}{\underline{Z}_1 + \underline{Z}_2} = \frac{1}{\underline{Z}_1/\underline{Z}_2 + 1},$$

mit

$$\frac{1}{\underline{Z}_2} = \frac{1}{R_0} + j\,\omega C + \frac{1}{j\,\omega L}$$

und

$$\underline{Z}_1 = R_Q$$

ergibt sich:

$$\frac{\underline{U}_2}{\underline{U}_1} = \underline{V}_u = \frac{1}{R_Q\left(\frac{1}{R_0} + j\omega C + \frac{1}{j\omega L}\right) + 1}.$$

Unter Einführung von $R_p = R_Q R_0/(R_Q + R_0)$ und einigen Umformungen erhält man:

$$\underline{V}_u = K\,\frac{j\omega\frac{L}{R_p}}{(j\omega)^2 LC + j\omega\frac{L}{R_p} + 1} \quad \text{mit} \quad K = \frac{R_0}{R_Q + R_0},$$

$$\underline{V}_u = K\,\frac{j\omega\frac{\omega_0 L}{\omega_0 R_p}}{-\left(\frac{\omega}{\omega_0}\right)^2 + j\omega\frac{\omega_0 L}{\omega_0 R_p} + 1}.$$

Führt man die Betriebsgüte $Q = \dfrac{R_p}{\omega_0\,L}$ und die normierte Frequenz $\Omega_{BP} = \dfrac{\omega}{\omega_0}$ ein und bildet den Betrag, dann bekommt man:

$$\left|\underline{V}_u\right| = K\,\frac{\dfrac{\Omega_{BP}}{Q}}{\sqrt{\left[1 - \Omega_{BP}^2\right]^2 + \left[\dfrac{\Omega_{BP}}{Q}\right]^2}}.$$

Normiert man auf das Maximum $\left|\underline{V}_u\right|_{max} = \left|\underline{V}_u\right|_{\text{für Omega} = 1} = K$ dann ergibt sich:

$$\left|\underline{V}_u\right|_{norm} = \frac{1}{\sqrt{1 + Q^2\left[\dfrac{1}{\Omega_{BP}^2}\,(1 - \Omega_{BP}^2)^2\right]}}.$$

Nach einigen wenigen Umformungen erhält man das endgültige Ergebnis:

$$\left| \underline{V}_u \right|_{norm} = \frac{1}{\sqrt{1 + Q^2 \left(\frac{\omega_0}{\omega} - \frac{\omega}{\omega_0}\right)^2}} = \frac{1}{\sqrt{1 + (Qv)^2}} \ . \tag{3.32}$$

Vergleicht man das Ergebnis (3.32) mit dem des Parallelschwingkreises als Eintor, dann stellt man fest, daß man vom Eintorparallelschwingkreis zum beschalteten Parallelschwingkreis dadurch gelangt, daß man R_0 durch R_p und Q_0 durch Q zu ersetzen hat. Der Amplitudenfrequenzgang und der Phasenfrequenzgang sind in den Abb. (3.33) und (3.34) dargestellt. Man kann sehr gut die Abhängigkeit der Bandbreite (Abstand der 3-dB-Punkte oder normierter Absolutbetrag 0,707) von der Güte Q erkennen.

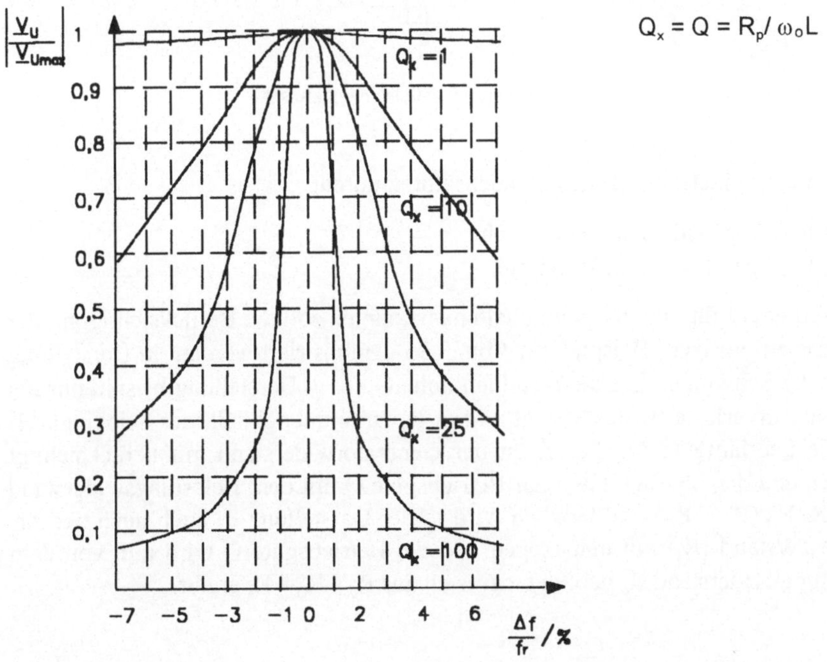

Abb. 3.33 Amplitudenfrequenzgang des beschalteten Parallelschwingkreises

Die Verluste, ausgedrückt durch den Gesamtparallelwiderstand (R_p), entstehen bei den Spulen durch:

- den ohmschen Drahtwiderstand,
- den Skineffekt bei hohen Frequenzen,
- die Kernmaterialverluste (Wirbelströme und Hysteresisverluste),
- die Abschirmung (im Sinne einer sekundären Kurzschlußwindung) und die
- evtl. Abstrahlungen (besonders bei nichtgeschirmten Spulen im Hochfrequenzgebiet).

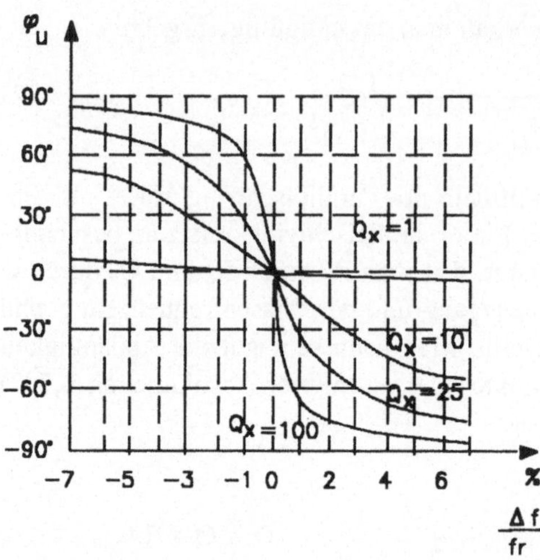

Abb. 3.34 Phasenfrequenzgang des beschalteten Parallelschwingkreises

Die Verluste entstehen bei den Kondensatoren durch:

- den Isolationswiderstand und durch
- die dielektrischen Umladeverluste.

Stellvertretend für alle übrigen Schaltungsvarianten soll die Berücksichtigung der Verluste am vorigen Beispiel mit Abb. 3.35 demonstriert werden. In Darstellung a) hat der Schwingkreis eine unendlich hohe Güte; in Darstellung b) sind nur die Bauelementverluste berücksichtigt und in R_0 zusammengefaßt, der Schwingkreis hat die Leerlaufgüte Q_0; bei c) ist der Generatorwiderstand mit berücksichtigt worden und die Güte wird nun zur Betriebsgüte Q mit dem Belastungswiderstand $R_p = R_0\,R_Q/(R_0 + R_Q)$ und letztlich wird in der Darstellung d) auch noch der Arbeitswiderstand (R_a) mit einbezogen und die Betriebsgüte Q wird nun von dem Belastungswiderstand R_p gebildet, der sich aus $R_0 \parallel R_Q \parallel R_a$ ergibt.

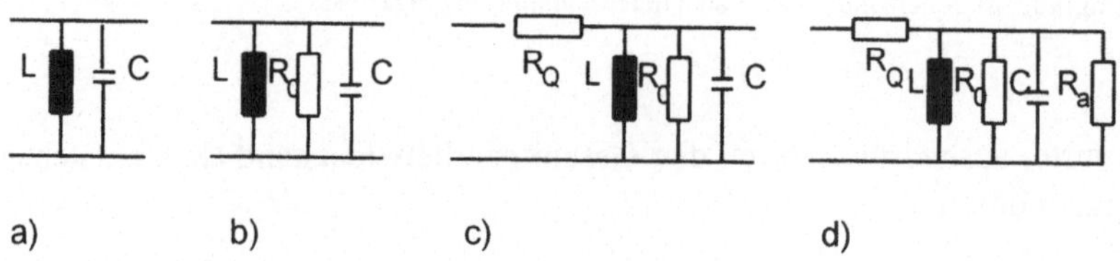

Abb. 3.35 Gütebeeinflussende Widerstände am Parallelschwingkreis

Zur Abrundung dieser Betrachtung sollen noch einige Orientierungswerte für erreichbare Güten in Abhängigkeit von der Frequenz angegeben werden (Tabelle 3.2).

Tabelle 3.2 Richtwerte für erreichbare Güten in Abhängigkeit von der Frequenz

Frequenz	ca. 100 kHz	ca. 1 MHz	ca. 10 MHz	ca. 100 MHz
Güte $[Q_0]$	ca. 200	ca. 100	ca. 50	ca. 20

In der Hochfrequenztechnik kann man oftmals nicht beliebig über den Lastwiderstand verfügen und benötigt dennoch hohe Schwingkreisgüten. Unter dieser Bedingung nimmt man häufig Ausgangsspannungsreduzierungen in Kauf und koppelt den Lastwiderstand transformatorisch an. Einige Beispiele finden sich in den Abb. 3.36 - 3.38.

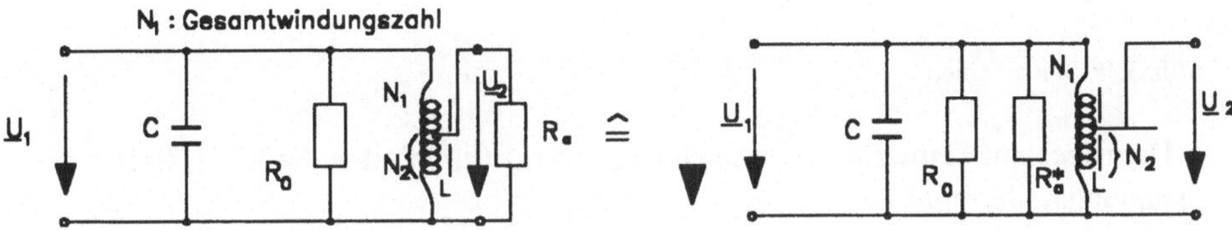

Abb. 3.36 Lastankopplung über einen Spartransformator

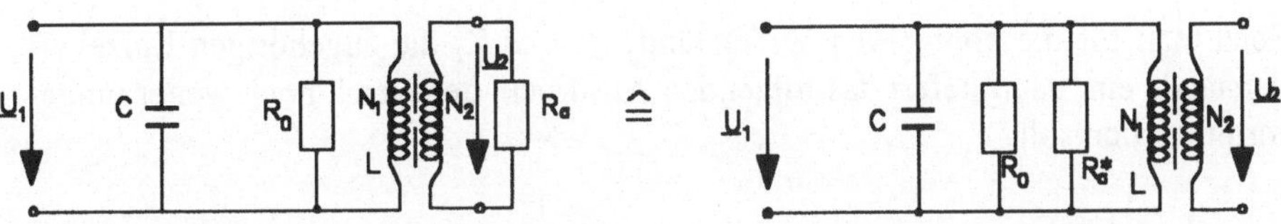

Abb. 3.37 Lastankopplung über einen Transformator

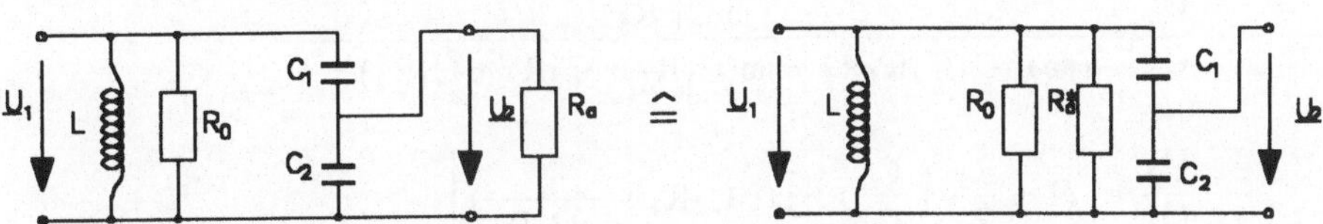

Abb. 3.38 Lastankopplung über Teilkapazitäten

In den folgenden Formeln weist der * auf die in den Schwingkreis hineintransformierten Widerstände hin. Unter der Bedingung, daß die Arbeitsfrequenz nahe der Resonanzfrequenz ist und daß $R_a \gg \omega_0 L_2$ ist, gilt:

$$R_L^* = R_L (N_1/N_2)^2 = ü^2 R_L.$$

Für den Fall der Ankopplung über Teilkapazitäten muß ebenfalls gefordert werden: $f \approx f_0$; $R_a \gg 1/\omega_0 C$ und dann ergibt sich:

$$R_a^* = ü^2 R_a \quad \text{mit} \quad ü = C_2/C_{Ers} \quad \text{und} \quad C_{Ers} = C_1 C_2/(C_1 + C_2).$$

3.4.4.2 Der RC-Bandpaß (Wien-Glied)

Das in Abb. 3.39 gezeigte Netzwerk ist auch unter dem Namen Wien-Glied oder Wien-Brücke bekannt. Es soll hier behandelt werden, weil es eine außerordentliche Rolle bei den RC-Oszillatoren spielt.

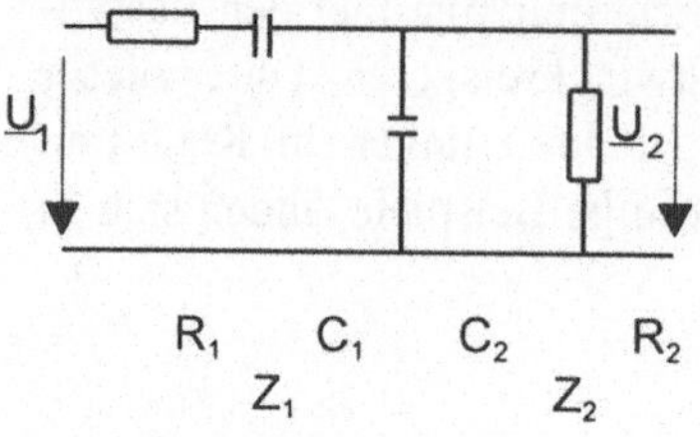

Abb. 3.39 Wien - Glied

Da insgesamt keine Stromverzweigung auftritt (unbelastete Brücke), liefert die Spannungsteilerregel:

$$\frac{\underline{U}_2}{\underline{U}_1} = \frac{\underline{Z}_2}{\underline{Z}_1 + \underline{Z}_2} = \frac{1}{1 + \frac{\underline{Z}_1}{\underline{Z}_2}}$$

Setzt man für die komplexen Widerstände $\underline{Z}_1$ und $\underline{Z}_2$ die zugehörigen Einzelwiderstände ein, dann liefert das folgenden Ausdruck, der gleich noch weiter umgeformt werden soll:

$$\frac{\underline{U}_2}{\underline{U}_1} = \left[1 + (R_1 + \frac{1}{j\,\omega C_1})\,(\frac{1}{R_2} + j\,\omega C_2) \right]^{-1},$$

$$\frac{\underline{U}_2}{\underline{U}_1} = \frac{j\,\omega\,C_1\,R_2}{(j\omega)^2\,C_1 C_2 R_1 R_2 + j\omega(C_1 R_1 + C_2 R_2 + C_1 R_2) + 1},$$

$$\frac{\underline{U}_2}{\underline{U}_1} = \left[(1 + \frac{R_1}{R_2} + \frac{C_2}{C_1}) + j\,(\omega C_2 R_1 - \frac{1}{\omega C_1 R_2}) \right]^{-1}.$$

In der Praxis werden häufig symmetrische Wien-Glieder verwendet, deshalb wird folgende Spezialisierung vorgenommen: $C_1 = C_2 = C$ und $R_1 = R_2 = R$. Man erhält dann:

$$\frac{\underline{U}_2}{\underline{U}_1} = \frac{1}{3 + j\,(\omega CR - \frac{1}{\omega CR})}. \tag{3.33}$$

Aus Gl. (3.33) lassen sich die Eigenschaften eines symmetrischen Wien-Glieds leicht ablesen. Aus der Resonanzbedingung $(\text{Im}\,(\underline{U}_2/\underline{U}_1) = 0)$ erhält man die Resonanzfrequenz zu:

$$\omega_0 = \frac{1}{RC},$$

und dazu die Amplitudenbedingung

$$\left|\frac{\underline{U}_2}{\underline{U}_1}\right| = \frac{1}{3}.$$

Das bedeutet, das Wien-Glied hat ein ausgeprägtes Resonanzverhalten und eine Dämpfung bei Resonanz von etwa 10 dB. Die Güte (im Fall der passiven Variante) ist sehr gering; sie läßt sich durch den Einsatz aktiver Komponenten (z.B. Operationsverstärker) wesentlich erhöhen.

3.4.5 Bandsperren

3.4.5.1 Die RLC-Bandsperre

Bandsperren sind durch einen Amplitudenfrequenzgang charakterisiert, bei dem die Durchlaßbereiche unterhalb einer unteren und oberhalb einer oberen Grenzfrequenz liegen. Der Bereich zwischen den Grenzfrequenzen ist der Sperrbereich. Ausgangspunkt weiterer Betrachtungen ist das Netzwerk in Abb. 3.40.

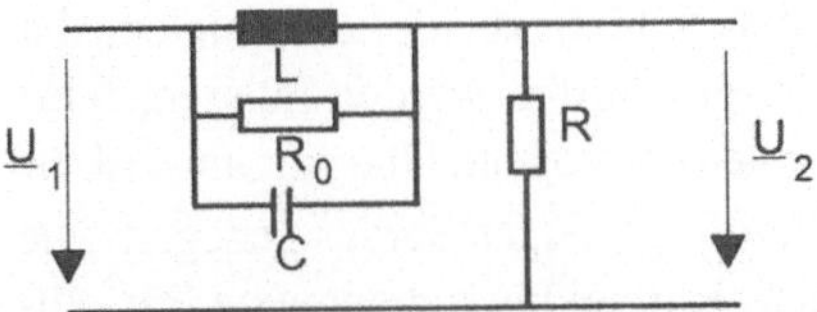

Abb. 3.40 Parallelschwingkreis mit Arbeitswiderstand R_2

Wenn man den Schwingkreis mit $\underline{Z}_1$ und den parallel zum Ausgang liegenden Widerstand mit $\underline{Z}_2$ bezeichnet kann man folgenden einfachen Zusammenhang herstellen:

$$\frac{\underline{U}_2}{\underline{U}_1} = \frac{\underline{Z}_2}{\underline{Z}_1 + \underline{Z}_2} = \frac{\underline{Z}_2/\underline{Z}_1}{1 + \underline{Z}_2/\underline{Z}_1} = \frac{R_2\left(\frac{1}{R_0} + j\omega C + \frac{1}{j\omega L}\right)}{1 + R_2\left(\frac{1}{R_0} + j\omega C + \frac{1}{j\omega L}\right)}$$

$$= \frac{j\omega L R_2 + (j\omega)^2 LCR_0 R_2 + R_0 R_2}{j\omega L R_0 + j\omega L R_2 + (j\omega)^2 LCR_0 R_2 + R_0 R_2},$$

führt man als Abkürzung noch $R_p = R_0 R_2/(R_0 + R_2)$ ein, dann ergibt sich:

$$\frac{\underline{U}_2}{\underline{U}_1} = \frac{(1 - \omega^2 LC) + j\omega\frac{L}{R_0}}{(1 - \omega^2 LC) + j\omega\frac{L}{R_p}}.$$

Da $Q_0 = R_0/\omega_0 L$ und $Q = R_p/\omega_0 L$ ist, kann man zusammen mit der normierten Frequenz $\Omega = \omega/\omega_0$ den obigen Ausdruck noch folgendermaßen umformen:

$$\frac{\underline{U}_2}{\underline{U}_1} = \frac{(1 - (\omega/\omega_0)^2) + j\frac{1}{Q_0}(\omega/\omega_0)}{(1 - (\omega/\omega_0)^2) + j\frac{1}{Q}(\omega/\omega_0)},$$

und man erhält damit endgültig:

$$\frac{\underline{U}_2}{\underline{U}_1} = \frac{(1 - \Omega^2) + j\frac{\Omega}{Q_0}}{(1 - \Omega^2) + j\frac{\Omega}{Q}}.$$

(3.34)

Diesen Ausdruck kann man nun nach Betrag und Phase auswerten, wobei sich zweiparametrige Kurvenscharen ergeben.

Die wenigen Beispiele mögen die Vorgehensweise bei einfachen Schwingkreisen ausreichend dokumentieren, auf weitere Schaltungsvarianten muß verzichtet werden. Es soll aber noch eine in der Hochfrequenztechnik besonders wichtige Selektionsschaltung betrachtet werden, nämlich der Zweikreisbandfilter.

3.4.6 Der zweikreisige Bandfilter

3.4.6.1 Ermittlung des normierten Amplitudenfrequenzgangs

Da die Bandfilter eine besondere Rolle bei den Selektivverstärkern spielen, die rechnerischen Voraussetzungen aber erst noch geschaffen werden müssen, wird an dieser Stelle nur der auf die normierte Frequenz bezogene Übertragungsfaktor angegeben und es werden eine Reihe von Schlußfolgerungen daraus gezogen. Die Ableitung des Übertragungsfaktors wird in dem Kapitel über allgemeine Bandfilter im Band 3 nachgeliefert.

Beim Einzelschwingkreis hängen Bandbreite und Flankensteilheit unmittelbar zusammen, das kann man besonders deutlich anhand von Abb. 3.33 erkennen. Bei großen erforderlichen Bandbreiten lassen sich wegen des Zusammenhangs ($B_{rel} = 1/Q$) nur kleine Güten und damit auch nur geringe Flankensteilheiten erreichen (und umgekehrt). Mit gekoppelten Schwingkreisen sind Bandbreite und Flankensteilheit (abhängig von der Güte) in gewissen Grenzen von einander unabhängig wählbar. Das soll im folgenden bewiesen werden.

Die Berechnungen erfolgen unter nachstehenden Einschränkungen, die aber in der Praxis fast immer erfüllbar sind:

- Es werden an dieser Stelle nur zweikreisige Bandfilter betrachtet.
- Beide Kreise sollen absolut gleich sein. Eventuell muß bei unterschiedlichen Belastungen durch Generator und Last eine zusätzliche Bedämpfung eingefügt werden.
- Generator und Last sollen in die Kreise mit einbezogen sein, d.h. aus den Leerlaufgrößen werden die Betriebsgrößen: ($R_0 \rightarrow R_p$ und $Q_0 \rightarrow Q$).

In die Überlegungen werden 3 Koppelvarianten einbezogen, es sind dies:

- die induktive Kopplung,
- die kapazitive Hochpunktkopplung und
- die kapazitive Fußpunktkopplung (auch Stromkopplung genannt).

Bildlich dargestellt ergeben sich die drei Schaltungen gemäß Abb. 3.41.

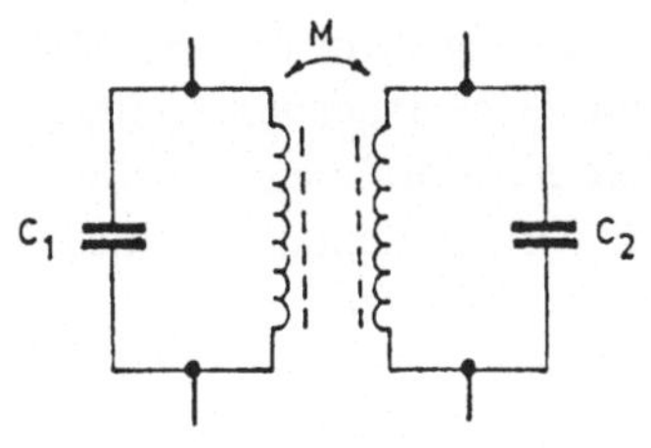

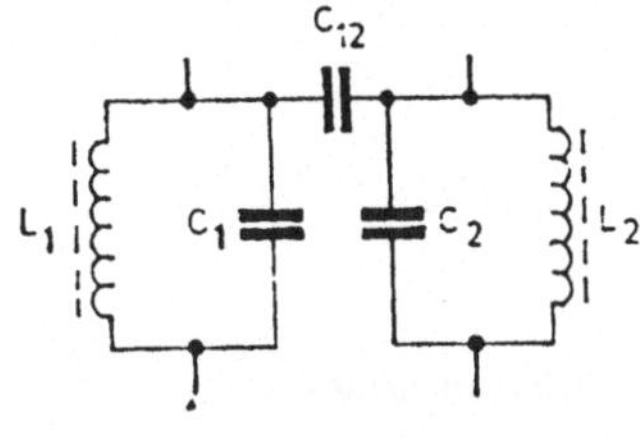

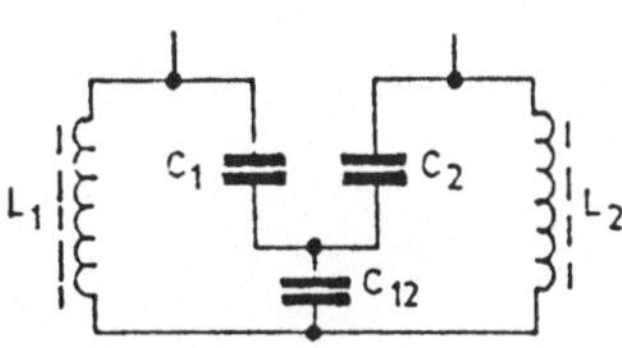

Man unterscheidet :

k = 0 ... 0,01 extrem lose Kopplung

k = 0,01 ... 0,1   lose Kopplung

k = 0,1 ... 0,3   feste Kopplung

k = 0,3 ... 0,5 extrem feste Kopplung

$$k = \frac{M}{\sqrt{L_1 L_2}}$$

$$k = \frac{C_{12}}{\sqrt{C_1 C_2}}$$

$$k = \frac{\sqrt{C_1 C_2}}{C_{12}}$$

Abb. 3.41 Bandfiltervarianten

Für den Spannungsübertragungsfaktor erhält man ohne Beweis:

$$\frac{\underline{U}_2}{\underline{U}_1} = j\, R_p\, A\, \frac{x}{(1 + j\,\Omega)^2 + x^2}, \tag{3.35}$$

R_p: gütebestimmender Parallelwiderstand des Einzelschwingkreises,
x: normierte Kopplung (x = k Q),
k: Koppelfaktor (Festlegungen in Abb. 3.41),
Q: die Schwingkreisbetriebsgüte,
A: ein Proportionalitätsfaktor der Dimension Ohm^{-1} und

$$\Omega = Qv = Q\left(\frac{\omega}{\omega_0} - \frac{\omega_0}{\omega}\right) \text{als die normierte Verstimmung.}$$

Ferner gelten noch folgende Festlegungen:

x < 1 unterkritische Kopplung und damit   w (Welligkeit) = 0,
x = 1 kritische Kopplung und damit   w   = 1,
x > 1 überkritische Kopplung und damit   w   >1.

Aus (3.35) läßt sich auf einfache Weise der Betrag bilden, er ergibt:

$$\left|\frac{\underline{U}_2}{\underline{U}_1}\right| = R_p\, A\, \frac{x}{\sqrt{(1 + x^2 - \Omega^2)^2 + 4\Omega^2}}.$$

Um für alle zweikreisigen Bandfilter zu vergleichbaren Ergebnissen zu kommen, wird auf die sog. Höckerspannung normiert. Die Höckerspannung ist der größte

Spannungswert im Durchlaßbereich. Sie fällt frequenzmäßig nicht mit der Mittenfrequenz zusammen. Um die Frequenz, bei der die Höckerspannung auftritt, und um deren Größe ermitteln zu können, ist ein Extremwertproblem zu lösen. Der zu untersuchende Betrag wird in einer für die Differentiation geeigneten Weise geschrieben:

$$\left|\frac{\underline{U}_2}{\underline{U}_1}\right| = AR_p x \left[(1 + x^2 - \Omega^2)^2 + 4\Omega^2\right]^{-\frac{1}{2}}$$

Zu lösen ist nun die Aufgabe:

$$\frac{d}{d\Omega}\left|\frac{\underline{U}_2\,(\Omega)}{\underline{U}_1\,(\Omega)}\right| = 0.$$

Die Lösung dieser Gleichung liefert für die normierte Verstimmung:

$$\Omega^2_{\text{Höcker}} = x^2 - 1.$$

Dieses Ergebnis in die Betragsformel eingesetzt ergibt:

$$\left|\frac{\underline{U}_2}{\underline{U}_1}\right|_{\text{Höcker}} = \frac{AR_p}{2}.$$

Mit diesem Extremwert kann nun die Normierung durchgeführt werden und ergibt für den Amplitudenfrequenzgang:

$$\left|\frac{\underline{U}_2}{\underline{U}_1}\right| \Big/ \left|\frac{\underline{U}_2}{\underline{U}_1}\right|_{\text{Höcker}} = \frac{|\underline{U}_2|}{|\underline{U}_2|_{\text{max}}} = \frac{2x}{\sqrt{(1 + x^2 - \Omega^2)^2 + 4\Omega^2}}. \tag{3.36}$$

Der zweite Teil der Gl. (3.36) ergibt sich aus der Tatsache, daß $|\underline{U}_1|$ für beide Quotienten denselben Wert hat. Die graphische Auswertung ist in Abb. 3.42 dargestellt.

3.4.6.2 Bestimmung der Welligkeit

Unter *Welligkeit* versteht man Filterausgangsspannungsschwankungen in Abhängigkeit von der Frequenz. Im vorliegenden Fall treten diese im Durchlaßbereich auf.

Index 0 bedeutet: Betrachtung bei Mittenfrequenz, also $\Omega = 0$. Die Welligkeit (w) wird mathematisch folgendermaßen definiert:

$$w = \frac{|\underline{U}_{2\,\text{max}}|}{|\underline{U}_{20}|} = \frac{x^2 + 1}{2x} \qquad \text{für alle } x \geq 1. \tag{3.37}$$

Einige Beispiele für die Welligkeit:

für x = 1 wird   w = 1 oder   w = 0 dB
    x = 1,6   w = 1,1125   w = 0,93 dB
    x = 2,41   w = 1,4125   w = 3 dB

Aus den Beispielen wird deutlich, weshalb Werte der Welligkeit für x größer 2,41 physikalisch nicht relevant sind, denn das würde wegen der 3 dB-Festlegung für die Bandbreite quasi zu zwei Durchlaßbereichen Veranlassung geben.

3.4.6.3 Bestimmung der Bandbreite als Funktion der normierten Kopplung

Die 3 dB-Punkte sind bei den Frequenzen erreicht, bei denen die Ausgangsspannungsamplitude gegenüber ihrem Maximalwert auf das $1/\sqrt{2}$ abgefallen ist. Um sie also zu bestimmen, ist die folgende algebraische Gleichung zu lösen:

$$\left| \frac{\underline{U}_2}{\underline{U}_{2\,max}} \right| = \frac{2x}{\sqrt{(1 + x^2 - \Omega^2)^2 + 4\Omega^2}} = \frac{1}{\sqrt{2}} \ .$$

Das ergibt eine Gleichung 4. Grades mit den Teillösungen:

$$\Omega_{1\,\ldots\,4} = \pm \sqrt{(x^2 - 1) \pm 2x} \ .$$

Das 1. Minuszeichen gilt für die negative Verstimmung, also für $\omega < \omega_0$. Das 2. Minuszeichen (das in der Wurzel) ist physikalisch wieder auszuschließen, da bei negativem Vorzeichen für alle $x < 2,41$ der Radikant negativ und damit die Lösung imaginär würde. $x \geq 2,41$ ist wegen der 3-dB-Bandbreite nicht zulässig.

Somit erhält man für die normierte Bandbreite:

$$Qv = \Omega_{\text{Bandbreite}} = \pm \sqrt{x^2 + 2x - 1} \ .$$

3.4.6.4 Normierung der Bandbreite des Bandfilters auf die der Einzelkreise

Diese Normierung wird durchgeführt, um Bandfilter und Einzelkreis besser miteinander vergleichen zu können. Die Bandbreite des Einzelkreises ist gegeben durch:

$$B_0 = \frac{f_0}{Q} = \frac{2\pi f_0}{2\pi Q} = \frac{\omega_0}{2\pi Q} \ ,$$

umgeformt liefert das:

$$2\pi B_0 = \frac{\omega_0}{Q} \ .$$

Die Bandbreite des Bandfilters errechnet sich aus der normierten Verstimmung.

$$Qv = Q \left(\frac{\omega}{\omega_0} - \frac{\omega_0}{\omega} \right) = \pm \sqrt{x^2 + 2x - 1} = \pm A \ ,$$

daraus ergibt sich:

$$Q\omega^2 - Q\omega_0^2 = \pm A\omega\omega_0 \qquad \text{oder}$$

$$\omega^2 \pm \omega \frac{A\omega_0}{Q} - \omega_0^2 = 0 \qquad \text{und damit}$$

$$\omega_{1,2} = \frac{A\omega_0}{2Q} \pm \sqrt{\left(\frac{A\omega_0}{2Q} \right)^2 + \omega_0^2} \ .$$

Das Minuszeichen vor der Wurzel ist physikalisch uninteressant, da andernfalls die Frequenz negativ werden würde. Die gesamte positive Wurzel wird zur Vereinfachung mit C abgekürzt, dann erhält man die beiden Grenzfrequenzen:

$$\omega_1 = +\frac{A\omega_o}{2Q} + C \, , \qquad \omega_2 = -\frac{A\omega_o}{2Q} + C \, .$$

Aus ihnen ergibt sich das 2π- fache der Bandbreite zu $2\pi B = \omega_1 - \omega_2$ oder

$$2\pi B = A\,\frac{\omega_o}{Q} \, ,$$

und damit erhält man nach Einsetzen für A und ω_o/Q die gesuchte Bandbreite des Bandfilters (B) ausgedrückt durch die Einzelkreisbandbreite (B_0) zu:

$$B = B_0 \sqrt{x^2 + 2x - 1} \, . \tag{3.38}$$

Mit dem letzten Resultat kann man die Ergebnisse für zweikreisige Bandfilter zusammenfassen und auswerten.

Der komplexe Übertragungsfaktor ist gegeben durch:

$$\frac{\underline{U}_2}{\underline{U}_1} = jR_p \frac{xA}{(1 + j\Omega)^2 + x^2} \, .$$

Der Betrag des normierten Übertragungsfaktors lautet:

$$\left|\frac{\underline{U}_2}{\underline{U}_{2\,max}}\right| = \frac{2x}{\sqrt{(1+x^2 - \Omega^2)^2 + 4\Omega^2}} \, .$$

Die auf den Einzelkreis bezogene Bandbreite stellt sich wie folgt dar:

$$B = B_0 \sqrt{x^2 + 2x - 1} \qquad \text{für} \qquad x \leq 1 + \sqrt{2} \, .$$

Die graphische Auswertung des normierten Übertragungsfaktors mit der normierten Kopplung als Parameter zeigt Abb. 3.42.

Wenn man für $\Omega = Qv$ auch negative Werte zuläßt; d.h. für $\Omega = Q\left(\frac{\omega}{\omega_o} - \frac{\omega_o}{\omega}\right)$, dann erhält man in der Abbildung auch den spiegelbildlichen Teil zu $\Omega = 0$ des Frequenzgangs. Das heißt, für $\Omega > 0$ wird $\omega > \omega_o$, damit wird der Teil oberhalb der Resonanzfrequenz dargestellt. Betrachtet man $\Omega < 0$, dann wird $\omega < \omega_o$ und das ist der Teil des Frequenzgangs unterhalb der Resonanzfrequenz.

In Auswertung der Gl. (3.38) sollen hier einige Beispieldaten angegeben werden, um dem Leser ein Gefühl dafür zu vermitteln, wie sich die Bandbreite bei zweikreisigen Bandfiltern gegenüber einkreisigen bei gleicher Güte ändern:

$$
\begin{array}{ll}
x = 0{,}67 & B = 0{,}888\,B_0 \, , \\
x = 1{,}00 & B = \sqrt{2}\,B_0 \, , \\
x = 1{,}40 & B = 1{,}94\,B_0 \, , \\
x = 2{,}00 & B = 2{,}65\,B_0 \, .
\end{array}
$$

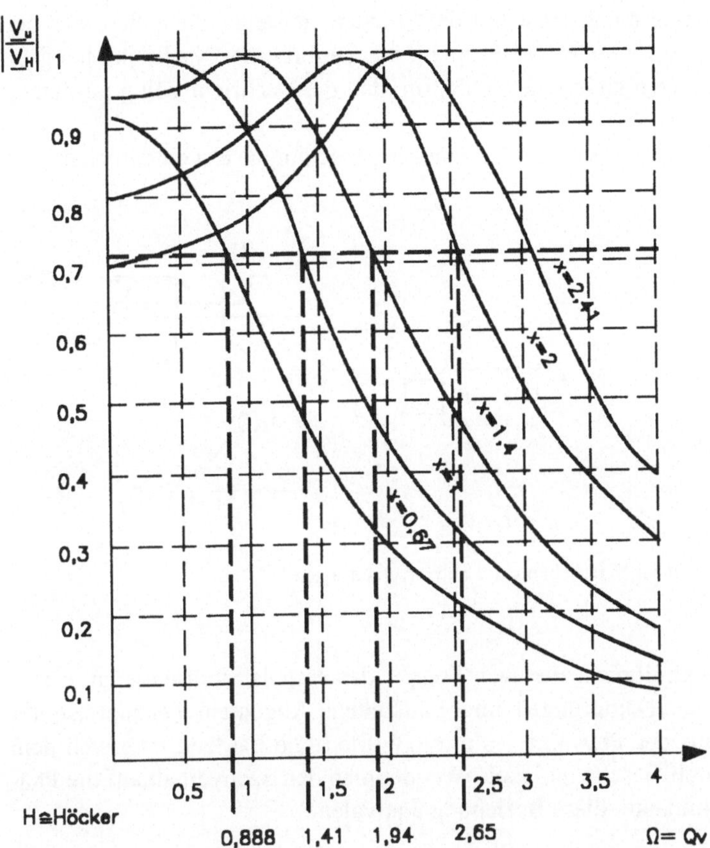

Abb. 3.42 Amplitudenfrequenzgang zweikreisiger Bandfilter

3.5 Phasenlaufzeit und Gruppenlaufzeit von Vierpolen

Definition 3.4. Unter Phasenlaufzeit versteht man die Zeit, die ein bestimmter Phasenpunkt einer harmonischen Zeitfunktion (z.B. positives Maximum) zum Durchlaufen eines Netzwerks benötigt.

Definition 3.5. Unter Gruppenlaufzeit versteht man die Laufzeit, die eine Gruppe frequenzbenachbarter, harmonischer Zeitfunktionen zum Durchlaufen eines Netzwerks benötigt.

Haben beide Laufzeiten den gleichen Wert, so haben auch beliebige Zeitfunktionen dieselbe Laufzeit durch das Netzwerk, es treten keine Verzerrungen auf, andernfalls treten sie auf.

Definition 3.6. Unter Phasen- und Laufzeitverzerrungen versteht man die Veränderungen, die eine Nachricht erleidet, wenn der Phasenwinkel im Übertragungsfaktor einer Schaltung nicht linear mit der Frequenz ansteigt. Sie äußert sich bei kleinen Laufzeitfehlern in einer Verformung des Zeitbilds der Nachricht; bei großen Laufzeitdifferenzen äußert sie sich darin, daß die Nachricht völlig auseinander läuft.

Abbildung 3.43 soll dies am Beispiel eines Rechteckimpulses verdeutlichen.

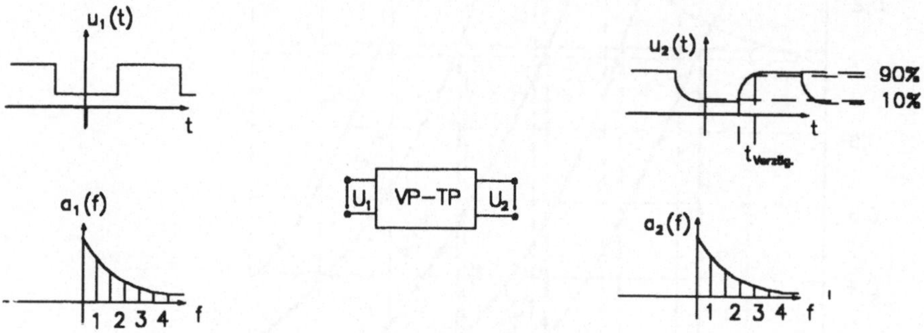

Abb. 3.43 Veränderungen der Nachricht durch Laufzeitverzerrungen

Die einzelnen Spektrallinien, die nach Fourier den Impuls repräsentieren, erfahren unterschiedliche Dämpfungen und Laufzeiten. Allgemein bekannt ist das Weg-Zeitgesetz aus der Physik, $t = s/v$ mit Worten, die Laufzeit ist gleich dem Weg dividiert durch Geschwindigkeit. Wendet man den Sachverhalt auf die Phasenlaufzeit an, dann lautet diese Beziehung äquivalent:

$$t_p = \frac{b}{\omega}$$

b: Phasendifferenz zwischen Ausgangs- und Eingangsgröße,

ω: Winkelgeschwindigkeit des Signals.

Die folgenden Überlegungen sollen den Begriff der Phasenlaufzeit noch verdeutlichen. Allgemein gilt für den Übertragungsfaktor:

$$\frac{U_2}{U_1} = V_u = \frac{u_2 \, e^{j\,\varphi_2}}{u_1 \, e^{j\,\varphi_1}} = \frac{u_2}{u_1} \, e^{j\,(\varphi_2 - \varphi_1)} = \frac{u_2}{u_1} \, e^{-j\,b}$$

mit $b = \varphi_1 - \varphi_2$ als Phasenmaß.

Angenommen, man wählt ohne Einschränkung der Allgemeinheit den Anfangsphasenwinkel $\varphi_1 = 0$, dann wird $- b = \varphi_2$. Das Minuszeichen bedeutet Nacheilen des Ausgangssignals gegenüber dem Eingangssignal. Man kann dann die Phasenlaufzeit sehr einfach deuten .

$$u_1(t) = \hat{U}_1 \sin(\omega t) \tag{3.39}$$

Der Nulldurchgang von u_1 liegt bei $t = 0$.

$$u_2(t) = \hat{U}_2 \sin(\omega t - b)$$

Der Nulldurchgang von u_2 liegt bei $t = t_p$. Wenn man zur Vereinfachung noch festlegt:

$$V_u = \frac{\hat{U}_2}{\hat{U}_1},$$

dann kann man schreiben:

$$u_2(t) = V_u \hat{U}_1 \sin(\omega t - b) = V_u \hat{U}_1 \sin\omega\,(t - \frac{b}{\omega})\,\text{also}$$

$$u_2(t) = V_u \hat{U}_1 \sin\omega\,(t - t_p). \tag{3.40}$$

Die Phasenlaufzeit für die Spektrallinie mit der Frequenz ω ist die Zeit, die die Spannung $u(t)$ zum Durchlaufen des Netzwerkes benötigt. Vergleicht man nun das Ausgangssignal (3.40) mit dem Eingangssignal (3.39), dann kann man auf einfache Weise die Bedingungen für verzerrungsfreie Übertragung angeben. Da V_u frequenzabhängig sein kann, d.h. $V_u(\omega)$ gilt, hat man folgende Bedingungen zu formulieren:

- $V_u(\omega)$ muß für alle Frequenzen gleich sein, d.h. $V_u(\omega) = \text{konstant} = V_u$.
- b/ω die Phasenlaufzeit muß für alle Frequenzen dieselbe sein, d.h. es muß gelten: $b/\omega = a$ oder $b = a\,\omega$ (a ist eine beliebige Konstante).
- Beide Bedingungen müssen mindestens für den interessierenden Frequenzbereich erfüllt sein.

Daraus ergibt sich der wichtige Satz:
Für eine verzerrungsfreie Übertragung muß die Dämpfung (oder bei aktiven Schaltungen die Verstärkung) frequenzunabhängig, also konstant sein und das Phasenmaß darf maximal linear mit der Frequenz wachsen.

Da die Phasenlaufzeit frequenzabhängig sein kann, bedeutet das, daß die Spektrallinien des Signals unterschiedliche Phasenlaufzeiten haben können. Darum definiert man die *Gruppenlaufzeit* als diejenige, die eine Gruppe von Spektrallinien zum Durchlaufen des Netzwerks benötigt.

$$t_g \approx \frac{\Delta b}{\Delta \omega}$$

Im physikalisch exakten Sinn ergibt sich dann:

$$t_g = \frac{db}{d\omega}$$

Es ist bereits festgestellt worden, daß dann keine Verzerrungen auftreten, wenn alle Frequenzgruppen die gleiche Laufzeit haben. Das wird nun genutzt, um eine exakte Aussage über die zulässige Änderung der Phasenlaufzeit mit der Frequenz zu erhalten.

$$\frac{db}{d\omega} = c$$

das liefert

$$\int \frac{db}{d\omega}\, d\omega = \int c\, d\omega .$$

Nach Ausführung der Integration erhält man folgendes Ergebnis:

$$b = c\,\omega + d$$

c, d beliebige Konstante.

Das ist die Bestätigung dafür, daß keine Verzerrungen auftreten, wenn die Phase maximal linear mit zunehmender Frequenz wächst. Es bedeuten also:

- Gruppenlaufzeit = Laufzeit der Information (der Wellengruppe),
- Phasenlaufzeit = Laufzeit eines Phasenpunktes der harmonischen Schwingung (z.B. der positive Nulldurchgang).

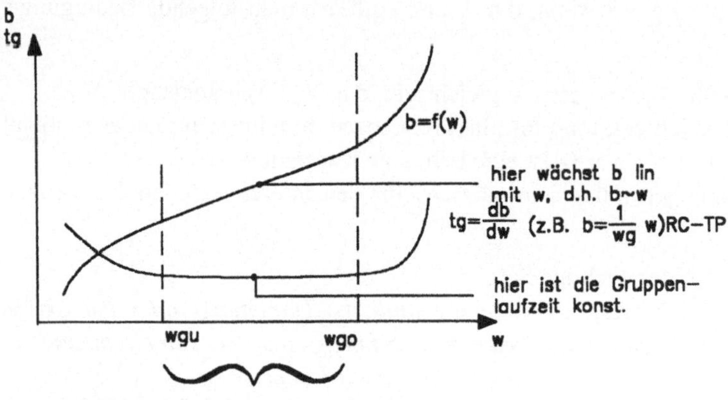

Abb. 3.44 Phasen und Gruppenlaufzeit als Funktion der Frequenz

3.6 Übungen

Im Gegensatz zu den bisherigen Kapiteln sollen hier nur einige durchgerechnete Beispiele sowohl die Vorgehensweise demonstrieren als auch einige vertiefende Erkenntnisse vermitteln. Auf Aufgaben wird zugunsten späterer Kapitel, in denen die hiesigen Ergebnisse angewendet werden, verzichtet.

Beispiel 3.1   Ein Selektivverstärker soll
a) mit einem symmetrischen Bandfilter mit x = 2 (w = 2 dB),
b) mit einem Einzelkreis aufgebaut werden.
Die Bandbreiten sollen in beiden Fällen die gleichen sein.

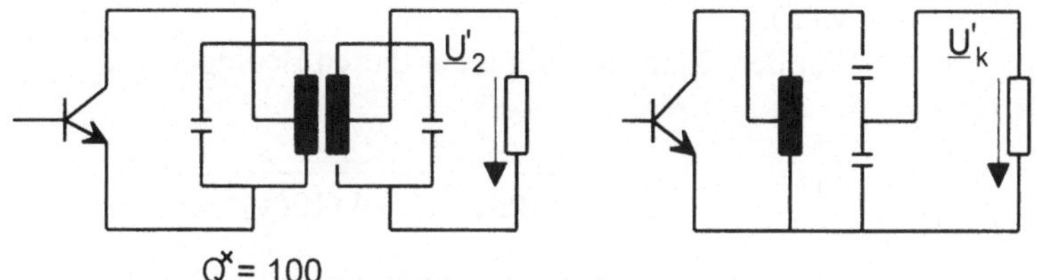

$$Q^* = 100$$

1) Bei welcher Doppelverstimmung ist $\left| \dfrac{U_2}{U_{2\,max}} \right| = \dfrac{1}{\sqrt{2}}$?

2) Wie groß muß die Güte des Parallelkreises gleicher Bandbreite sein?

3) Es ist die Funktion $\left| \dfrac{U_k}{U_{k0}} \right| = f(v)$ graphisch darzustellen!

Lösung:

Die Transformation hat keinen Einfluß auf die Ausgangsspannungsverhältnisse (Vorteil der normierten Formeln).

zu 1):

$$\left| \frac{U_2}{U_{2\,max}} \right| = \frac{2x}{\sqrt{(1 + x^2 - \Omega^2)^2 + 4\Omega^2}} = \frac{1}{\sqrt{2}}$$

ist für $x = 2$ zu lösen. Man erhält: $\Omega_{1,2}^2 = 3 \pm \sqrt{9 + 7} = 7$, da der negative Lösungsanteil entfällt. Daraus ergibt sich die Doppelverstimmung zu $v = \pm\, 0{,}0265$ bei Grenzfrequenz.

zu 2):

$$\left| \frac{U_k}{U_{k0}} \right| = \frac{1}{\sqrt{1 + \Omega^2}}$$

daraus folgt

$$\frac{1}{\sqrt{1 + \Omega^2}} = \frac{1}{\sqrt{2}}$$

und somit

$$\Omega_g = \pm 1 = Q_{0\,p}^* \, v_{45°}$$

und damit

$$Q_{0\,p}^* = \frac{1}{v_{45°}} = \frac{1}{0{,}0265} = 37{,}8 \; .$$

Bei gleicher Bandbreite müssen folgende Güten realisiert werden:

Güte des Bandfilters $Q_0^* = 100$,

Güte des Parallelkreises $Q_{0p}^* = 37{,}8$.

zu 3):

Für den Bandfilter gilt unter diesen Bedingungen:

$$\left| \frac{\underline{U}_2}{\underline{U}_{2\,max}} \right| = \frac{4}{\sqrt{(5-(100v)^2)^2 + 4\,(100v)^2}} \; .$$

Für den Parallelkreis gilt unter diesen Bedingungen:

$$\left| \frac{\underline{U}_k}{\underline{U}_{k0}} \right| = \frac{1}{\sqrt{1+(37{,}8v)^2}} \; .$$

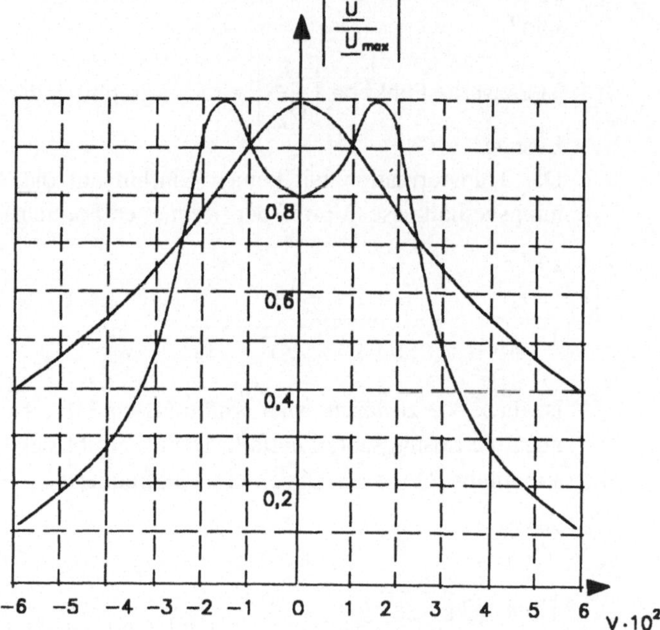

Aus der Darstellung des normierten Übertragungsfaktors kann man recht deutlich die Unterschiede in der Flankensteilheit bei gleicher Bandbreite erkennen.

Beispiel 3.2   Ausgangspunkt ist ein Schwingkreis mit der Resonanzfrequenz von $f_0 = 120$ kHz und einer Kreisgüte $Q_0 = 90$.
1) Bei welchen Frequenzen beträgt der Scheinwiderstand 80 % des Resonanzwiderstands?
2) Wie groß ist bei den Frequenzen nach 1) der Betrag des Phasenwinkels zwischen Strom und Spannung?
3) Wie groß sind die Grenzfrequenzen?
Lösung :

$$\frac{\underline{Z}}{R_0} = \frac{1}{1+j\,\Omega} = \frac{1}{\sqrt{1+\Omega^2}} \, e^{-j\,arc\,tan\,Q_0 v}$$

Zu 1):

$$\left| \frac{\underline{Z}}{R_0} \right| = 0,8 = \frac{1}{\sqrt{1 + \Omega^2}}$$

daraus folgt

$$1 + \Omega^2 = \frac{1}{0,8^2} = 1,5625,$$

$$\Omega = \pm\, 0,75 \; , \; \text{somit } v = \pm\, \frac{0,75}{90} = \pm\, 8,33 \cdot 10^{-3} \; \text{da } v \approx \frac{2\Delta f}{f_0} \; .$$

$$\Delta f = \pm\, \frac{v\, f_0}{2} = \pm\, 500 \text{ Hz}$$

das ergibt für die gesuchten Frequenzen

$f_2 = f_0 + \Delta f = 120 \text{ kHz} + 500 \text{ Hz} = 120,5 \text{ kHz}$ und
$f_1 = f_0 - \Delta f = 120 \text{ kHz} - 500 \text{ Hz} = 119,5 \text{ kHz}$.

zu 2):

$$|\varphi| = \text{arc tan} \, | \, Q_0\, v \, | = \text{arc tan} \, (\, 90 \cdot 8,33 \cdot 10^{-3} \,) = 36,9°$$

zu 3):

$$Q_0\, v_{45°} = 1; \; v_{45°} = \frac{1}{Q_0} = \frac{2\Delta f}{f_0}$$

und damit

$$\Delta f = \frac{f_0}{2Q_0} = 0,67 \text{ kHz},$$

$f_{45°} = f_0 + \Delta f = 120,67 \text{ kHz},$
$f_{-45°} = f_0 - \Delta f = 119,33 \text{ kHz}.$

Beispiel 3.3   Bestimmung der Laufzeit durch ein Netzwerk, bestehend aus einem reinen ohmschen Spannungsteiler.

$$\frac{\underline{U}_2}{\underline{U}_1} = \frac{R_2}{R_1 + R_2} = \frac{u_2\, e^{j\varphi_2}}{u_1\, e^{j\varphi_1}} = \frac{u_2}{u_1}\, e^{j\,(\varphi_2 - \varphi_1)}$$

Da der Quotient aus den Widerständen reell ist, müssen es auch die übrigen Faktoren sein, das bedeutet, daß $b = 0$ ist und damit $\varphi_2 - \varphi_1 = 0$ wird. Somit wird $t_p = 0$, d.h. die Phasenlaufzeit ist Null und $t_g = 0$, d.h. die Gruppenlaufzeit ist Null. Es treten keine Verzerrungen auf, da die Dämpfung frequenzunabhängig ist.

Beispiel 3.4   Es ist für einen RC-Tiefpass die Gruppenlaufzeit in der Nähe der Grenzfrequenz und zum anderen weit unterhalb der Grenzfrequenz zu bestimmen.

Lösung:

In der Nähe der Grenzfrequenz gilt: $\Omega \approx 1$. Aus (3.30) erhält man für den Phasenwinkel:

$$\varphi = b = \operatorname{arc\,tan} \Omega = \operatorname{arc\,tan} \frac{\omega}{\omega_g}.$$

Daraus ergibt sich durch Differentiation die Gruppenlaufzeit.

$$t_g = \frac{db}{d\omega} = \frac{db}{d\Omega}\frac{d\Omega}{d\omega} = \frac{d}{d\Omega}\{\operatorname{arc\,tan} \Omega\}\frac{d\Omega}{d\omega},$$

$$t_g = \frac{1}{1 + (\frac{\omega}{\omega_g})^2}\,\frac{1}{\omega_g}.$$

Die Gruppenlaufzeit ist stark frequenzabhängig und damit treten erhebliche Verzerrungen auf.

Für sehr tiefe Frequenzen gilt: $\Omega \ll 1$ also $\omega \ll \omega_g$. Für diesen Fall kann man für die Tangensumkehrfunktion die bekannte Näherung verwenden:

$$b = \operatorname{arc\,tan} \frac{\omega}{\omega_g} \approx \frac{\omega}{\omega_g}.$$

Daraus ergibt sich dann:

$$\frac{db}{d\omega} = t_g \approx \frac{1}{\omega_g}.$$

Die Phasenlaufzeit kann man einfach ermitteln und erhält:

$$\frac{b}{\omega} = t_p = \frac{1}{\omega_g}.$$

Für Frequenzen weit unterhalb der Grenzfrequenz ist die Phasenlaufzeit gleich der Gruppenlaufzeit und beide sind frequenzunabhängig, also konstant. Es treten keine Verzerrungen auf. Alle Spektrallinien des Nachrichtensignals benötigen dieselbe Laufzeit zum Durchlaufen des Netzwerks.

Beispiel 3.5   Es soll die Gruppenlaufzeit für einen Reihenschwingkreis in der Nähe der Resonanzfrequenz berechnet werden, gleichzeitig ist die Funktion des Phasenwinkels in Abhängigkeit von der Frequenz zu untersuchen.

Lösung:

Nach (2.2) ergab sich für den Reihenschwingkreis das Phasenmaß zu:

$$b = \operatorname{arc\,tan} \frac{\omega L - \frac{1}{\omega C}}{R_0} = \operatorname{arc\,tan} Qv.$$

In Resonanznähe nimmt Qv sehr kleine Werte an, so daß auch hier von der Näherungsbeziehung Gebrauch gemacht werden kann.

$$b = \text{arc tan } Qv \approx Qv,$$

und damit wird

$$\frac{db}{d\omega} = \frac{db}{dv}\frac{dv}{d\omega} = \frac{d\,(Qv)}{dv}\frac{dv}{d\omega} = Q\frac{d}{d\omega}\frac{2\,(\omega - \omega_0)}{\omega_0} \quad \text{oder}$$

$$\frac{db}{d\omega} = t_g = \frac{2Q}{\omega_0}$$

konstant und unabhängig von der Frequenz.

Die Phasenfunktion $b \approx Qv = Q\,\dfrac{2\,(\omega - \omega_0)}{\omega_0}$ liefert letztlich:

$$b = \frac{2Q}{\omega_0}\,\omega - 2Q\,,$$

und das ist eine lineare Funktion der Frequenz. Man stellt also fest: In unmittelbarer Umgebung der Resonanzqfreuenz ist die Gruppenlaufzeit konstant; die Phasenfunktion eine lineare Funktion der Frequenz und damit treten in diesem Gebiet keine Signalverzerrungen auf.

4 Leistungsanpassung

Das folgende Kapitel ist ein sehr praxisorientiertes, bei dem auf Ableitungen verzichtet wird, dafür werden *Kochrezepte* zur Schaltungsrealisierung angegeben. Dieses Verfahren ist berechtigt, denn ingenieurhaftes Agieren bedeutet auch, mit der Literatur zu arbeiten und angegebene Formeln zu verwenden, ohne erst jedesmal selbst alles ableiten zu wollen. Dieser Hinweis soll jedoch nicht zu kritikloser Übernahme aller Ergebnisse verleiten, denn eine grobe Prüfung auf Richtigkeit ist immer angezeigt und sei es nur eine Dimensionskontrolle.

Gegenstand dieses Kapitels sind Fragen der Anpassung gegebener Netzwerke mit bestimmten Innenwiderständen an Verbraucher oder Folgenetzwerke mit anderen Eingangswiderständen bzw. Generatoren mit anderen Generatorwiderständen.

4.1 Breitbandige Impedanzanpassung mit Widerstandsnetzwerken aus ohmschen Widerständen [3]

Anpassung im allgemeinen Sinn bedeutet, widerstandsmäßige Realisierung der Gleichheit von *Generator-* und *Verbraucherwiderstand* zur optimalen Nutzleistungsübertragung. Man hat also zu fordern:

$$\underline{Z}_G = \underline{Z}_V \; .$$

Im allgemeinen ist $\underline{Z}_G \neq \underline{Z}_V$ und somit wird zusätzliche Anpassung erforderlich. Das kann auf sehr verschiedene Weise erfolgen, z.B. durch Zuschalten von Widerständen.

4.1.1 Widerstandszuschaltung

Angenommen: $\underline{Z}_G > \underline{Z}_V$ dann ergibt die Anpassungsforderung Abb. 4.1. Die Anpassungsbedingung für den Generator lautet bei reell angenommenen Widerständen:

$$R = Z_G - Z_V \tag{4.1}$$

Gleichung (4.1) bedeutet, daß ein Teil der Leistung für den Verbraucher verloren geht (Leistungsverbrauch in R). Das wird dennoch in Kauf genommen, um bei-

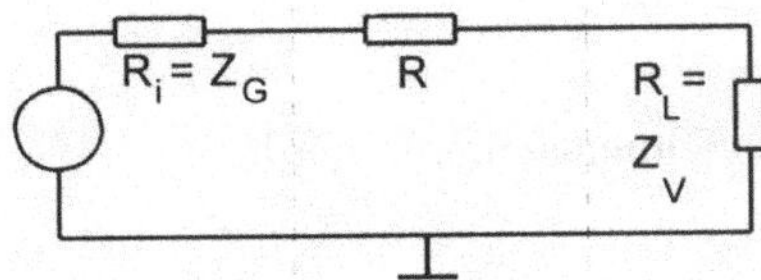

Abb. 4.1 Anpassungsnetzwerk für $Z_G > Z_V$

spielsweise Reflexionen auf Leitungen zu vermeiden. Weitere Möglichkeiten der Anpassung sind die L-, T- und π-Gliedschaltungen.

4.1.2 L-Glied-Schaltungen ($Z_G < Z_V$)

Die in Abb. 4.2 dargestellten Versionen sind möglich.

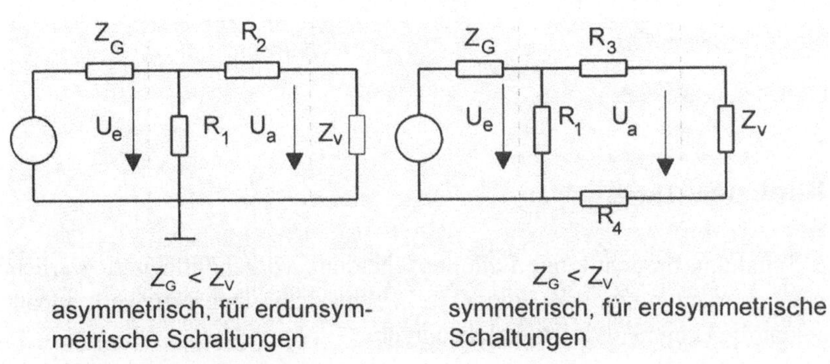

Abb. 4.2 L-Glied-Schaltungen für $Z_G < Z_V$

Es bedeuten Z_G die Generatorimpedanz, Z_V die Verbraucherimpedanz, $R_2 = R_3 + R_4$ und $R_4 = Z_V/2$. Damit erhält man folgende Dimensionierungsgleichungen:

$$R_2 = \sqrt{Z_V (Z_V - Z_G)} \qquad (4.2)$$

$$R_1 = Z_G \sqrt{\frac{Z_V}{Z_V - Z_G}} \qquad (4.3)$$

Für die Dämpfung ergibt sich:

$$a = U_e/U_a, \quad a = 1 + \sqrt{\frac{Z_V - Z_G}{Z_V}} \qquad (4.4)$$

4.1.3 L-Glied-Schaltungen ($Z_G > Z_v$)

Die Schaltung ist in Abb. 4.3 dargestellt. Für die Dimensionierung gilt:

$$a = \frac{Z_V + \sqrt{Z_V\,(Z_V - Z_G)}}{Z_G} \quad \text{und} \quad R_4 = Z_G/2. \tag{4.5}$$

Die übrigen Gln. (4.2), (4.3) sowie (4.4a) gelten wie im vorigen Fall.

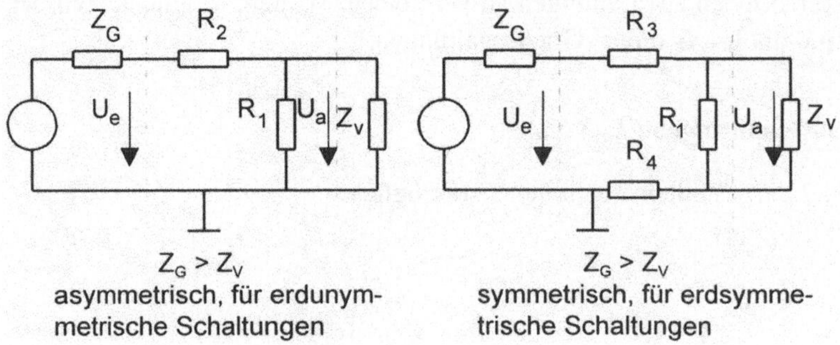

$Z_G > Z_v$
asymmetrisch, für erdunym-
metrische Schaltungen

$Z_G > Z_v$
symmetrisch, für erdsymme-
trische Schaltungen

Abb. 4.3 L-Glied-Schaltungen für $Z_G > Z_v$

4.1.4 T-Glied-Schaltungen

Für diese Schaltung braucht keine Fallunterscheidung vorgenommen zu werden, es sind beide Varianten ($Z_G < Z_v$ und $Z_G > Z_v$) mit demselben Netzwerk anpaßbar. Es gelten die Dimensionierungsgleichungen:

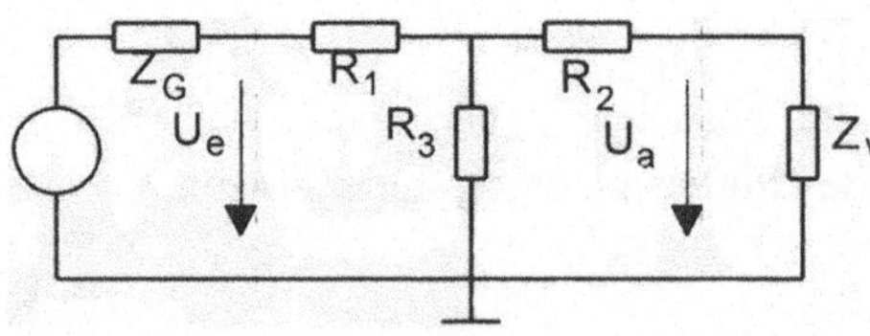

Abb. 4.4 T-Glied-Schaltung

Das Impedanzverhältnis:

$$b = Z_G/Z_v\,,$$

die Dämpfung:

$$a = U_e/U_a\,,$$

$$R_3 = \frac{2Z_G\,a}{a^2 - b}\,, \quad R_2 = Z_v\,\frac{a^2 + b}{a^2 - b} - R_3\,, \quad R_1 = Z_G\,\frac{a^2 + b}{a^2 - b} - R_3 \tag{4.6}$$

Für die L-, T-Glieder und das folgende π-Glied sollten die Widerstandswerte für Frequenzen $f > 10$ MHz im Bereich von $(10 \dots 500)\ \Omega$ liegen, da sonst die parasitären Blindanteile der Widerstände nicht mehr vernachlässigt werden dürfen.

4.1.5 π-Glied-Schaltungen

Die Topologie der Schaltung ist in Abb. 4.5 wiedergegeben. Zweckmäßiger Weise erfolgt die Berechnung hier mittels Leitwerten (Parallelschaltung), darum sollen zuvor folgende Festlegungen getroffen werden:

$$G_{ZG} = 1/Z_G\ , \quad G_{ZV} = 1/Z_V\ , \quad G_1 = 1/R_1\ , \quad G_2 = 1/R_2\ , \quad G_3 = 1/R_3\ .$$

Damit erhält man für die Dimensionierung folgende Gleichungen:

$$a = U_e/Ua,\quad b = Z_V/Z_G\ ,$$

$$G_2 = G_{ZV}\,\frac{2\,a}{a^2 + b}\ ,\quad G_3 = G_{ZV}\,\frac{a^2 + b}{a^2 - b} - G_2,\quad G_1 = G_{ZV}\,\frac{a^2 + b}{a^2 - b} - G_2. \quad (4.7)$$

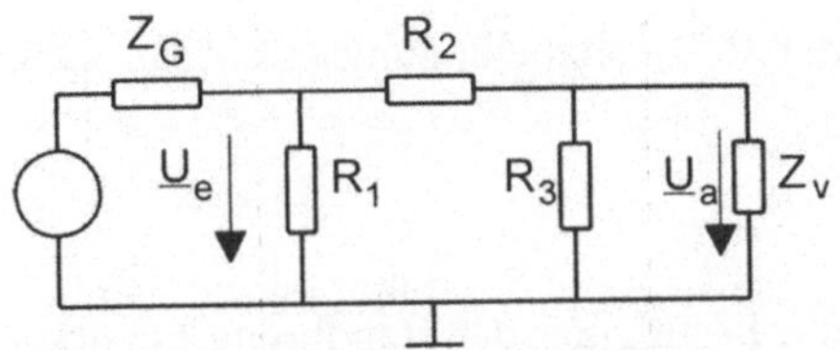

Abb. 4.5 π-Glied-Schaltung

Will man die aus der Anpassung resultierende Dämpfung vermeiden und dennoch breitbandig bleiben, dann muß man Breitband-HF-Transformatoren einsetzen. Dazu werden noch einige Ausführungen in Abschn. 4.3 gemacht. Da es in vielen Fällen ausreicht, für ein schmales Frequenzband die Anpassung zu realisieren, wird das dazu notwendige Instrumentarium zuerst dargestellt.

4.2 Schmalbandtransformatoren

4.2.1 Collins-Filter

Die Schaltungskonfiguration (s. Abb. 4.6) aufgebaut aus Blindelementen, trägt den Namen Collins-Filter. Es ist eine u.a. zur Sender-Antennenanpassung häufig eingesetzte Schaltung.

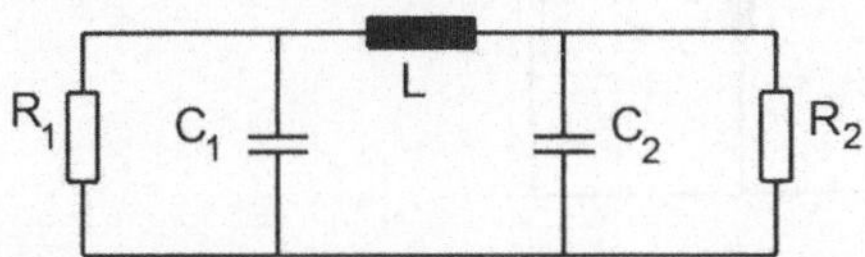

Abb. 4.6 Collins-Anpaßfilter

Hier wird eine Anpassung der Widerstände R_1 an R_2 vorgenommen. Beispiel für die Anwendung könnte der Fall sein, daß der Senderinnenwiderstand mit R (einige kOhm) an die Antenne R_2 (ca. 50-240 Ohm) angepaßt werden soll. Aufgrund praktischer Erfahrungen sollten Gütewerte zwischen 8 und 25 gewählt werden. Das sind HF-typische Werte, weil sonst die Anpassung zu schmalbandig wird. Für das Transformationsverhältnis gilt:

$$\frac{C_2}{C_1} = \sqrt{\frac{R_1}{R_2}} \; . \tag{4.8}$$

Die Dimensionierungsgleichungen lauten:

$$C_1 = \frac{2\,Q}{\omega\,(R_1 + \sqrt{R_1\,R_2}\,)}\,, \quad C_2 = \frac{2\,Q}{\omega\,(R_2 + \sqrt{R_1\,R_2}\,)}\,, \tag{4.9}$$

$$L = \frac{R_1 + R_2 + 2\,\sqrt{R_1\,R_2}}{2\,\omega\,Q}\; . \tag{4.10}$$

Man kann die Induktivität (L) auch aus der Resonanzbedingung ermitteln, dann gilt:

$$L = \frac{1}{\omega_0^2\,C} \quad \text{mit} \quad C = \frac{C_1 C_2}{C_1 + C_2}\; .$$

Würde man statt der Vorgabe der Güte die Festlegung der Bandbreite bevorzugen, so kann man durch einfache Umrechnung folgenden Formelsatz ableiten:

$$C_1 = \frac{1}{\pi\,B\,(R_1 + \sqrt{R_1\,R_2}\,)}\,, \quad C_2 = \frac{1}{\pi\,B\,(R_2 + \sqrt{R_1\,R_2}\,)}\,, \tag{4.11}$$

$$L = \frac{B}{4\,\pi\,f_0^2}\,(R_1 + R_2 + \sqrt{R_1\,R_2}\,)\,. \tag{4.12}$$

4.2.2 Resonanztransformator anderer Bauform

Es wird angenommen, daß $R_1 > R_2$ ist. Für den umgekehrten Fall braucht man nur die Rollen von R_1 und R_2 zu vertauschen.

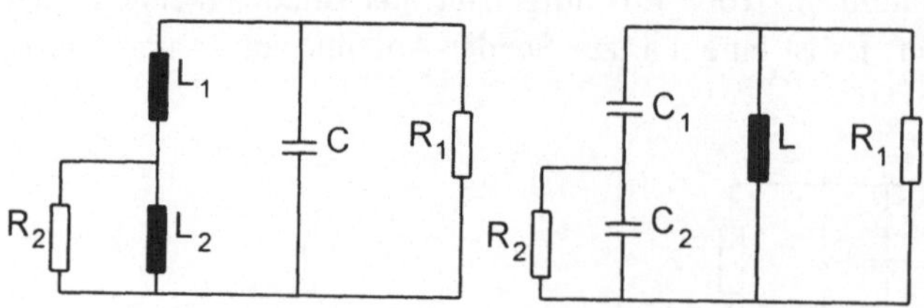

Abb. 4.7 Anpassung mittels Resonanztransformator. Links müssen die Spulen entkoppelt sein, d.h. es gilt M = 0. Da das schwer zu realisieren ist, teilt man häufig die Kapazitäten auf (rechts).

Unter der Bedingung $R_1 > R_2$ gilt für die induktive Transformation:

$$R_1 = R_2 \left(1 + \frac{L_1}{L_2}\right)^2, \qquad (4.13a)$$

und für die kapazitive Transformation:

$$R_1 = R_2 \left(1 + \frac{C_2}{C_1}\right)^2. \qquad (4.13b)$$

4.3 Breitbandtransformatoren

4.3.1 Die 50-Ω-Technik

Bei der 50-Ω-Technik handelt es sich um autonome Schaltungsfunktionen, deren Ein- und Ausgangsimpedanzen einheitlich 50 Ω betragen. Sie werden häufig als modulare, diskrete und selbständige Baugruppen realisiert; z.B. als:

- Verstärker,
- Selektionsschaltungen,
- Oszillatoren,
- Mischer,
- Modulatoren usw..

Aufgrund ihrer genau definierten Betriebsparameter können sie unmittelbar miteinander verbunden werden. Es lassen sich so leicht Schaltungen hoher Komplexität erreichen. Voraussetzung für diese Vorgehensweise ist die Realisierung breitbandiger Transformatoren, mit denen man die schaltungsintern sehr unterschiedlichen Impedanzen einander anpassen kann und mit denen man auch die bzgl. Masse unterschiedlichen Signalorientierungen beherrschen kann. Das Hauptproblem besteht in der i. allg. notwendigen Breitbandigkeit der Transformatoren. Die Bedingungen zum Erhalt der Breitbandigkeit werden im folgenden untersucht.

4.3.2 Übertrager

4.3.2.1 Der Impulsübertrager

Die Aufgabe besteht darin, Kriterien für die Realisierung der Breitbandigkeit zu finden. Da bekanntlich bei der Impulsübertragung die untere Grenzfrequenz für den Dachabfall und die obere Grenzfrequenz für die Flankensteilheit verantwortlich ist, kann man den in Frage kommenden Transformator auf seine Fähigkeit der annähernd formgetreuen Impulsübertragung untersuchen. Ausgangspunkt ist die Transformatorersatzschaltung. Für den Idealfall gilt die Schaltung nach Abb. 4.8.

In Abb. 4.9 ist der reale Transformator einschl. seiner Belastung als Ersatzschaltbild dargestellt.

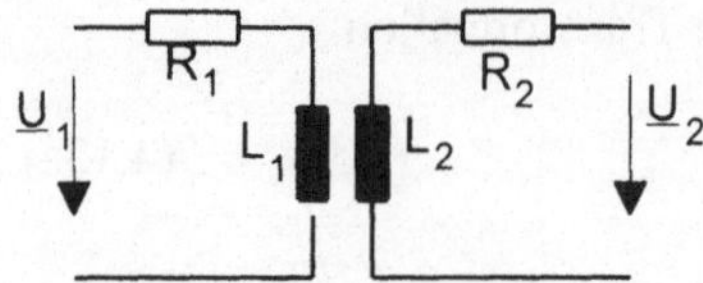

Abb. 4.8 Einfache Ersatzschaltung des idealenTransformators. R_1 repräsentiert die Verluste von L_1 ; R_2 repräsentiert die Verluste von L_2

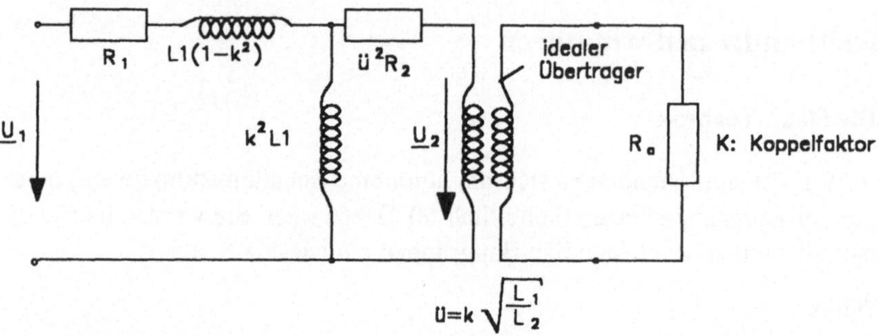

Abb. 4.9 Ersatzschaltung des realen Transformators

Zur näheren Untersuchung ist es zweckmäßig alle Belastungen auf die Primärseite zu transformieren, d.h. R_a und R_2 werden auf die Primärseite transformiert und alle parasitären Kapazitäten werden mit C zusammengefaßt. Damit erhält man das Ersatzschaltbild gemäß Abb. 4.10.

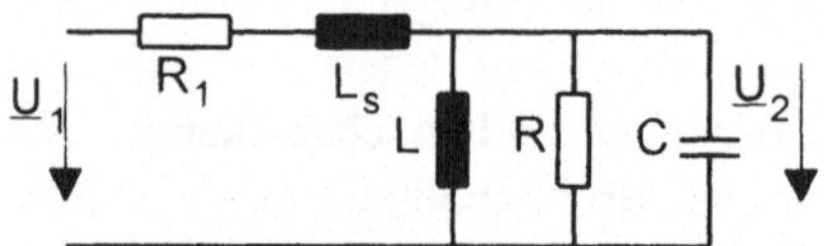

Abb. 4.10 Ersatzschaltung des Transformators mit allen Belastungen

Es bedeuten:

* $R = \ddot{u}^2 (R_2 + R_a)$,
* $L_S = L_1 (1 - k^2) = L_1 \sigma$,
* $L = k^2 L_1$ (mit k nahe 1),
* L_S: Streuinduktivität,
* L: näherungsweise Primärinduktivität und
* σ: Streuung.

Die Schaltung nach Abb. 4.10 stellt ein resonanzfähiges, in jedem Fall ein stark frequenzabhängiges Netzwerk dar. Zur formgetreuen Impulsübertragung hat man mindestens zu fordern, daß in der Zeitfunktion des übertragenen Impulses keine Schwingungen auftreten. Derartige Untersuchungen werden mit Hilfe der Laplace-Transformation durchgeführt. Da die Übertragungsfunktion des vollständigen Netzwerkes zu kompliziert wird, wird ein Trick angewandt. Man teilt den zu untersuchenden Frequenzbereich in zwei Teilbereiche auf, einen unteren und einen oberen Frequenzbereich (aufgrund der geforderten Breitbandigkeit ist das möglich).

Untersuchung für tiefe Frequenzen: Da die Streuinduktivität ohnehin klein gehalten werden muß, kann man sie erst recht bei niedrigen Frequenzen als vernachlässigbar annehmen. Man kommt damit zu dem in Abb. 4.11 gezeigten Ersatzschaltbild:

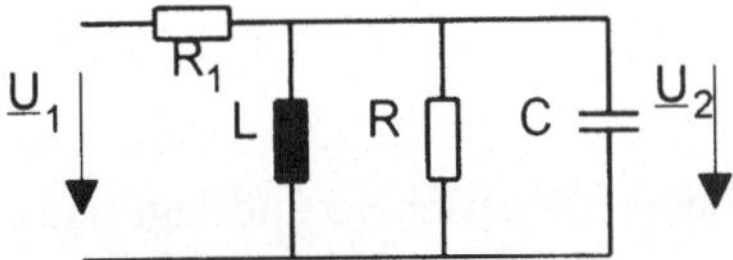

Abb. 4.11 Transformatorersatzschaltbild für tiefe Frequenzen

Nach der Spannungsteilerregel erhält man für Abb. 4.11 den Übertragungsfaktor zu:

$$\frac{\underline{U}_2}{\underline{U}_1} = \frac{(\frac{1}{j \omega L} + \frac{1}{R} + j \omega C)^{-1}}{R_1 + (\frac{1}{j \omega L} + \frac{1}{R} + j \omega C)^{-1}} \ .$$

Aus dem Übertragungsfaktor findet man durch die formale Transformation (jω zu p) die Übertragungsfunktion:

$$F(p) = \frac{U_2(p)}{U_1(p)} = \frac{1}{R_1 (\frac{1}{pL} + \frac{1}{R} + pC) + 1}$$

$$= \frac{1}{CR_1} \frac{p}{p^2 + p \frac{R + R_1}{CRR_1} + \frac{R + R_1}{CRR_1} \frac{RR_1}{L(R + R_1)}} \ .$$

Mit den Zeitkonstanten $\tau_c = C \frac{RR_1}{R + R_1}$ und $\tau_L = L \frac{R + R_1}{RR_1}$ läßt sich der Ausdruck vereinfachen, man erhält:

$$F(p) = \frac{p}{CR_1} \frac{1}{p^2 + p \tau_c^{-1} + (\tau_c \tau_L)^{-1}} \ .$$

Das Netzwerk wird mit einer Sprungfunktion erregt und es wird die Antwortfunktion ermittelt. Für die Einheitssprungfunktion gilt:

$$U_1(p) = 1/p$$

und für die Antwort

$$U_2(p) = p^{-1} F(p).$$

Damit erhält die Sprungantwort im Unterbereich folgende Gestalt:

$$U_2\,(p) = \frac{1}{CR_1}\,\frac{1}{p^2 + p\,\tau_c^{-1} + (\tau_c\,\tau_L)^{-1}}\,.$$

Man könnte nun die Rücktransformation in den Oberbereich durchführen, aber es kann in diesem Fall darauf verzichtet werden, denn es interessiert ja nur die Bedingung für den schwingungsfreien Zeitverlauf der Funktion. Diese Bedingung ist in jeder Laplace-Tafel, in der Rücktransformationskorrespondenz für die unter $U_2\,(p)$ angegebene Funktion, zu finden. Damit keine Schwingungen im Impulsdachbereich auftreten, muß gelten:

$$\frac{1}{4\,\tau_c^2} - \frac{1}{\tau_c\,\tau_L} \geq 0 \;,\; \text{also}\;\; 4\,\tau_c < \tau_L\,.$$

In der Praxis macht man noch einen gewissen Sicherheitszuschlag und legt endgültig fest:

$$\tau_c < \frac{\tau_L}{20}\,. \tag{4.14}$$

Diese Bedingung sagt allein noch nicht allzuviel aus, sie wird aber wesentlich im folgenden Teil benötigt.

Untersuchungen für hohe Frequenzen: Im Bereich der hohen Frequenzen wird wesentlich der kapazitive Widerstand verantwortlich sein, so daß $\omega\,L$ vernachlässigt werden kann. Damit erhält die für diesen Frequenzbereich gültige Ersatzschaltung das Aussehen gemäß Abb. 4.12.

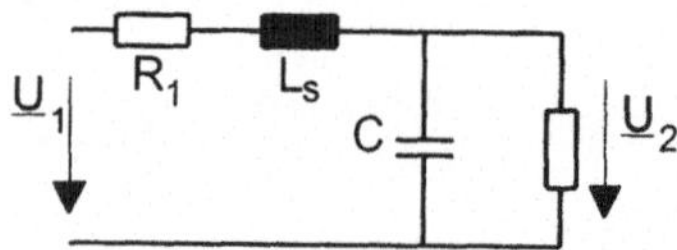

Abb. 4.12 Transformatorersatzschaltbild für hohe Frequenzen

Die Spannungsteilerregel liefert für diesen Fall den folgenden Übertragungsfaktor:

$$\frac{\underline{U}_2}{\underline{U}_1} = \frac{(\frac{1}{R} + j\,\omega\,C)^{-1}}{(R_1 + j\omega L_S) + (\frac{1}{R} + j\omega C)^{-1}}\,.$$

Nach Transformation der vorstehenden Gleichung in den Unterbereich und Anwendung einiger Umformungen erhält man:

$$F\,(p) = (CL_S\,)^{-1}\left[\,p^2 + p\,(\frac{R_1}{L_s} + \frac{1}{CR}) + \frac{1}{CL_S}\,(1 + \frac{R_1}{R})\right]^{-1}\,.$$

Für die Praxis kann man meist noch folgende Näherungen einführen:

$$R_1/R \ll 1 \quad\text{und}\quad (CR)^{-1} \ll R_1/L_S\,.$$

Die Näherungen auf F (p) angewandt liefern:

$$F\,(p) = \frac{1}{\tau_{LS}\,\tau_c}\;\frac{1}{p^2 + p\,\frac{1}{\tau_{LS}} + \frac{1}{\tau_{LS}\,\tau_c}}\;.$$

Auch hier ist die Sprungantwort von Interesse. Es gilt $U_1\,(p) = 1/p$ und $U_2\,(p) = p^{-1}\,F\,(p)$ und damit lautet die Sprungantwort im Unterbereich:

$$U_2\,(p) = \frac{1}{\tau_{LS}\,\tau_c}\;\frac{1}{p\left[p^2 + p\,\frac{1}{\tau_{LS}} + \frac{1}{\tau_{LS}\,\tau_c}\right]}\;.$$

Damit im Flankenbereich keine Schwingungen auftreten können, muß für die Rücktransformation folgendes erfüllt sein:

$$\frac{1}{4\tau_{LS}^2} - \frac{1}{\tau_{LS}\,\tau_c} \geq 0 \qquad \text{oder} \qquad \tau_{LS} < \frac{\tau_c}{4}$$

und wegen Gl. (4.14)

$$\tau_{LS} < \frac{\tau_L}{80}\;. \tag{4.15}$$

Das bedeutet:

$$\frac{L_S}{R_1} < \frac{R + R_1}{80\,RR_1}\,L$$

und zusammen mit den eingeführten Näherungen

$$L_S < L/80$$

und daraus folgt:

$$L_1\,(1-k^2) < k^2\,L_1\,/\,80.$$

Dabei ist k der Koppelfaktor und $(1-k^2) = \sigma$ die Streuung. Löst man unter Berücksichtigung der vorherigen Resultate nach dem Koppelfaktor (k) auf, dann ergibt sich:

$$k^2 > 80/81 = 0{,}9877, \quad k > 99{,}38\,\%,$$

$$\sigma < 1{,}23\,\%\;. \tag{4.16}$$

Schlußfolgerungen: Gleichung (4.16) ist nun ein entscheidendes Dimensionierungskriterium, das nur aufgrund der Bedingungen für die Rücktransformation erhalten wurde, ohne letztere ausgeführt zu haben. Es besagt:

- Um derart geringe Streuungen zu erreichen, sind geschlossene Ringkerntransformatoren zu verwenden.
- Aus der Ungleichung (4.14) folgt, daß besonderes Augenmerk auf die Wicklungskapazitäten zu richten ist, d.h. diese müssen besonders klein gehalten werden, was durch geeignete Wicklungsformen zu erreichen ist.
- Eine große Induktivitätszeitkonstante bedeutet, daß eine große Induktivität bei kleinem Verlustwiderstand erreicht werden muß. Es sind also Ferrite großer Permeabilität zu verwenden.

Damit sind alle wesentlichen Aussagen zur Realisierung von Breitbandtransformatoren gemacht. Sie werden in Form der Ringkerntransformatoren am besten verwirklicht.

4.3.2.2 Der Ringkerntransformator [4]

Die Wickel dieser Tranformatoren werden meist auf Ring-, Rohr- oder Mehrlochkernen realisiert. Das Kernmaterial besteht aus Feritten, die für bestimmte Frequenzen optimiert sind. Sie haben aus den zuvor bewiesenen Gründen eine hohe Anfangspermeabilität und einen großen Induktivitätsfaktor (A_L). Es können bei sorgfältiger Dimensionierung und sorgfältigem Aufbau geringe Einfügedämpfungen (A_i) erreicht werden (Werte kleiner 1 dB sind üblich).

Im hochfrequenten Bereich spielen Leitungen als Verbindungselemente eine entscheidende Rolle. Um ein Maß für etwaige Reflexionen und damit Fehlanpassungen zu bekommen, wird hier schon der Begriff des Stehwellenverhältnisses eingeführt, obwohl seine ausführliche Behandlung dem Abschn. 3 (Leitungstechnik) in Band 3 vorbehalten bleibt. Auf Leitungen bilden sich bei Fehlanpassung stehende Wellen aus. Das sog. Stehwellenverhältnis (s) ist folgendermaßen definiert:

$$s = U_{max}/U_{min}$$

Es stellt ein Maß für die Reflexionen dar. Im Falle der Anpassung wird das Stehwellenverhältnis 1. Mit den nachfolgend gezeigten Beispielen sind Stehwellenverhältnisse von $s < 1,25$ durchaus zu realisieren.

Beispiele und Bemessungshilfen für Ringkerntransformatoren: Die im folgenden dargestellten wenigen Beispiele sollen nur eine Vorstellung von diesen Bauelementen liefern. Wer darüber nähere Informationen benötigt, wird auf [3] verwiesen, aus dem auch die Beispiele entnommen sind. Folgende Bemessungshilfen sind allgemeingültig:

Standardbemessung: $(s \leq 1,25)$ $L_R = \dfrac{4\,R}{\omega_{min}}$,

$(s \leq 1,10)$ $L_R = \dfrac{10\,R}{\omega_{min}}$.

Übersetzungsverhältnis: $ü = \dfrac{N_1}{N_2} = \sqrt{\dfrac{R}{R'}} = \sqrt{\dfrac{L_R}{L_R'}}$.

Die Induktivität ergibt sich in bekannter Weise aus dem A_L-Wert zu:

$$L = N^2\,A_L .$$

Ein erstes, einfaches Beispiel wird in Abb. 4.13 gezeigt.

Ein weiteres Beispiel (Abb. 4.14) beinhaltet einen Ringkerntrafo ohne Phasenumkehr.

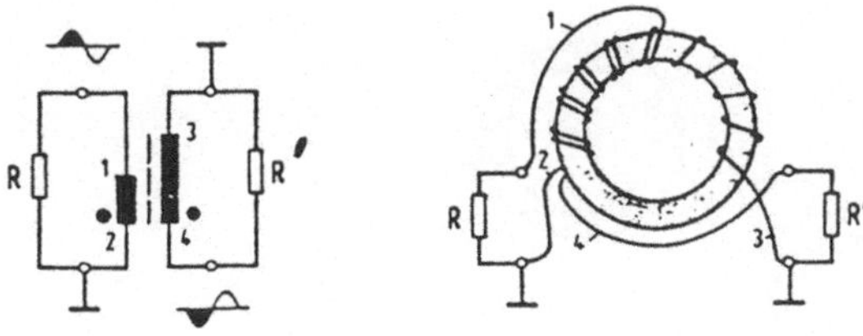

Abb. 4.13 Schaltung und Ringkernwickelschema eines einfachen Übertragers

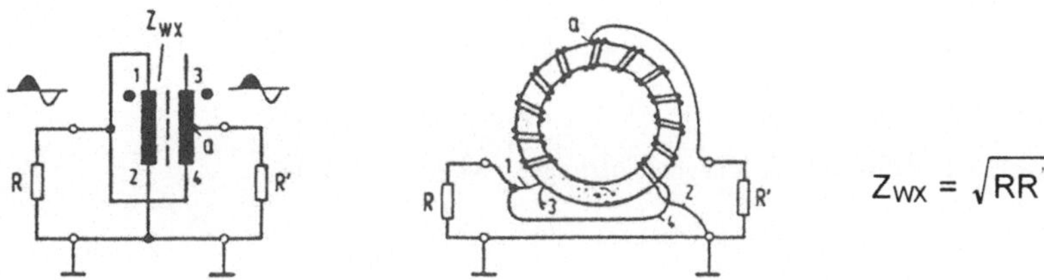

$$Z_{WX} = \sqrt{RR'}$$

Abb. 4.14 Schaltung und Ringkernwickelschema ohne Phasenumkehr

Baluntransformatoren haben die Aufgabe, vorrangig den Übergang von erdunsymmetrischen zu erdsymmetrischen Schaltungen und umgekehrt zu realisieren (Abb. 4.15).

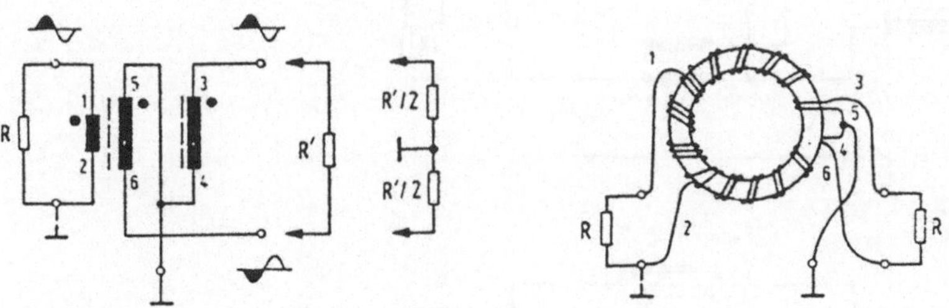

Abb. 4.15 Schaltung und Ringkernwickelschema eines Baluns

Es folgen noch zwei Beispiele für Leitungsübertrager, für die der Leitungswellenwiderstand (Z_W) wie folgt berechnet wird:

$$Z_W = \sqrt{R_1 R_2} \; ,$$

Mit den Leitungstransformatoren können vom Prinzip her nur Übersetzungsraten im Quadrat natürlicher Zahlen (1:1; 1:4; 1:9 usw.) realisiert werden. Bandbreiten von bis zu 10 Oktaven bei Impedanzen $\leq 500 \ \Omega$ sind machbar.

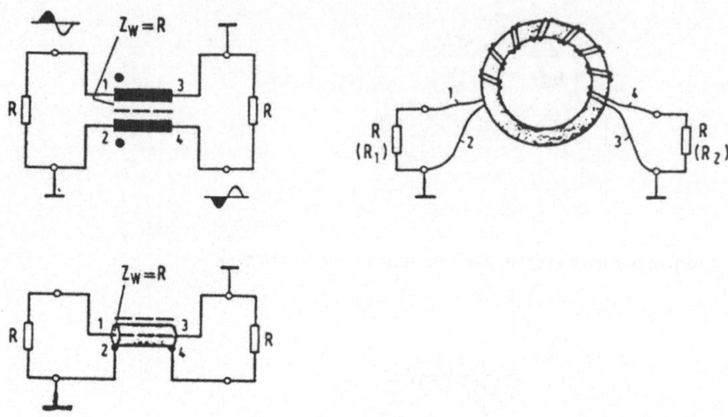

Abb. 4.16 Schaltung und Wickelschema von Übertragern mit Phasenumkehr

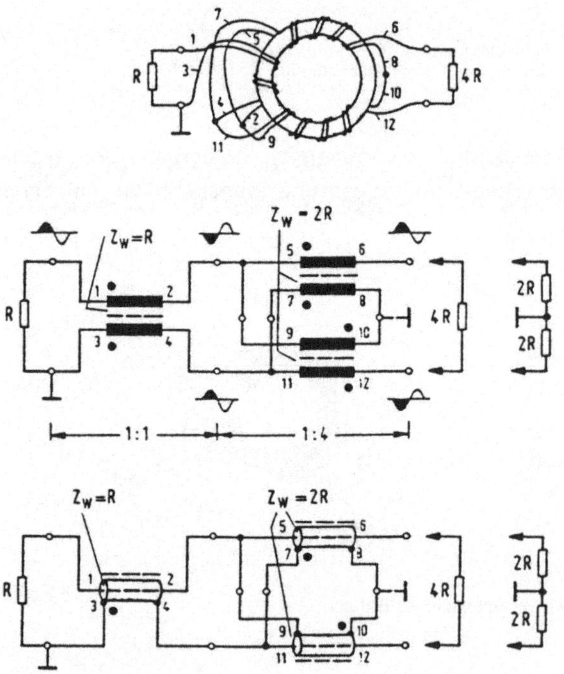

Abb. 4.17 Schaltung und Wickelschema von Leitungs-Baluns

4.4 Übungen

Da es sich bei dem übungsfähigen Stoff nur um sehr einfache Berechnungsgrundlagen handelt, soll auf Beispiele verzichtet werden. Zur Eigenkontrolle werden lediglich einige Aufgaben gestellt.

Aufgabe 4.1 Zur Abb. 4.2 sollen alle zur Dimensionierung notwendigen Widerstände berechnet werden, außerdem ist die Ausgangsspannung sowie die Dämpfung in dB anzugeben. Es soll ein Generatorwiderstand von 50 Ω an einen Verbraucher von 110 Ω angepaßt werden. $U_1 = 10$ V!
Lösung:
$R_1 = 65,5\ \Omega$, $R_2 = 91,7\ \Omega$ symmetrischer Fall,
$R_1 = 65,5\ \Omega$, $R_3 = 31,7\ \Omega$, $R_4 = 60,0\ \Omega$ unsymmetrischer
Fall und $U_a = 5,7$ V, $U_a/U_e = -4,9$ dB.

Aufgabe 4.2 Für den Fall, daß $Z_G = 50\ \Omega$ und $Z_V = 120\ \Omega$ beträgt, soll zur Schaltungstopologie der Abb. 4.4 das Anpassungsnetzwerk berechnet werden. Dazu ist die zugelassene Dämpfung zu wählen, in diesem Falle wird a = 2 angenommen, d.h. -6 dB.
Lösung:
$R_3 = 55,8\ \Omega$, $R_2 = 92,2\ \Omega$, $R_1 = 5,9\ \Omega$. Nicht jede Kombination von Werten liefert realisierbare Ergebnisse. Zum Beispiel: $Z_G = 120\ \Omega$, $Z_V = 50\ \Omega$, a = 2, $R_3 = 300\ \Omega$, $R_2 = -100\ \Omega$. Für diesen Fall muß man eine neue Kombination wählen.

Aufgabe 4.3 Für die π-Gliedschaltung sind unter Vorgabe folgender Werte Anpassungswiderstände zu berechnen. a = 5 (-14 dB), $Z_G = 120\ \Omega$; $Z_V = 50\ \Omega$.
Lösung:
$R_1 = 1336,7\ \Omega$; $R_2 = 127,1\ \Omega$; $R_3 = 78,4\ \Omega$.

Aufgabe 4.4 Ein Collins-Filter soll die Anpassung des Senders mit einem Innenwiderstand von 1200 Ω an den Antennenwiderstand von 75 Ω gewährleisten. Für die erforderliche Güte wird ein Wert Q = 15 gewählt; der Sender arbeitet auf einer Frequenz von 27 MHz im Kurzwellenband.
Lösung:
$C_1 = 117$ pF, $C_2 = 470$ pF, L = 0,368 μH.

5 Kleinsignalverhalten von Transistoren in Emitterschaltung

Es werden im weitesten Sinne die Grundlagen für die Verstärkerberechnung gelegt. Dazu ist der Zusammenhang zwischen dem vom Hersteller der aktiven Bauelemente angegebenen Kennlinienfeld und den h-Parametern darzustellen. Anschließend werden die Aussteuergrenzen im Kennlinienfeld charakterisiert und es wird eine erste Leistungsbilanz gezogen. Wichtig ist der Zusammenhang zwischen der dynamischen Ansteuerung des Transistors und die daraus resultierende Lageveränderung des Arbeitspunktes im Kennlinienfeld. Sie soll deutlich machen, wie Verzerrungen des Nutzsignals entstehen und wie man sie durch geeignete Arbeitspunktswahl vermindern kann. Dazu ist die Kenntnis der statischen und dynamischen Arbeitsgeraden im Kennlinienfeld erforderlich, über die informiert wird. Einen wesentlichen Teil der Betrachtungen wird die Untersuchung der Beeinflußbarkeit des Frequenzgangs in Anspruch nehmen. Im Zusammenhang mit der Anwendung der y-Parameter, d.h. der Verstärkerberechnung im hochfrequenten Bereich, werden das HF-Ersatzschaltbild nach Giacoletto diskutiert, es wird über das Miller-Theorem und seine Auswirkungen auf den Frequenzgang berichtet und es werden einige Bemerkungen zum Problem der Neutralisation von parasitären Blindelementen gemacht. Das Kapitel schließt mit den Berechnungsgrundlagen einiger ausgewählter Selektivverstärkerschaltungen.

5.1 NF-Anwendungen (h-Parameter)

Bei den folgenden Betrachtungen werden npn-Bipolartransistoren zugrunde gelegt, weil sie die am häufigsten eingesetzten, diskreten, aktiven Bauelemente sind. Man kann sie in drei unterschiedlichen Schaltungsvarianten betreiben, der Emitter-, der Basis- und der Kollektorschaltung. Die erste Variante ist in Abb. 5.1 dargestellt.

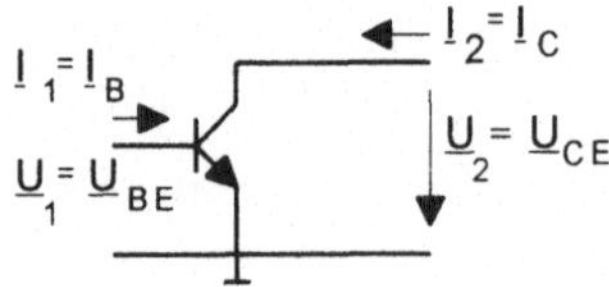

Abb. 5.1. Die Emittergrundschaltung

Die Emittergrundschaltung ist dadurch gekennzeichnet, daß die Emitterelektrode dynamisch dem Ein- und Ausgang gemeinsam zugeordnet ist. Weitere Grundschaltungen sind die Basis- und die Kollektorschaltung. Bei diesen Stufen ist die dynamisch gemeinsame Elektrode im Fall der Basisschaltung die Basiselektrode und im Fall der Kollektorschaltung die Kollektorelektrode. Diese drei Schaltungen haben unterschiedliche Eigenschaften, die in Tabelle 5.1 verbal gegenübergestellt werden; dabei sind die Begriffe *groß*, *mittel* und *klein* nur im Vergleich der Schaltungen untereinander sinnvoll.

Tabelle 5.1. Vergleich der Eigenschaften der drei Grundschaltungen

Größe	Basisschaltung	Emitterschaltung	Kollektorschaltung
$\underline{Z}_1$	klein	mittel	groß
$\underline{Z}_2$	groß	mittel	klein
$\underline{V}_u$	groß	groß	< 1 (nahe 1)
$\underline{V}_i$	< 1 (nahe 1)	groß	groß
$; \varphi_u$	0°	180°	0°
$; \varphi_i$	180°	0°	180°
V_P	mittel	groß	mittel

5.1.1 Kennlinienfeld in Emitterschaltung

Ausgangspunkt der folgenden Betrachtungen ist Abb. 5.1 zusammen mit den Vierpolgleichungen für die h-Parameter.

$$\underline{u}_1 = h_{11}\, \underline{i}_1 + h_{12}\, \underline{u}_2$$

$$\underline{i}_2 = h_{21}\, \underline{i}_1 + h_{22}\, \underline{u}_2$$

Entsprechend den Zuordnungen im Abb. 5.1 können also folgende funktionelle Abhängigkeiten festgestellt werden:

$$\underline{U}_{BE} = f\,(\underline{I}_B\,,\,\underline{U}_{CE}),$$

$$\underline{I}_C \ \ = f\,(\underline{I}_B\,,\,\underline{U}_{CE}).$$

Man erkennt aus den beiden Funktionen, daß $\underline{U}_{BE}$ und $\underline{I}_C$ je zwei einparametrige Kurven liefern:

$$\underline{U}_{BE} = f(\underline{I}_B) \quad \text{mit } \underline{U}_{CE} \text{ als Parameter} \qquad \text{(III. Quadrant)}$$

$$\underline{I}_C = f(\underline{U}_{CE}) \quad \text{mit } \underline{I}_B \text{ als Parameter} \qquad \text{(I. Quadrant)}$$

Ein exemplarisches Kennlinienfeld ist in der Abb. 5.2 dargestellt. Im oberen Teil des Bildes ist das komplette Kennlinienfeld wiedergegeben, im unteren Teil der Darstellung ist ein vereinfachtes Kennlinienfeld für einen bestimmten Arbeitspunkt gezeichnet, um die Bedeutung der h-Parameter daran demonstrieren zu können.

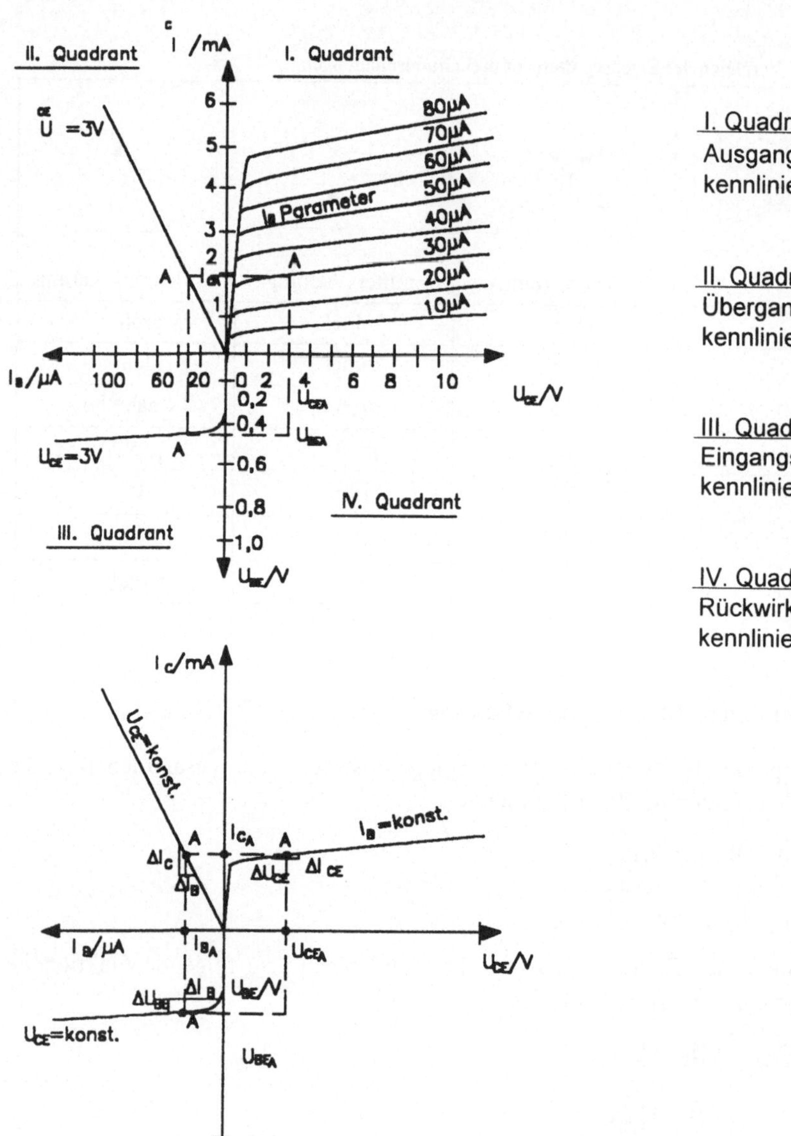

Abb. 5.2 Kennlinienfelder für die Emitterschaltung

Die Festlegung des *Arbeitspunkts* erfolgt nach folgenden Gesichtspunkten:

- Nach Herstellerangaben,
- oder zur Erzielung eines geringen Rauschens wählt man einen kleinen Kollektorstrom,
- oder zur Erzielung einer möglichst großen Linearität wählt man einen großen Kollektorstrom.

Wie aus den wenigen Anstrichen bereits zu erkennen ist, erfordert die Festlegung des Arbeitspunktes immer einen Kompromiß, denn im grunde wäre die Erfüllung beider Forderungen, geringes Rauschen und große Linearität, wünschenswert, jedoch widersprechen sich ihre Erfüllungsbedingungen. Im Abschn. 3, Band 2 (Signalverzerrungen) werden das Rauschen und die nichtlinearen Verzerrungen untersucht und es werden Bedingungen zur Arbeitspunktwahl abgeleitet.

Um die Bedeutung und die Werte der h-Parameter aus dem Kennlinienfeld ablesen zu können, müssen $\underline{U}_{BE}$ und $\underline{I}_C$ in eine Taylor-Reihe entwickelt werden, das bedeutet, es werden kleine, dynamische Lageänderungen des Arbeitspunkts um seine statische Grundeinstellung angenommen. Die Eingangsspannungen und -ströme setzen sich wie folgt zusammen:

$$u_{BE} = U_{BEA} + \Delta U_{BE} \quad \text{(Gleichsp. (U_{BE}) im Arbeitspkt.+ Änderung)},$$

$$i_C = I_{CA} + \Delta I_C \quad \text{(Gleichstr. (I_C) im Arbeitspkt. + Änderung)}.$$

Da die Basisemitterspannung eine Funktion des Basisstroms und der Kollektoremitterspannung war, erhält man für die Taylor-Reihe folgende Differentialgleichung:

$$u_{BE} = U_{BEA} + \frac{\partial U_{BE}}{\partial I_B}\Delta I_B + \frac{\partial U_{BE}}{\partial U_{CE}}\Delta U_{CE} + \quad \text{(Anteile höherer Ordnung)}$$

$$+ \frac{1}{2!}\left[\frac{\partial^2 U_{BE}}{\partial I_B^2}\Delta I_B^2 + \frac{\partial^2 U_{BE}}{\partial U_{CE}^2}\Delta U_{CE}^2 + 2\frac{\partial^2 U_{BE}}{\partial I_B \partial U_{CE}}\Delta I_B \Delta U_{CE} \right] + \dots$$

Analog erhält man für den Kollektorstrom:

$$i_C = I_{CA} + \frac{\partial I_C}{\partial I_B}\Delta I_B + \frac{\partial I_C}{\partial U_{CE}}\Delta U_{CE} + \quad \text{(Anteile höherer Ordnung)}$$

$$+ \frac{1}{2!}\left[\frac{\partial^2 I_C}{\partial I_B^2}\Delta I_B^2 + \frac{\partial^2 I_C}{\partial U_{CE}^2}\Delta U_{CE}^2 + 2\frac{\partial^2 I_C}{\partial I_B \partial U_{CE}}\Delta I_B \Delta U_{CE} \right] \dots$$

Nimmt man so kleine Änderungen Δ an, daß die Kennlinie in diesem Bereich noch als linear gelten kann, dann können alle quadratischen Terme und solche höherer Ordnung vernachlässigt werden.

Das ist eine fundamentale Festlegung, denn sie setzt eine lineare Kennlinie voraus und alle praktischen Abweichungen davon führen unweigerlich zu Signalverzerrungen.

Man erhält unter der gemachten Voraussetzung:

$$\Delta U_{BE} \approx \frac{\partial U_{BE}}{\partial I_B}\bigg|_A \Delta I_B + \frac{\partial U_{BE}}{\partial U_{CE}}\bigg|_A \Delta U_{CE} ,$$

$$\Delta I_C \approx \frac{\partial I_C}{\partial I_B}\bigg|_A \Delta I_B + \frac{\partial I_C}{\partial U_{CE}}\bigg|_A \Delta U_{CE} .$$

$$(5.1)$$

Die Ableitungen (Anstiege) gelten jeweils im Arbeitspunkt. Vergleicht man den Formelsatz (5.1) mit den Vierpolgleichungen

$$\underline{u}_1 = h_{11}\,\underline{i}_1 + h_{12}\,\underline{u}_2$$

$$\underline{i}_2 = h_{21}\,\underline{i}_1 + h_{22}\,\underline{u}_2$$

und interpretiert die Änderungen als den Effektivwert der Wechselspannungen, so findet man folgenden Zusammenhang:

- $h_{11} = \dfrac{\partial U_{BE}}{\partial I_B}\bigg|_A$ Anstieg im Eingangskennlinienfeld (III. Quadrant), $\qquad$ (5.2)

- $h_{12} = \dfrac{\partial U_{BE}}{\partial U_{CE}}\bigg|_A$ Anstieg im Rückwirkungskennlinienfeld (IV. Quadrant) $\qquad$ (5.3)

- $h_{21} = \dfrac{\partial I_C}{\partial I_B}\bigg|_A$ Anstieg im Übergangskennlinienfeld (II. Quadrant), $\qquad$ (5.4)

- $h_{22} = \dfrac{\partial I_C}{\partial U_{CE}}\bigg|_A$ Anstieg im Ausgangskennlinienfeld (I. Quadrant). $\qquad$ (5.5)

Die Gln. (5.2) bis (5.5) stellen den grundlegenden Zusammenhang zwischen den Vierpolparametern h_{ik} und dem Kennlinienfeld dar. Aus ihrem Quotienten kann man die Bedeutung des Parameters und aus dem Anstieg im Kennlinienfeld seinen Zahlenwert ablesen. Somit bedeuten:

- h_{11} dynamischer Eingangswiderstand,
- h_{12} Spannungsrückwirkungen,
- h_{21} Kurzschlußstromverstärkung und
- h_{22} dynamischer Ausgangsleitwert.

Faßt man diese Erkenntnisse unter Beachtung der Vierpolgleichungen (als zwei Maschengleichungen) zusammen, dann erhält man die in Abb. 5.3 dargestellte Ersatzschaltung:

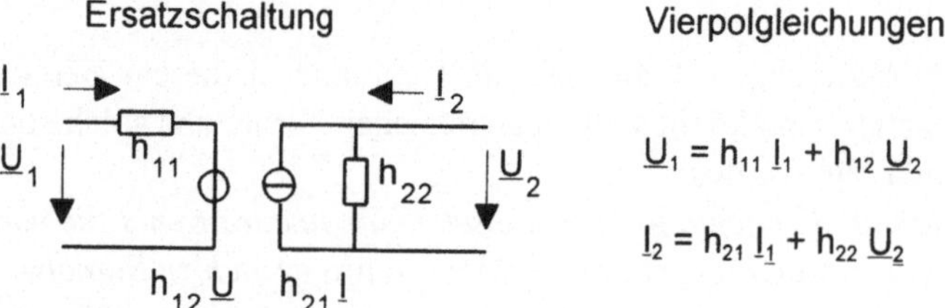

Abb. 5.3 Transistorersatzschaltbild

Die Ströme und Spannungen der Vierpolgleichungen sind als Effektivwerte von Wechselgrößen zu interpretieren. Entsprechend den Gln. (3.13) bis (3.16) ergaben sich:

$$\underline{V}_i = \frac{h_{21}}{1 + h_{22}\underline{Z}_L}\,, \qquad \underline{Z}_1 = \frac{h_{11} + \Delta h \underline{Z}_L}{1 + h_{22}\underline{Z}_L}\,,$$

$$\underline{V}_u = -\frac{h_{21}\underline{Z}_L}{h_{11} + \Delta h \underline{Z}_L} \quad \text{und} \quad \underline{Z}_2 = \frac{\underline{Z}_Q + h_{11}}{\Delta h + h_{22}\underline{Z}_Q}\,.$$

Im folgenden werden noch einige häufig anwendbare Näherungen angegeben, die sich der Leser aber jederzeit selbst ableiten kann:

$$\text{wenn}\ \ \Delta h \ll 1 \quad \text{dann folgt} \quad \underline{V}_u \approx -\frac{h_{21}}{h_{11}}\underline{Z}_L\,,$$

$$\text{wenn}\ \ h_{12} \le 5 \cdot 10^{-4}\ \text{dann folgt}\ \underline{Z}_1 \approx h_{11} \quad \text{und}\quad \underline{Z}_2 \approx \frac{1}{h_{22}}\,,$$

$$\text{außerdem gilt noch}\quad \underline{Z}_1 \approx \frac{U_T}{I_C} h_{21}\quad \text{mit } U_T = 27\ \text{mV bei 20 °C (Ge, Si).}$$

Eigenschaften der h-Parameter für Transistoren:

- Die h-Parameter für Transistoren sind stark arbeitspunktabhängig, da ein bestimmter Wert des Anstiegs bei gekrümmter Kennlinie nur in *einem* dazugehörigen Arbeitspunkt erreicht wird.
- Die h-Parameter gelten nur für Aussteuerungen im linearen Kennlinienbereich (es sind sog. Kleinsignalparameter), das war die Bedingung für die Zulässigkeit des Abbruchs der Taylor-Reihenentwicklung.
- Die h-Parameter sind nur solange anwendbar, wie Transistorblindelemente vernachlässigbar sind, d.h. für Frequenzen kleiner oder gleich 100 kHz (u. U. bis 500 kHz).
- Die h-Parameter sind temperaturabhängig.

5.1.2 Statische Grundschaltung, Aussteuerung, Leistungsbilanz

Die statische Grundschaltung, die für die Einstellung des Arbeitspunkts verantwortlich ist, könnte die Gestalt gemäß Abb. 5.4 annehmen (wenn hier in der Möglichkeitsform gesprochen wird, dann deshalb, weil auch andere Varianten denkbar sind):

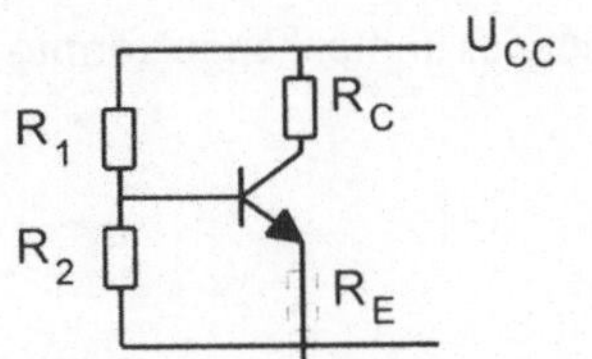

R₁ , R₂ : Basisspannungsteiler

R_C :   Kollektorwiderstand

R_E :   Emitterwiderstand

Abb. 5.4 Statische Grundschaltung

Statische Lastgerade: Für die spätere dynamische Berechnung ist die Kenntnis der statischen Arbeitsgeraden (Lastgeraden) erforderlich, sie wird folgendermaßen ermittelt. Es werden im Kennlinienfeld zwei ausgezeichnete Arbeitszustände des Transistors gewählt und ihre Kennlinienpunkte miteinander verbunden:

Zustand 1: $I_C = 0$ und $U_{CE} = U_{CC}$ (Betriebsspannung), Transistor gesperrt,
Zustand 2: $I_{C\,max} = U_{CC}/R_C$ und $U_{CE} = 0$, Transistor vollständig leitend.

Die so entstandenen Punkte im Kennlinienfeld werden miteinander verbunden und stellen die statische Lastgerade dar. Bei Vorhandensein eines Emitterwiderstands ist R_C durch $(R_C + R_E)$ zu ersetzen.

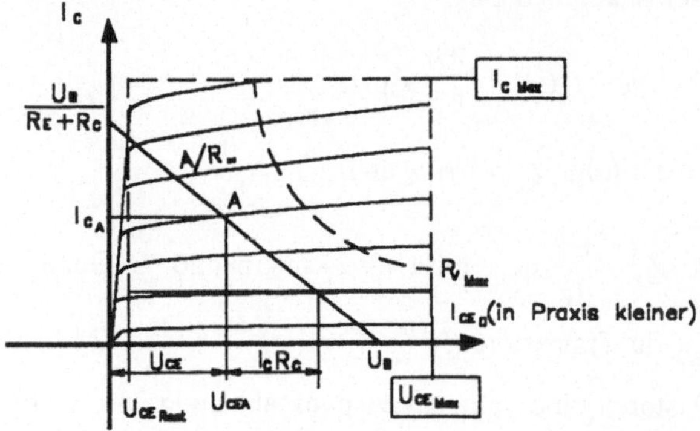

Abb. 5.5 Ausgangskennlinienfeld, Aussteuerungsgrenzen. **Beachte!** $I_{C\,Max}$ Herstellerangaben, $I_{C\,max}$ Dimensionierungsgröße, $U_{CE\,Max}$ Herstellerangabe, R Gleichstromarbeitswiderstand

Es gelten ferner:

$$U_{CE} \approx U_{CC} - I_C R_C \qquad \text{bei fehlendem Emitterwiderstand,}$$

$$U_{CE} \approx U_{CC} - I_C (R_C + R_E) \qquad \text{bei vorhandenem Emitterwiderstand.}$$

Man erkennt in Abb. 5.5 folgende Aussteuerungsgrenzen:

- Stromaussteuerungsgrenze $\left| I_{CEo} + \hat{I} \right| \leq \left| I_{C_A} \right| \leq \left| I_{C\,max} - \hat{I} \right|$,

- Spannungsaussteuerungsgrenz $\left| U_{CE\,Rest} + \hat{U}_{CE} \right| \leq \left| U_{CEA} \right| \leq \left| U_{CE\,max} - \hat{U}_{CE} \right|$,

- Leistungsaussteuerungsgrenze $P_C = \left| U_{CEA} \right| \left| I_{CA} \right| \leq P_{C\,Max}$.

Die Leistungsbilanz ergibt Abb. 5.6. $\underline{Z}_L$ ist die dynamische Lastgerade, ihre Ermittlung wird etwas später behandelt.

Aus Abb. 5.6 lassen sich folgende charakteristische Zusammenhänge formulieren:

- Kollektorverlustleistung: $P_C = \left| U_{CEA} \right| \left| I_{CA} \right| - P_{2\sim}$,

- Ausgangswechselleistung: $P_2 = \dfrac{\left| \hat{U}_2 \right|}{\sqrt{2}} \dfrac{\left| \hat{I}_2 \right|}{\sqrt{2}}$,

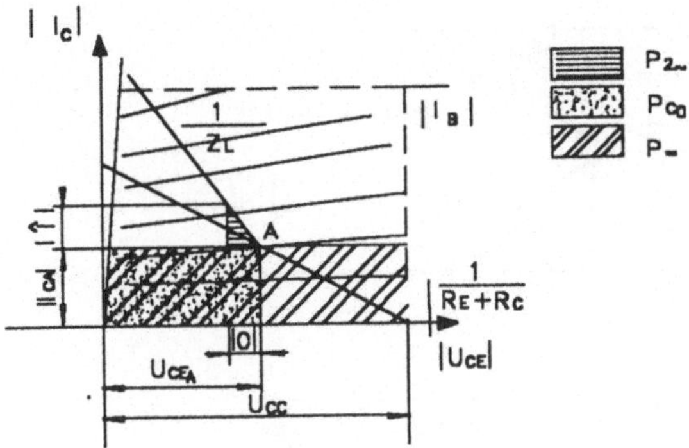

Abb. 5.6 Leistungsverhältnisse im Ausgangskennlinienfeld

- Aufgenommene Gleichleistung: $P_= = \mid U_{CC} \mid \mid I_{CA} \mid$ (der gesamten Schaltung),

- Wirkungsgrad: $\eta = \dfrac{P_{2\sim}}{\mid U_{CC} \mid \mid I_{CA} \mid}$ (der gesamten Schaltung),

- Wirkungsgrad: $\eta = \dfrac{P_{2\sim}}{\mid U_{CEA} \mid \mid I_{CA} \mid}$ (nur für den Transistor).

5.1.3 Dynamisches Verhalten der Grundverstärkerstufe in Emitterschaltung

Die am Transistor wirksamen Spannungen und Ströme setzen sich aus Gleichgrößen (Arbeitspunkteinstellung) und Wechselgrößen (Steuergrößen) zusammen. Entsprechend hat man folgende Verhältnisse an der Verstärkerstufe zu berücksichtigen (Abb. 5.7).

So wie an der Verstärkerstufe zwischen Gleich- und Wechselgrößen unterschieden wurde, muß das auch im Kennlinienfeld geschehen. Man erhält somit statische (Gleichstrom) und dynamische (Wechselstrom) Kenngrößen.

Gleichstromkenngrößen

Gleichstromeingangswiderstand

$$R_{BE} = \frac{U_{BEA}}{I_{BA}}$$

Gleichstromausgangswiderstand

$$R_{CE} = \frac{U_{CEA}}{I_{CA}}$$

Gleichstromverstärkung

$$B = \frac{I_{CA}}{I_{BA}}$$

Wechselstromkenngrößen

Kurzschlußeingangswiderstand

$$h_{11} = \left. \frac{\partial U_{BE}}{\partial I_{B}} \right|_{U_{CEA} = \text{konstant}}$$

Leerlaufausgangsleitwert

$$h_{22} = \left. \frac{\partial I_{C}}{\partial U_{CE}} \right|_{I_{BA} = \text{konstant}}$$

Kurzschlußstromverstärkung

$$h_{21} = \left. \frac{\partial I_{C}}{\partial I_{B}} \right|_{U_{CEA} = \text{konstant}}$$

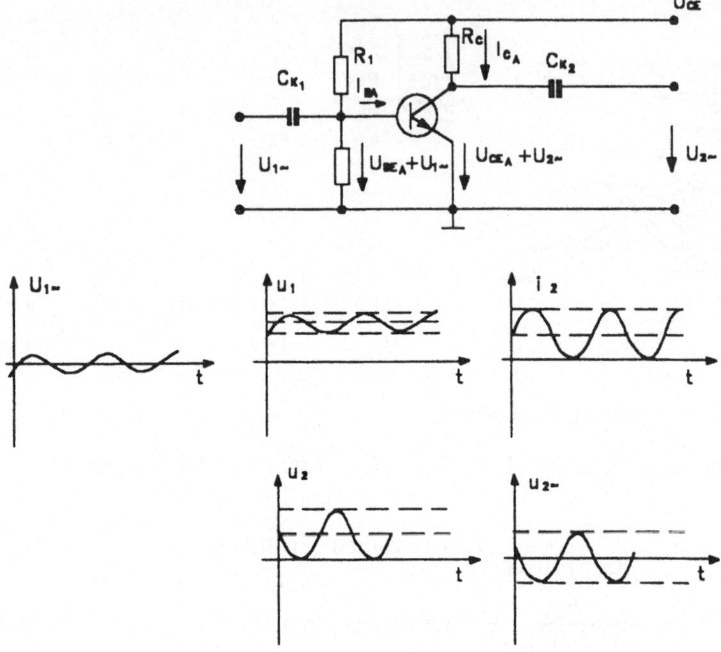

Abb. 5.7 Überlagerte Gleich- und Wechselgrößen an der Verstärkerstufe. $u_1 = U_{BEA} + U_{1\sim}$; $u_2 = U_{CEA} + U_{2\sim}$; $i_1 = I_{BA} + I_{1\sim}$; $i_2 = I_{CA} + I_{2\sim}$

Die dynamischen Verhältnisse sind zur Veranschaulichung für ein konkretes Beispiel im Abb. 5.8 dargestellt. Folgende Erkenntnisse kann man dem Kennlinienfeld entnehmen:

- Nachdem der Arbeitspunkt im 3. Quadranten festgelegt und anschließend in die anderen Quadranten übertragen wurde, kann eine Signalspannung angenommen und im Kennlinienfeld eingetragen werden (im angenommenen Beispiel 50 mV Spitzenspitzenspannung).
- Man kann nach Ermittlung der zugehörigen Ausgangsspannung eine 14fache Verstärkung feststellen, jedoch bei starken Verzerrungen (die negative Ausgangshalbwelle ist größer als die positive).
- Es ist auch die Phasendrehung von 180° der Ausgangsspannung gegenüber der Eingangsspannung zu erkennen (deshalb das Minuszeichen vor der Verstärkung).
- Hier liegt bereits ein unzulässiger Großsignalbetrieb vor. Man hätte also mit wesentlich kleinerer Eingangsspannung arbeiten müssen. Wie man trotz großer Eingangsamplitude relativ verzerrungsfrei arbeiten kann, wird im Abschn. 4 Bd. 2 Gegenkopplungen behandelt.
- Man kann nach Eintrag der vom Hersteller angegebenen Grenzdaten auch die Aussteuerung bzgl. der zulässigen Grenzen prüfen.

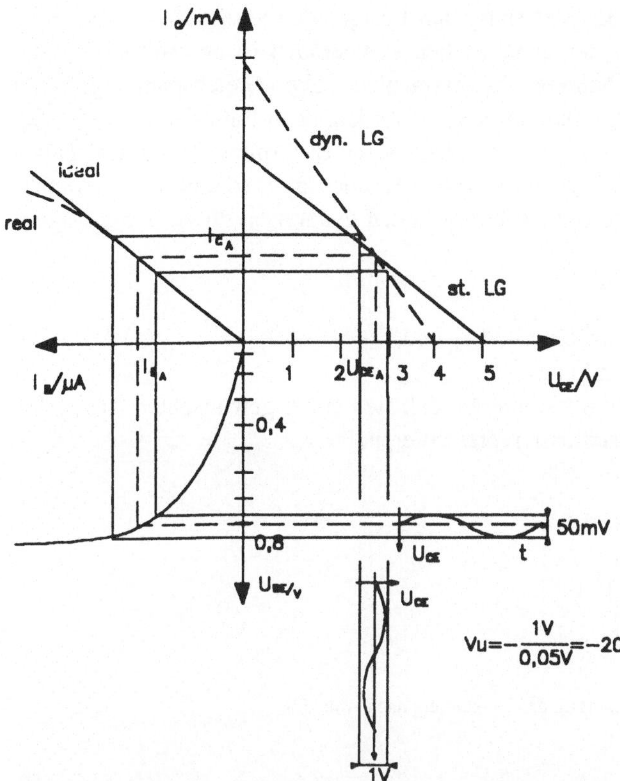

Abb.5.8 Dynamische Aussteuerungsverhältnisse im Kennlinienfeld

In den bisher benutzten Kennlinienfeldern war schon immer die dynamische Lastgerade eingetragen, obwohl ihre Bestimmung noch nicht behandelt worden ist, das soll nun nachgeholt werden.

Dynamische Lastgerade: Ausgangspunkt ist das Schaltbild eines kompletten, arbeitsfähigen Verstärkers in seiner einfachsten Form (Abb. 5.9).

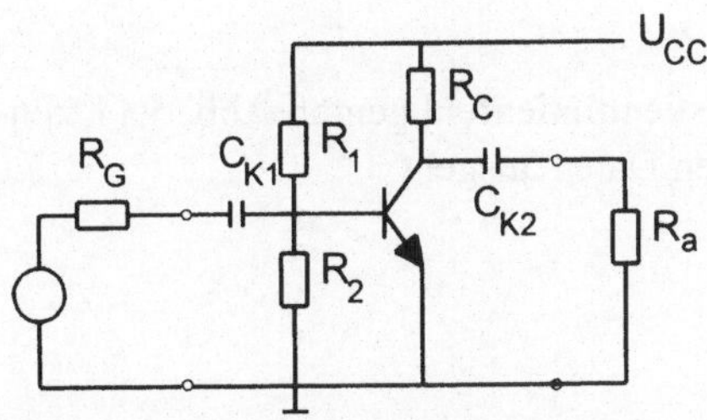

Abb. 5.9 Vollständige Verstärkerstufe

Bezüglich der Bestimmung der statischen Lastgeraden wird auf Abschn. 5.1.2 verwiesen. Zur Ermittlung der dynamischen Lastgeraden ist es erforderlich, die Wechselspannungsersatzschaltung zu betrachten. Die Gleichspannungsquelle kann als dynamischer Kurzschluß angesehen werden, denn Batterien haben i. allg. eine sehr große Kapazität und im Fall elektronischer Stromversorgungen haben diese am Ausgang zur Glättung einen großen Kondensator, so daß unsere Annahme in jedem Falle gerechtfertigt ist. Damit gelten dynamisch für Abb. 5.9 folgende Bedingungen:

- $R_1 \| R_2$ sowie $R_C \| R_a$,
- $R_B = R_1 \| R_2$ Basisspannungsteilerwiderstand,
- $R_L = R_C \| R_a$ Lastwiderstand und
- C_{K1} und C_{K2} sind so zu dimensionieren, daß sie bei der gewünschten Arbeitsfrequenz dynamische Kurzschlüsse repräsentieren.

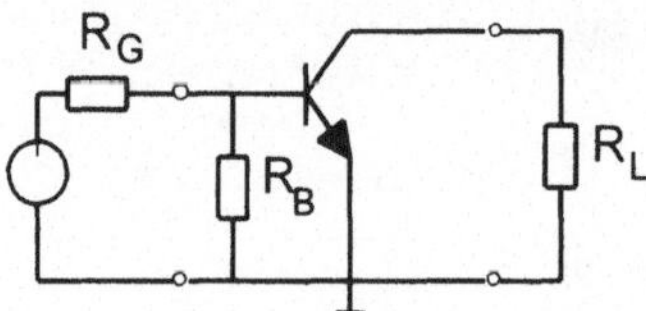

Abb. 5.10 Dynamische Ersatzschaltung des Verstärkers nach Abb. 5.9

Zur Bestimmung der dynamischen Lastgeraden fragt man danach, welche willkürlich angenommene Ausgangsspannung welchen Ausgangsstrom treiben kann. Für gewöhnlich wird bzgl. der Ausgangsspannung von 1V ausgegangen (nicht Bedingung). Die dynamische Lastgerade ist bekanntlich durch zwei Bestimmungsstücke festgelegt, z.B. durch einen Punkt und dem zugehörigen Anstieg. Aus leicht nachzuvollziehenden Gründen wird der Transistorarbeitspunkt als Anfangspunkt der dynamischen Lastgeraden gewählt. Damit ergeben sich folgende Verhältnisse:

- Anfangspunkt des Anstiegs: U_{CEA} und I_{CA} (Arbeitspunkt),

- Der Anstieg ergibt sich aus $\Delta I_{C\,eff} = \dfrac{\Delta U_{CE\,eff}}{R_L}$, $\Delta U_{CE\,eff} = 1$ V zu:

- $\dfrac{\Delta I_{C\,eff}}{\Delta U_{CE\,eff}} = \dfrac{1}{R}$.

Damit kann man das vereinfachte Ausgangskennlinienfeld gemäß Abb. 5.11 konstruieren, wenn man von den angenommenen Daten ausgeht.

Statisch ergibt sich:

$$I_{C\,max} = \frac{U_{CC}}{R_L} = 6 \text{ mA} ,$$

$$U_{CEA} = U_{CC} - U_{RC} = 12 \text{ V} - 2 \text{ mA} \cdot 2 \text{ k}\Omega = 8 \text{ V} .$$

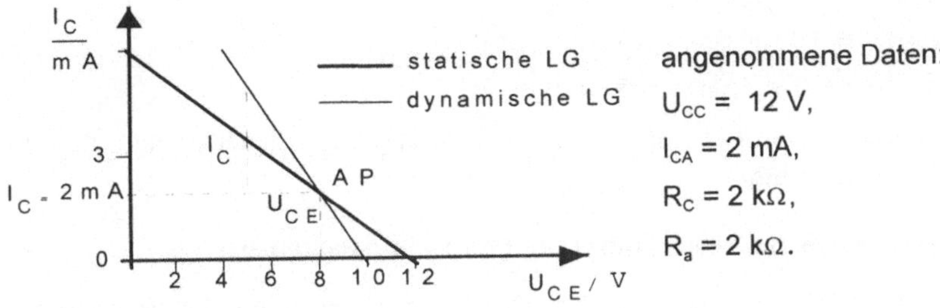

Abb. 5.11 Ausgangskennlinienfeld mit statischer und dynamischer Lastgeraden

Die statische Lastgerade geht also durch die Punkte $U_{CE}= 0$ V, $I_C= 6$ mA (Transistor leitend) und $U_{CE} = U_{CC} = 12$ V, $I_C = 0$ mA (Transistor gesperrt). Der Arbeitspunkt liegt dann bei $I_{C\,A} = 2$ mA und $U_{CE\,A} = 8$ V.

Dynamisch bekommt man:

$$\Delta I_C = \frac{1\ V}{1\ k\Omega} = 1\ mA,\ d.h.$$

1V Kollektoremitterspannung kann einen Kollektorstrom von 1 mA treiben. Damit liegt die dynamische Lastgerade fest, sie geht durch den Arbeitspunkt und hat einen Anstieg von 1mA/1V. Um die dynamische Lastgerade besser auftragen zu können, wurde der dreifache Wert gewählt, d.h. 3 mA für den Kollektorstrom und 3 V für die Kollektoremitterspannung; der Quotient und damit der Anstieg bleiben deswegen unverändert. Das ist auch der Grund, weshalb die Wahl der Kollektorwechselspannung zur Bestimmung der dynamischen Lastgeraden beliebig war und der Bequemlichkeit halber mit 1 V angenommen wurde. *Der Anstieg der dynamischen Lastgeraden hängt nur von R_L ab, nicht vom absoluten Spannungswert.*

5.1.4 Statische Dimensionierung bipolarer Transistoren in Emitterschaltung

Um die Berechnungsgrundlagen für Verstärker einigermaßen lückenlos darzustellen, werden hier einige statische Dimensionierungsregeln mitgeteilt. Es wird eine Beschränkung auf bipolare Transistoren vorgenommen. Die Berechnung unipolarer Transistoren zur Realisierung eines gewünschten Arbeitpunktes erfolgt nach analogen Formeln.

Die Aufgabe besteht in

- der Einstellung des gewählten Arbeitspunkts und in
- der Stabilisierung des Arbeitspunkts.

Die Lösung des Problems ergibt sich auf folgendem Wege: Im Ausgangskennlinienfeld wird durch die Größe von R_C die statische Lastgerade festgelegt (ggf. $R_C+ R_E$). Durch den Basisspannungsteiler oder den Basisvorwiderstand wird die Basisemitterspannung oder der Basisstrom festgelegt und damit auch der Arbeitspunkt.

Zusammengefaßt bedeutet das:

- R_C legt die statische Lastgerade fest (ggf. $R_C + R_E$).
- R_1 und R_2 oder R_V legen den Arbeitspunkt fest.

Dazu sind verschiedene Schaltungsvarianten möglich, von denen einige im folgenden behandelt werden.

5.1.4.1 Speisung mit Basisvorwiderstand (statische Stromspeisung)

Bei sehr großem Basisvorwiderstand (R_V) erhält man nahezu eine Konstantstromspeisung der Basis. Die Schaltung gibt Abb. 5.12 wieder.

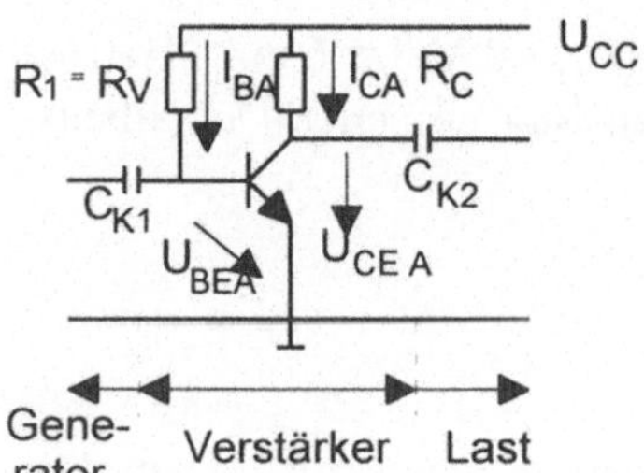

Abb. 5.12 Statische Grundschaltung-Stromspeisung

R_C legt bei gewähltem I_{CA} die Spannung U_{CEA} fest. R_V bestimmt den $I_{B\,A}$. Folgende Vorgaben sollen für alle statischen Dimensionierungen gemacht werden:

- U_{CEA} ; I_{CA} werden nach Herstellerangaben oder nach später zu erörternden Überlegungen vorgegeben.
- U_{BEA} soll für Siliziumgrundmaterial 0,7 V, für Germaniumgrundmaterial 0,2 V betragen.

Die Dimensionierungsgleichungen sind durch einfache Anwendung der Maschenregel unter Berücksichtigung der gemachten Vorgaben leicht abzuleiten.

$$R_1 = \frac{U_{CC} - U_{BEA}}{I_{BA}} \, , \quad R_C = \frac{U_{CC} - U_{CEA}}{I_{CA}} \, ,$$

U_{BEA} stellt sich weitestgehend selbständig ein. Durch Einführung einer Gegenkopplung kann der Arbeitspunkt bekanntlich stabilisiert werden. Im Beispiel der Abb. 5.13 erfolgt eine statische Spannungsgegenkopplung oder Gleichspannungsgegenkopplung:

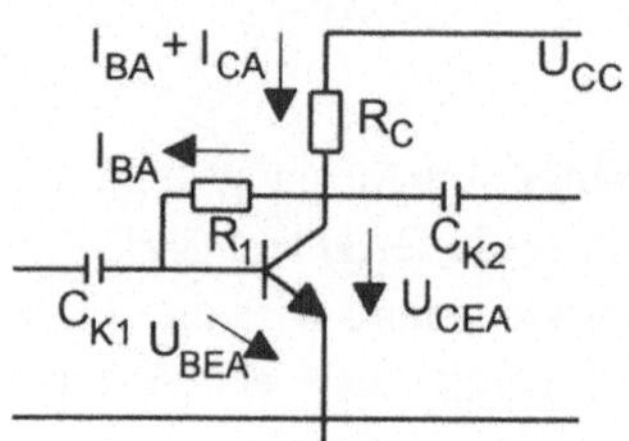

Abb. 5.13 Gleichspannungsgegenkopplung

Wenn nicht anders vorgegeben, dann wählt man i. allg. $U_{RC} \approx 0{,}2\ U_{CC}$. Damit erhält man die Dimensionierungsgleichungen:

$$R_1 = \frac{U_{CEA} - U_{BEA}}{I_{BA}},$$

$$R_C = \frac{U_{CC} - U_{CEA}}{I_{CA} + I_{BA}} \approx \frac{U_{CC} - U_{CEA}}{I_{CA}}.$$

Die Wirkungsweise der Gegenkopplung wird der Einfachheit halber in Form einer Kausalkette angegeben. Angenommen infolge äußerer Erwärmung steigt der Arbeitspunktkollektorstrom, dann ergeben sich folgende Veränderungen:

$$I_{CA} \uparrow \Rightarrow U_{RC} \uparrow \Rightarrow U_{CE} \downarrow \Rightarrow \text{anteilig } U_{BEA} \downarrow \Rightarrow I_{BA} \downarrow \Rightarrow I_{CA} \downarrow.$$

Die Ursache für den steigenden Kollektorstrom ist die äußere Erwärmung. Die Wirkung der Schaltung bedingt eine Abnahme des Kollektorstroms mit zunehmender Temperatur. Bei richtiger Dimensionierung heben sich beide Effekte gerade gegenseitig auf, was durch die Wahl der Spannung U_{RC} erreicht wird.

5.1.4.2 Speisung mit Basisspannungsteiler (statische Spannungsspeisung)

Es handelt sich bei der Schaltung nach Bild 5.14 um eine häufig angewandte Form, man kann sie getrost als Standardschaltung bezeichnen.

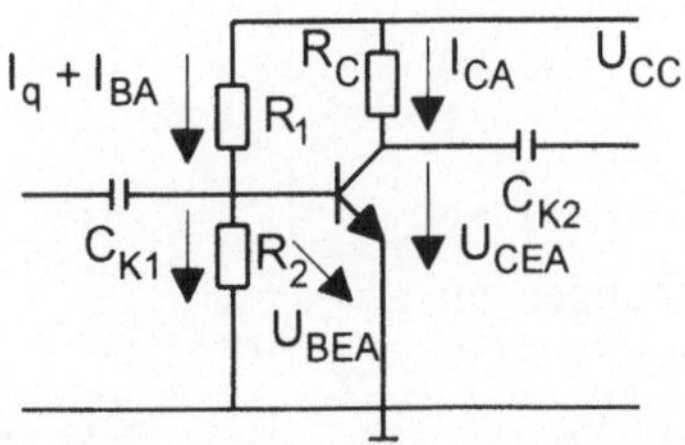

Abb. 5.14 Grundschaltung Spannungsspeisung

Zur Stabilisierung gegen Basisstromschwankungen durch Temperatureinfluß wählt man:

$$I_q \gg I_{BA} \quad \text{in praxi } I_q \approx (\,5 \dots 10\,)\, I_{BA}.$$

Eine Stabilisierung wird dadurch erreicht, daß Schwankungen des vergleichsweise kleinen Basisstromes I_{BA} kaum Einfluß auf den Gesamtstrom $I_q + I_{BA}$ haben. Es wird in Zukunft generell der Basisstrom gegenüber dem Emitterstrom vernachlässigt und dann ergibt die Anwendung der Maschenregel folgende Dimensionierungsgleichungen:

$$R_1 = \frac{U_{CC} - U_{BEA}}{I_q + I_{BA}}, \quad R_2 = \frac{U_{BEA}}{I_q}, \quad R_C = \frac{U_{CC} - U_{CEA}}{I_{CA}}.$$

Auch in der eben betrachteten Schaltung kann man eine zusätzliche Stabilisierung gegen Temperaturschwankungseinflüsse und h_{21}-Tolleranzen durch statische Stromgegenkopplung erreichen.

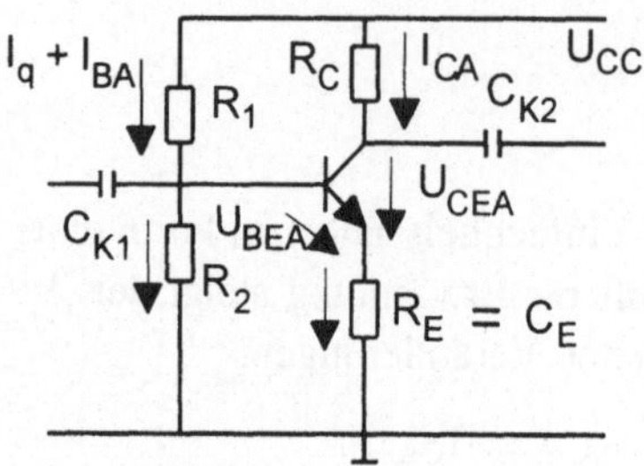

Abb. 5.15 Gleichstromgegenkopplung

Wirkung der statischen Stromgegenkoplung: Angenommen der Kollektorstrom steigt infolge steigender Umgebungstemperatur, dann folgt:

$I_C \uparrow \Rightarrow U_{RE} \uparrow \Rightarrow$ wenn U_{R2} = konst. (durch die Wahl von $I_q \gg I_{BA}$ ist das gewährleistet) $U_{BEA} \downarrow \Rightarrow I_{BA} \downarrow \Rightarrow I_C \downarrow$ d.h. der angenommene Kollektorstromanstieg infolge Temperaturanstieg wird durch die Wirkung der Stromgegenkopplung bei richtiger Dimensionierung kompensiert.

Zur Dimensionierung: in praxi wählt man U_{RE} = (0,5 .... 1,0) V oder für höhere Ansprüche

$$U_{RE} = 13\,(\vartheta_{a\,max} - \vartheta_{a\,min})\,\frac{mV}{grd} + 250\,mV.$$

Damit ergeben sich dann die Dimensionierungsgleichungen zu:

$$R_1 = \frac{U_{CC} - U_{BEA} - U_{RE}}{I_q + I_{BA}}, \quad R_2 = \frac{U_{BEA} + U_{RE}}{I_q},$$

$$R_C = \frac{U_{CC} - U_{CEA} - U_{RE}}{I_{CA}}, \quad R_E = \frac{U_{RE}}{I_{CA}}.$$

Man kann noch andere Stabilisierungen vorsehen, z.B. den Einsatz von Thermistoren an Stelle von R_1 oder R_2, oder in Reihe zu R_2 eine Diode in enger thermischer Kopplung mit dem Transistor. Auf diese Möglichkeiten wird im Rahmen vorliegender Betrachtungen nicht weiter eingegangen.

5.1.4.3 Kopplungsvarianten für mehrstufige Verstärker

Bei Untersuchungen mehrstufiger Verstärker müssen die einzelnen Stufen so gekoppelt werden, daß die Gleichstromarbeitspunkte dadurch nicht beeinträchtigt werden. In Abb. 5.16 sind einige grundsätzlich mögliche Kopplungsarten und ihre Eigenschaften tabellarisch zusammengestellt.

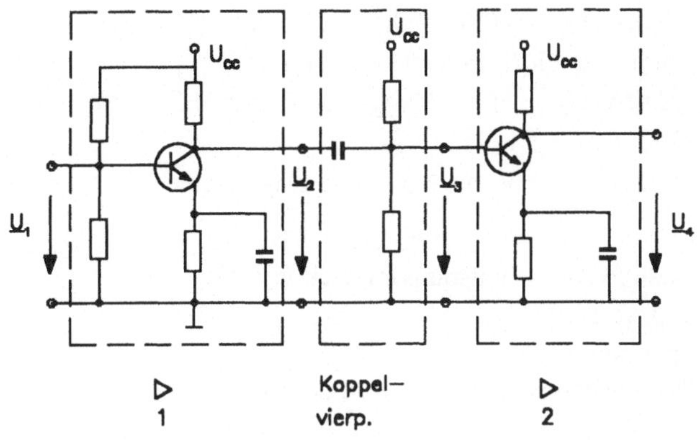

Koppelvierpole

Koppelvierpole können
die verschiedensten
Innenschaltungen haben –
nachfolgend einige
Möglichkeiten

Abb. 5.16a Darstellung der Koppelvierpole

Da die Schaltungen mit den in Abb. 5.16b dargestellten Frequenzgängen und den Anwendungshinweisen selbstkommentierend sind, kann auf weitere Erläuterungen verzichtet werden. Mit dem bisher behandelten Formalismus sind alle Voraussetzungen geschaffen, um einfache Verstärkerschaltungen berechnen zu können. Um alle Formeln im Zusammenhang darzustellen, werden im folgenden zwei Beispiele komplett durchgerechnet.

Koppelvierp.	Schaltung	Frequenzgang	Bemerkungen
RC–Kopplung			Hochpaß für Breitbandverst.
LC–Kopplung			Hochpaß wenig einsetzbar
Übertrager–Kopplung			Bandpaß Vorteil: galvanische Trennung
Bandfilter–Kopplung			Bandpaß Vorteil: steile Flanken Resonanzverst.

Abb. 5.16b Koppelvierpolvarianten

5.1.5 Berechnung von Breitbandverstärkern mit RC-Kopplung in Emitterschaltung bei Mittenfrequenz

Es ist ein zweistufiger RC-gekoppelter Breitbandverstärker in Emitterschaltung zu berechnen, dazu stehen folgende Daten zur Verfügung:

Stufe 1: $U_{CEA} = 5$ V; $I_{CA} = 2$ mA; $U_{BEA} = 0,62$ V; $h_{21} = 600$; $h_{11} = 8,7$ k Ω;

$h_{22} = 60$ µS; B = 500 (Gleichstromverstärkung); $I_q = 3\ I_{BA}$.

Stufe 2: $U_{CEA} = 5$ V; $I_{CA} = 2$ mA; $U_{BEA} = 0,62$ V; $h_{21} = 330$; $h_{11} = 4,5$ kΩ;

$h_{22} = 30$ µS; B = 290; $R_a = 1,5$ kΩ.

Für beide Stufen sollen gelten: $U_{RE} = 1$ V; $h_{12} < 5 \cdot 10^{-4}$; Kapazitäten $C_{K,E} \to \infty$

Die Aufgaben lauten:

- Berechnung aller Widerstände zur Arbeitspunkteinstellung,
- Berechnung der Spannungsverstärkung,
- Berechnung der Ausgangsspannung und
- Klärung der Frage, ob das Ausgangssignal formtreu oder verzerrt ist?

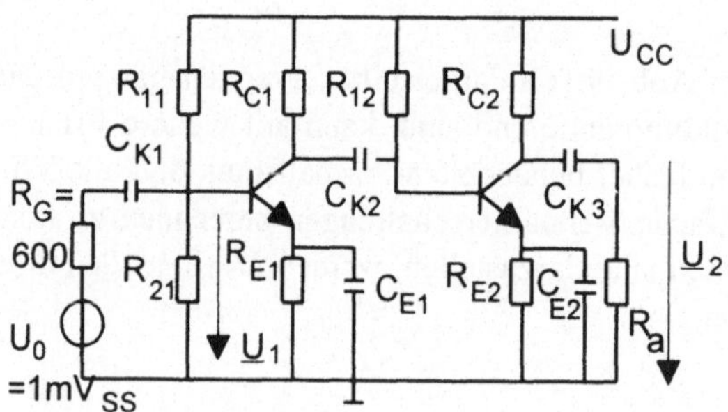

Abb. 5.17 Zweistufiger,RC-gekoppelter Breitbandverstärker

Lösung:
- Widerstände zur Arbeitspunkteinstellung

$$I_{BA!} = \frac{I_{CA\,1}}{B} = 4\mu A, \quad R_{11} = \frac{U_{CC} - U_{BEA} - U_{RE\,1}}{I_q + I_{BA}} = 461 \text{ k}\Omega \ ,$$

$$R_{21} = \frac{U_{BEA} + U_{RE\,1}}{I_q} = 135 \text{ k}\Omega \ , \quad R_{E\,1} = \frac{U_{RE\,1}}{I_{CA}} = 500 \ \Omega, \ I_{EA} \approx I_{CA} \ ,$$

$$R_{C\,1} = \frac{U_{CC} - U_{CEA} - U_{RE\,1}}{I_{CA}} = 1,5 \text{ k}\Omega \ , R_{12} = \frac{U_{CC} - U_{BEA} - U_{RE2}}{I_{BA}} = 1,07 \text{ M}\Omega,$$

$$R_{E2} = \frac{U_{RE2}}{I_{C2}} = 500 \ \Omega \ , \quad R_{C2} = \frac{U_{CC} - U_{CEA} - U_{RE2}}{I_{CA}} = 1,5 \text{ k}\Omega.$$

- Spannungsverstärkungsberechnung

Um die Betriebsverhältnisse berechnen zu können, ist zuvor das dynamische Ersatzschaltbild zu ermitteln, es wird in Abb. 5.18 angegeben. Da die Rückwirkungen äußerst gering sind, kann man sie vernachlässigen und erhält:

$$\Delta h_2 = h_{11\,2}\,h_{22\,2} = 0,135,$$

$$V_{u\,2} = -\frac{h_{21}Z_{L2}}{h_{11} + \Delta h_2 Z_{L2}} = -\frac{330\,(R_{C2} \mid\mid R_a)}{4,5\cdot10^3 + 0,135\,(R_{C2} \mid\mid R_a)} = -53,8,$$

$$Z_{12} = \frac{h_{11} + \Delta h_2\,Z_{L2}}{1 + h_{22}\,Z_{L2}} = 4,5\ \text{k}\Omega \quad (= h_{11}\,,\ \text{wegen}\ h_{12}\ \text{sehr klein}),$$

$$Z_{L1} = R_{C1} \mid\mid R_{12} \mid\mid Z_{12} = 1,5\ \text{k}\Omega \mid 1,07\ \text{M}\Omega \mid 4,5\ \text{k}\Omega \approx 1,13\ \text{k}\Omega,$$

$$\Delta h_1 = h_{11\ 1}\,h_{22\ 1} = 0,522,$$

$$\underline{V}_{u\,1} = -\frac{h_{21}\,Z_{L1}}{h_{11} + \Delta h_1\,Z_{L1}} = -72,6,$$

$$\underline{V}_{u\,\text{gesamt}} = \underline{V}_{u\,1}\,\underline{V}_{u\,2} = (-53,9)\,(-72,6) = 3904,$$

$$V_{u\,\text{gesamt}}/\text{dB} = 20\ \lg 3904 = 71,8.$$

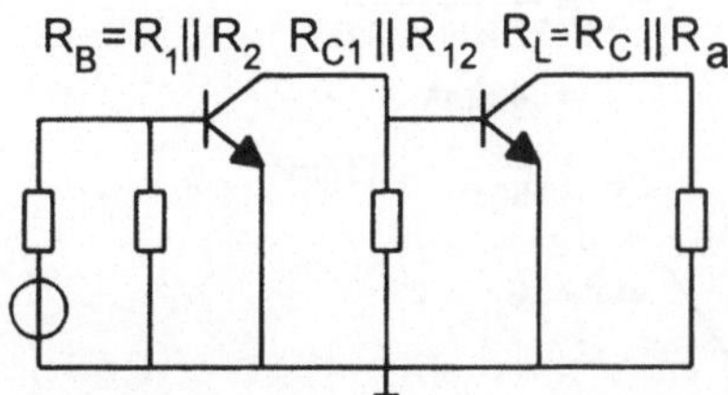

Abb. 5.18 Dynamische Ersatzschaltung des Verstärkers nach Abb. 5.17

- Ausgangsspannung
  Zur Berechnung der Ausgangsspannung muß der Eingangswiderstand der 2. Stufe bekannt sein, deshalb wird er zuerst berechnet.

$$Z_{11} = \frac{h_{11} + \Delta h_1\,Z_{L1}}{1 + h_{22}\,Z_{L1}} = 8,2\ \text{k}\Omega \quad (\approx h_{11} = 8,7\ \text{k}\Omega)\,,$$

$$\frac{U_1}{U_0} = \frac{R_{11} \mid \mid R_{21} \mid \mid Z_{11}}{R_G + R_{11} \mid \mid R_{21} \mid \mid Z_{11}} = 0,93$$

daraus erhält man:

$$U_{1\,\text{ss}} = U_{0\,\text{ss}}\ 0,93 = 0,93\ \text{mV}$$

und somit

$$U_{2\,\text{ss}} = U_{1\,\text{ss}}\,V_{u\,\text{gesamt}} = 3,6\ \text{V}.$$

Die Ergebnisse sind in Abb. 5.19 ausgewertet und zeigen:

- Es treten bereits starke Verzerrungen auf und
- die Übersteuerung beträgt mindestens 0,31 V.

Maßnahmen dagegen können sein:

- Einen anderen Arbeitspunkt wählen,
- die Verstärkung reduzieren,
- mit geringerer Steuerspannung arbeiten oder
- Anwendung von Gegenkopplungsmaßnahmen.

Ein weiteres Beispiel:
Der Transistor BC 107 B wird in einer Vorverstärkerstufe eingesetzt. Der Generator mit dem Innenwiderstand 1kΩ gibt eine Leerlaufspannung von 2 mV ab. Für den gewählten Arbeitspunkt gelten die folgenden Daten: (Zukünftig wird auf den Index A verzichtet, wenn die Bedeutung der Gleichspannungen eindeutig ist.) U_{CE} =5 V; I_C = 2 mA; und dafür ergeben die Datenblätter folgende h-Parameter: h_{11} = 4,5 kΩ; h_{21} = 330; h_{22} = 60 µS; $h_{12} \approx 0$ sowie B =150. Die Betriebsspannung beträgt 10 V, der Querstrom durch den Basisspannungsteiler ist 5 mal größer als der Basisstrom, das Ausgangssignal kann über einen Koppelkondensator am Arbeitswiderstand von 10 kΩ abgenommen werden.

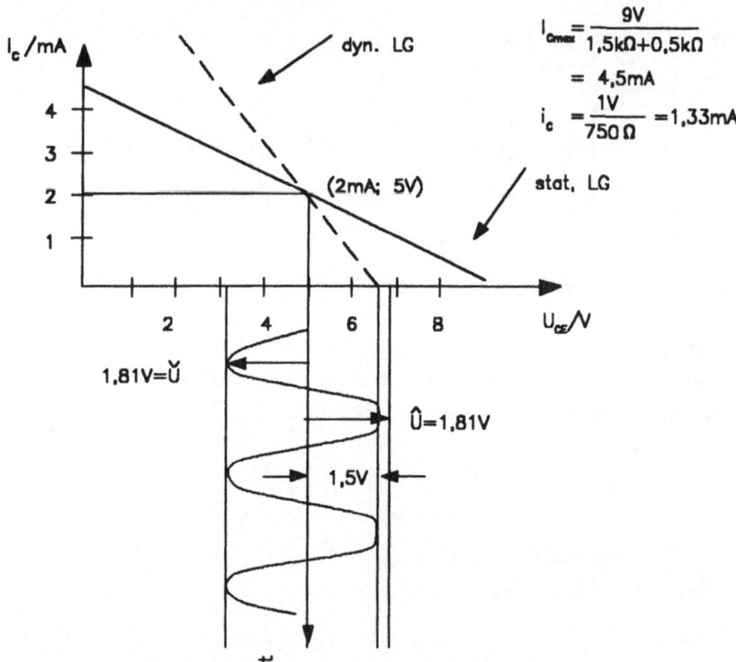

Abb. 5.19 Aussteuerungsverhältnisse am berechneten Verstärker nach Abb. 5.17

Die zu lösenden Aufgaben sind:

- Berechnung aller zur Einstellung des Arbeitspunkts notwendigen Widerstände,
- Berechnung der Betriebsgrößen $\underline{V}_u$, $\underline{V}_i$, $\underline{Z}_1$, $\underline{Z}_2$, $\underline{Z}_{Ein}$,
- Berechnung der Ausgangsspannung $\underline{U}_a$ und
- der Stromverstärkung der gesamten Stufe $\underline{V}_{i\ Stufe}$.

Die in der Aufgabe beschriebene Schaltung hat den Stromlaufplan wie in Abb. 5.20 ersichtlich.

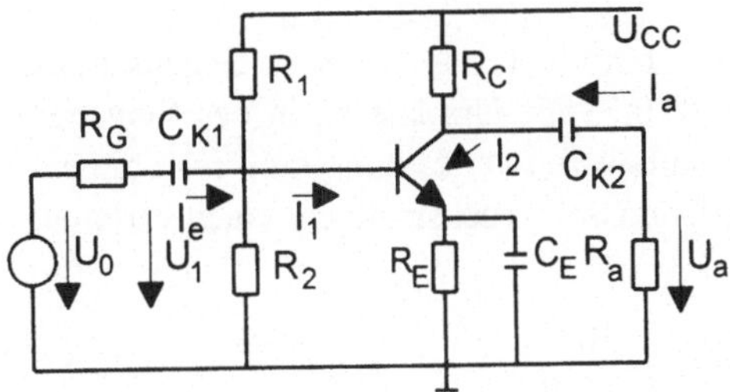

Abb. 5.20 Stromlaufplan des zu berechnenden Verstärkers

- Berechnung der statischen Verhältnisse:

$$I_B = \frac{I_C}{B} = 13{,}3 \ \mu A, \quad R_E = \frac{U_{RE}}{I_C} = 500 \ \Omega \ ,$$

$$R_1 = \frac{U_{CC} - U_{BE} - U_{RE}}{I_q + I_B} = 104 \ k\Omega,$$

$$R_C = \frac{U_{CC} - U_{CE} - U_{RE}}{I_C} = 2 \ k\Omega \ ,$$

$$R_2 = \frac{U_{BE} + U_{RE}}{I_q} = 25{,}6 \ k\Omega \ .$$

- Berechnung der dynamischen Größen (Betriebsgrößen): Zur Übung mag der Leser selbst das dynamische Ersatzschaltbild entwickeln, in der Anfangsphase ist hierzu dringend zu raten.

$$R_L = R_C \parallel R_a = 1{,}66 \ k\Omega \ , \quad \Delta h = h_{11} \, h_{22} = 0{,}27 \quad (\text{da } h_{12} \approx 0),$$

$$\underline{V}_u = -\frac{h_{21} \, Z_L}{h_{11} + \Delta h \, Z_L} = -110{,}7, \quad \underline{V}_i = \frac{h_{21}}{1 + h_{22} \, Z_L} = 300,$$

$$\underline{Z}_1 = \frac{h_{11} + \Delta h \, Z_L}{1 + h_{22} \, Z_L} = 4{,}5 \ k\Omega \quad (= h_{11} \ \text{da } h_{12} \ \text{wieder nahezu Null ist}),$$

$$Z_Q = R_G \parallel R_1 \parallel R_2 = 1 \ k\Omega \ \text{da } R_1, R_2 \gg R_G \ ,$$

$$Z_2 = \frac{h_{11} + Z_Q}{\Delta h + h_{22} \, Z_Q} = 16{,}7 \ k\Omega \quad (\approx \frac{1}{h_{22}} = 16{,}6... \ k\Omega \ \text{da } h_{12} \approx 0),$$

$$Z_{Ein} = R_1 \parallel R_2 \parallel Z_1 \approx 25{,}6 \ k\Omega \parallel 4{,}5 \ k\Omega = 3{,}8 \ k\Omega.$$

Die Berücksichtigung der Spannungsteilung bedingt durch den relativ großen Generatorinnenwiderstand liefert:

$$U_1 = U_0 \frac{Z_{Ein}}{R_G + Z_{Ein}} = U_0 \cdot 0,79, \quad U_a = U_1 \underline{V}_u = -175 \text{ mV},$$

die wirkliche Stufenverstärkung beträgt somit $U_a/U_0 = -87,5$ im Gegensatz zur Betriebsspannungsverstärkung von $-110,7$. Die Ursache ist in der Eingangsspannungsteilung zu suchen. Bei der Stufenstromverstärkung muß man die ein- und ausgangsseitigen Widerstandsverhältnisse berücksichtigen. Nach Stromteilerregel gilt:

$$I_1 = I_e \frac{R_B}{R_B + Z_1} \quad \text{sowie} \quad I_a = I_2 \frac{R_C}{R_C + R_a}$$

und damit

$$\frac{I_a}{I_e} = \frac{I_a}{I_2} \frac{I_2}{I_1} \frac{I_1}{I_e} = \frac{R_C}{R_C + R_a} \underline{V}_i \frac{R_B}{R_B + Z_1} = 41,1 \ ,$$

d.h. die wirkliche Stufenstromverstärkung beträgt 41,1 im Gegensatz zur berechneten Betriebsstromverstärkung von 300, die nicht wesentlich von der Kurzschlußstromverstärkung von 330 abweicht. Die niedrige Stufenstromverstärkung hat ihre Ursache in dem niederohmigen Basisspannungsteiler im Verhältnis zum Transistoreingangswiderstand und im niederohmigen Kollektorwiderstand im Verhältnis zum Arbeitswiderstand.

Die wirksame Leistungsverstärkung:

$$V_P = 41,6 \cdot 87,5 = 3596,3 \quad \text{und damit} \quad V_P/dB = 20 \lg 3596,3 = 35,6 \ ,$$

$$V_{i \text{ Stufe}}/dB = 20 \lg 41,1 = 32,3, \quad V_{u \text{ Stufe}}/dB = 20 \lg 87,5 = 38,8 \ .$$

In Abb. 5.21 ist die dynamische Ersatzschaltung für die betrachtete Verstärkerstufe dargestellt. Außerdem sind die möglichen Widerstandskombinationen in Abhängigkeit von der zu lösenden Aufgabe angegeben. Wenn man beispielsweise vom Generator in den Verstärker *schaut* und nach dessen Eingangswiderstand fragt, dann ergibt sich dieser als Parallelschaltung aus R_1, R_2, Z_1; betrachtet man jedoch die Widerstandsverhältnisse vom Transistor in Richtung Quelle, dann *sieht* der Transistor den Quellwiderstand $R_G \| R_1 \| R_2$. Man erkennt also, daß gleiche Widerstände (z.B. R_1 und R_2) unterschiedlichen Widerstandskombinationen angehören können. $R_1 \| R_2$ ist sowohl Bestandteil des Verstärkereingangswiderstands bestehend aus $R_1 \| R_2 \| Z_1$ als auch des Quellwiderstands für den Transistor gebildet aus $R_1 \| R_2 \| R_G$. Auf analoge Weise kann sich der Leser die Zusammensetzung aller übrigen Widerstände selbst überlegen.

5.1.6 Berechnung des Frequenzgangs dargestellt an Emitterstufen

Nachdem die wesentlichen Grundlagen für die Verstärkerberechnung gelegt sind, muß nun untersucht werden, wodurch der Frequenzgang eines RC-gekoppelten

Breitbandverstärkers beeinflußt wird. Insbesondere sind die Einflüsse von allen Koppel- und Emitterkondensatoren für den Fall endlicher, bei der Arbeitsfrequenz nicht mehr zu vernachlässigender Kapazitätswerte zu bestimmen und darüber hinaus müssen die parasitären Kapazitäten der Transistoren und der Schaltung Berücksichtigung finden.

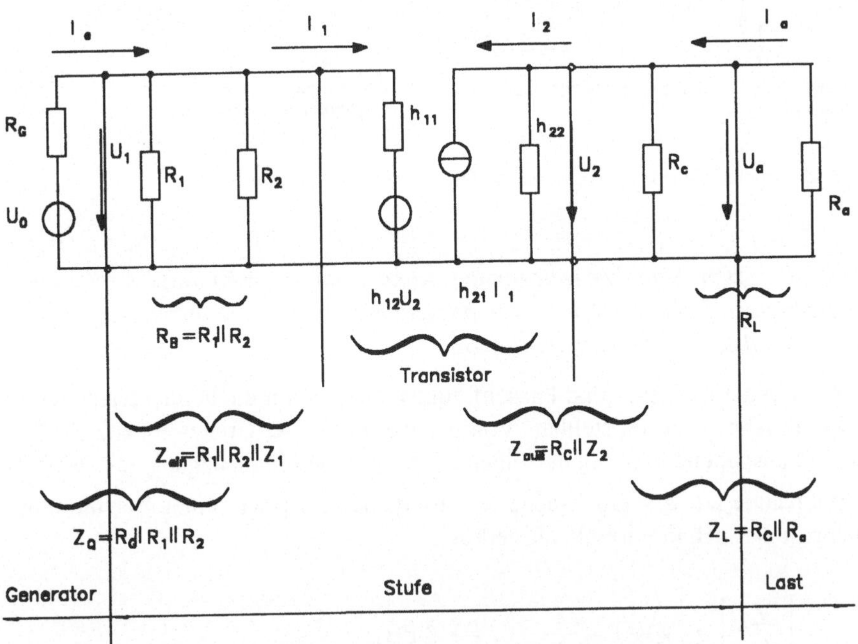

Abb. 5.21 Dynamisches Ersatzschaltbild der berechneten Verstärkerstufe nach Bild 5.20

5.1.6.1 Frequenzverhalten einer Breitbandverstärkerstufe ganz allgemein

Die Vorgehensweise ist analog der, die bei der Ermittlung der Bedingungen von Breitbandtransformatoren angewandt wurde. Ein Breitbandverstärker soll immer dann vorliegen, wenn gilt: $f_{gu} \ll f_m \ll f_{go}$, d.h. die Mittenfrequenz soll wenigstens um eine Zehnerpotenz größer sein als die untere Grenzfrequenz, und die obere Grenzfrequenz soll ihrerseits wenigstens um eine Zehnerpotenz größer sein als die Mittenfrequenz. Zur weiteren Untersuchung wird von einer einfachen RC-gekoppelten Emitterverstärkerstufe ausgegangen, dargestellt in Bild 5.22 .

Aufgrund der Breitbandigkeit kann der Verstärker in den drei Frequenzbereichen (f_{gu}; f_m ; f_{go}) gesondert untersucht werden. Folgende Aussagen sind für das Frequenzverhalten von fundamentaler Bedeutung:

- *Alle Kapazitäten im Signalweg beeinflussen die untere Grenzfrequenz, da der kapazitive Blindwiderstand mit abnehmender Frequenz steigt. Zu dieser Einflußsphäre gehören alle Koppelkondensatoren. Wegen der von ihnen verursachten dynamischen Gegenkopplung gehören aber auch die Emitterkondensatoren dazu.*

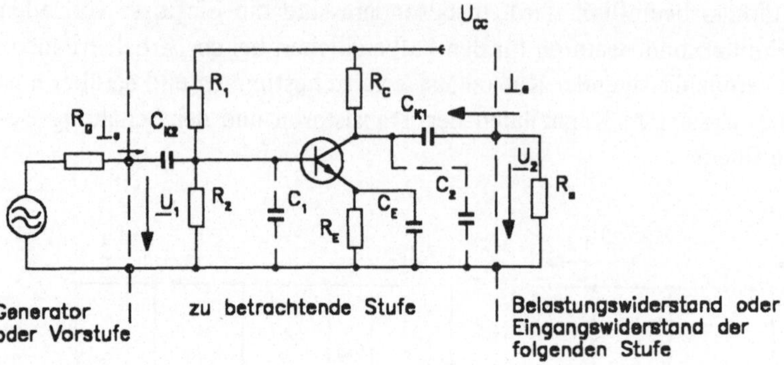

Abb. 5.22 Stromlaufplan einer RC-gekoppelten Breitbandverstärkerstufe

• *Alle quer zum Signalweg liegenden Kondensatoren beeinflussen die obere Grenzfrequenz, dazu gehören die parasitären Transistorkapazitäten genauso wie aufbaubedingte Schaltkapazitäten.*

Der Amplitudenfrequenz- und Phasenfrequenzgang ist für die betrachteten Verstäker wie in Abb. 5.23 darstellbar. Von der Definition der Grenzfrequenz (Definition 2.3.) ausgehend wird bei derselben im Amplitudenfrequenzgang eine Verstärkungsabnahme auf das $1/\sqrt{2}$ fache registriert, das entspricht einer Verstärkungsabnahme um 3 dB, in Formeln ausgedrückt:

$$\left|\frac{\underline{V}_u}{\underline{V}_{um}}\right| = \left|\frac{\underline{V}_i}{\underline{V}_{im}}\right| = \frac{1}{\sqrt{2}} \quad \hat{=} -3\,\text{dB},$$

$$\frac{V_P}{V_{Pm}} = \left|\frac{\underline{V}_u}{\underline{V}_{um}}\,\frac{\underline{V}_i}{\underline{V}_{im}}\right| = \frac{1}{2}.$$

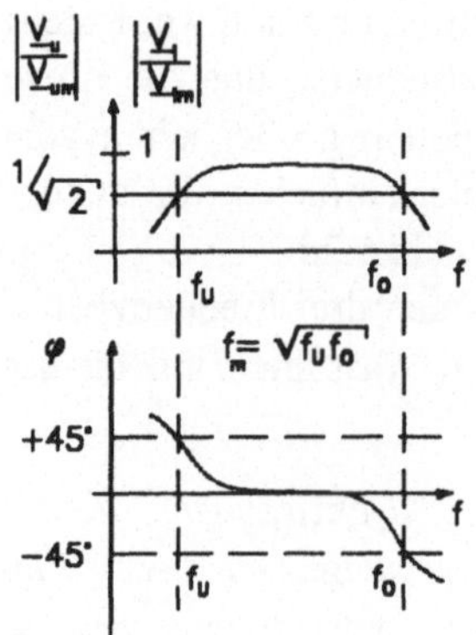

Abb. 5.23 Amplituden- und Phasenfrequenzgang

Um das Frequenzverhalten untersuchen zu können, muß zuerst das vollstädige Ersatzschaltbild der Verstärkerstufe ermittelt werden, einschl. etwaiger Schaltkapazitäten, die in der Schaltung nicht gegenständlich auftreten, von ihrer Wirkung her aber vorhanden sind.

Das vollständiges Ersatzschaltbild: Wenn das dynamische Ersatzschaltbild gebildet wird, die Schalt- und Transistorkapazitäten berücksichtigt werden, sowie das h-Parameterersatzschaltbild eingeführt wird, dann erhält man Abb. 5.24. Es ist nun das Verstärkerverhalten in den verschiedenen Frequenzbereichen zu untersuchen.

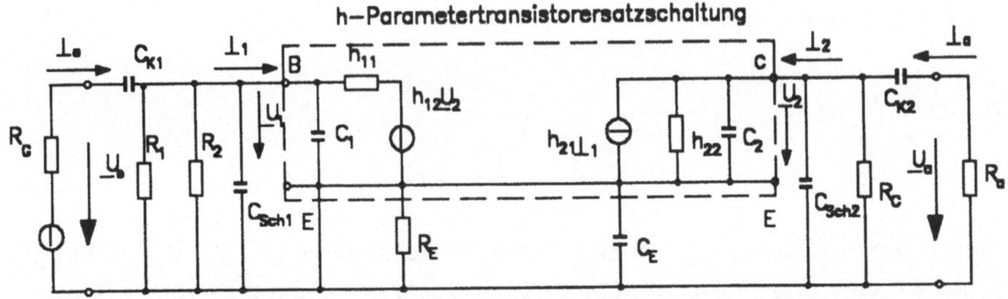

Abb. 5.24 Vollständiges Verstärkerersatzschaltbild einer Emitterstufe. $C_{Sch\,1}$ Eingangsschaltkapazität, $C_{Sch\,2}$ Ausgangsschaltkapazität, C_1 Transistoreingangskapazität, C_2 Transistorausgangskapazität.

5.1.6.2 Ersatzschaltbild bei mittleren Frequenzen

Allgemein wird die Mittenfrequenz als das geometrische Mittel aus oberer und unterer Grenzfrequenz definiert (5.6). Liegen beide nahe beieinander, so kann man sie einfach aus dem arithmetischen Mittelwert bestimmen (5.7).

$$f_m = \sqrt{f_{go}\, f_{gu}} \qquad (5.6)$$

$$f_m = (f_{gu} + f_{go})/2 \qquad (5.7)$$

Für die Mittenrequenz gilt:

$$\frac{1}{\omega_m\, C_{K\,1,2}}, \frac{1}{\omega_m\, C_E} \to 0 \quad \text{und} \quad \frac{1}{\omega_m\, C_{Sch\,1,2}}, \frac{1}{\omega_m\, C_{1,2}} \to \infty\,.$$

Unter diesen Voraussetzungen reduziert sich die Ersatzschaltung nach Abb. 5.24 auf die der Abb. 5.25. Folgende Vereinbarungen werden für die Zukunft getroffen:

$$R_Q = R_G \parallel R_1 \parallel R_2\,, \qquad \underline{Z}_{Ein} = R_1 \parallel R_2 \parallel \underline{Z}_1\,,$$

$$R_L = R_C \parallel R_a\,, \qquad \underline{Z}_{Aus} = R_C \parallel \underline{Z}_2\,,$$

$$R_B = R_1 \parallel R_2\,,$$

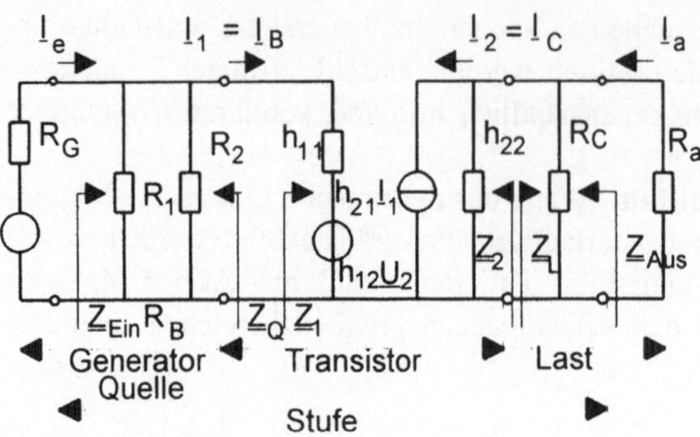

Abb. 5.25 Verstärkerersatzschaltung bei Mittenfrequenz

außerdem gilt noch:

$$\underline{Z}_1 = h_{11} \quad \text{bei} \quad h_{12} = 0, \qquad \underline{Z}_2 = \frac{1}{h_{22}} \quad \text{bei} \quad h_{12} = 0.$$

Es gelten die in Abschn. 5.1.1 angegebenen Betriebsgrößen ($\underline{Z}_1$; $\underline{Z}_2$, $\underline{V}_u, \underline{V}_i$). Für $\underline{V}_i$ muß jedoch eine Ergänzung vorgenommen werden, die schon im zweiten Beispiel in Abschn. 5.1.5 eine Rolle gespielt hat. Gemeint ist hier die ein- und ausgangsseitige Stromteilung, denn $\underline{I}_e$ unterscheidet sich von $\underline{I}_1$ und $\underline{I}_a$ unterscheidet sich von $\underline{I}_2$. Es gilt die bereits abgeleitete Beziehung:

$$\underline{V}_{i\,\text{Stufe}} = \frac{R_B}{R_B + \underline{Z}_1} \, \underline{V}_i \, \frac{R_C}{R_a + R_c} \tag{5.8}$$

Wenn $\underline{Z}_1 \ll R_B$ und $R_a \ll R_C$ ist, dann kann man mit guter Näherung schreiben:

$$\underline{V}_{i\,\text{Stufe}} = \underline{V}_i$$

5.1.6.3 Ersatzschaltbild bei hohen Frequenzen

Bei hohen Frequenzen, d.h. für $f \gg f_m$ kann von folgendem ausgegangen werden:

$$\frac{1}{\omega\, C_{K\,1.2}} \to 0 \quad \text{und} \quad \frac{1}{\omega\, C_E} \to 0.$$

Es werden außerdem noch folgende Festlegungen getroffen: C_1 und $C_{Sch\,1}$ sowie C_2 und $C_{Sch\,2}$ werden zusammengefaßt zu $C_{p\,1} = C_{Sch\,1} + C_1$ und $C_{p\,2} = C_{Sch\,2} + C_2$ wobei sich C_1 aus der Miller-Kapazität ($C_1 = C_{BE} + C_{BC}\,(1 - \underline{V}_u)$) ergibt. Mit Hilfe der getroffenen Festlegungen reduziert sich das vollständige Ersatzschaltbild (Abb. 5.24) bei hohen Frequenzen zu Abb. 5.26.

Zur Bestimmung des Dämpfungseinflusses der Parallelkapazitäten kann man wie folgt vorgehen:

$$\frac{\dfrac{U_1}{U_0}}{\dfrac{U_{1m}}{U_0}} = \frac{U_1}{U_{1m}} = \frac{\underline{Z}_{p\,1}}{R_{p\,1}} = \frac{\underline{V}_u}{\underline{V}_{u\,m}} = \frac{\dfrac{1}{R_{p\,1}}}{\dfrac{1}{R_{p\,1}} + j\omega C_{p\,1}} = \frac{1}{1 + j\omega C_{p\,1}\, R_{p\,1}} .$$

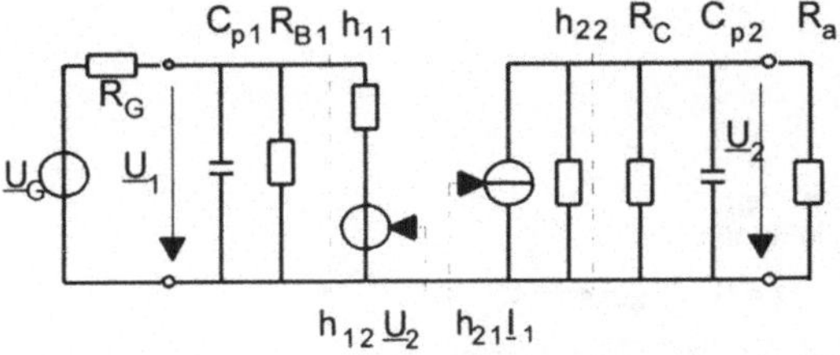

Abb. 5.26 Verstärkerstufenersatzschaltbild bei hohen Frequenzen

Das liefert mit der Festlegung $|\,p_{Cp1}\,| = |\,\underline{V}_u\,|/|\,\underline{V}_{um}\,|$:

$$\left|p_{Cp1}\right| = \frac{\left|\underline{V}_u\right|}{\left|\underline{V}_{um}\right|} = \frac{1}{\sqrt{1 + (\omega C_{p1}R_{p1})^2}} \quad \text{mit } R_{p1} = R_G \parallel R_{B1} \parallel \underline{Z}_1 \,, \quad (5.9)$$

$$\tan \varphi_{Cp1} = -\omega C_{p1} R_{p2} \,.$$

Analog erhält man für die Ausgangsseite:

$$\left|p_{Cp2}\right| = \frac{\left|\underline{V}_u\right|}{\left|\underline{V}_{um}\right|} = \frac{1}{\sqrt{1 + (\omega C_{p2}R_{p2})^2}} \quad \text{mit } R_{p2} = R_C \parallel R_a \parallel \underline{Z}_2 \,, \quad (5.10)$$

$$\tan \varphi_{Cp2} = -\omega C_{p2} R_{p2} \,.$$

Bei den Widerständen R_{pv} hat man den an den Kondensatorklemmen wirksamen Gesamtwiderstand zu ermitteln. Mit dem gerade dargestellten Formalismus kann man je nach Fragestellung folgende Probleme lösen.

• Man kann bei gegebenen Bauelementen und bei einer gewünschten Frequenz die eingangs- und ausgangsseitige Dämpfung p_{Cp1} und p_{Cp2} berechnen.

• Man kann bei gegebenen Bauelementen und vorgegebener Dämpfung die Frequenzgrenzen berechnen, bei der die Dämpfung erreicht wird.

• Man kann bei bekannten Widerständen R_{p1} und R_{p2}, sowie den zulässigen Dämpfungen p_{Cp1} und p_{Cp2} bei gegebenen Frequenzen ω_1 und ω_2 die zulässigen Parallelkapazitäten berechnen.

Um das Bild bzgl. der Ursachen für die obere Grenzfrequenz abzurunden, werden in Abb. 5.27 alle relevanten Transistorgrenzfrequenzen angegeben.

5.1.6.4 Ersatzschaltbild bei niedrigen Frequenzen

Bei niedrigen Frequenzen, d.h. für $f \ll f_m$ kann man die Gültigkeit der folgenden Relationen voraussetzen:

$$\frac{1}{\omega C_{p1}} \to \infty \quad \text{und} \quad \frac{1}{\omega C_{p2}} \to \infty,$$

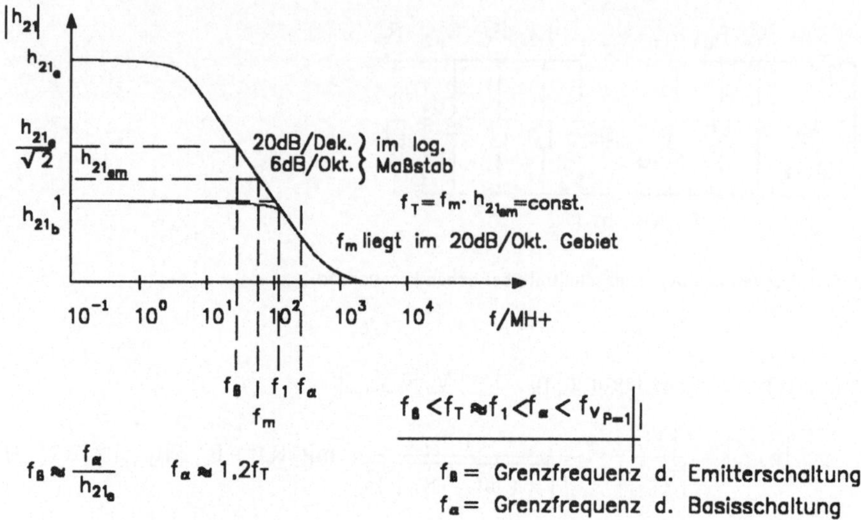

Abb. 5.27 Transistorgrenzfrequenzen

damit nimmt das Ersatzschaltbild die in Abb. 5.28 dargestellte Form an. Man muß allerdings feststellen, daß diese Schaltung hinsichtlich der Dämpfungseinflüsse durch die Koppel- und Emitterkondensatoren von komplizierterem Aufbau ist als die bisher betrachteten. Ein- und Ausgangssphäre sind nicht wie im vorigen Fall entkoppelt. Um die Schaltung dennoch mit vertretbarem Aufwand berechnen zu können, werden die Koppel- und Emitterkondensatoren wechselseitig als Kurzschlüsse angenommen. Dieses scheinbar unzulässige Vorgehen wird durch die Vorgabe ihrer zulässigen Dämpfungseinflüsse ausgeglichen.

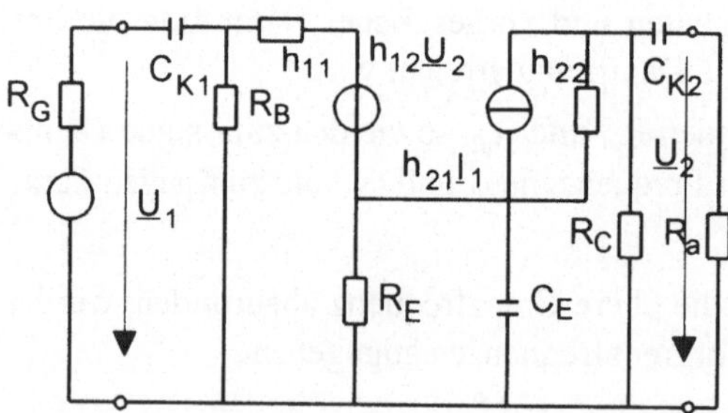

Abb. 5.28 Verstärkerersatzschaltbild bei niedrigen Frequenzen

Nimmt man, wie bereits angedeutet, C_E für die Bestimmung der Koppelkondensatoreinflüsse als Kurzschluß an, dann kann man nach demselben Algorithmus wie zuvor für hohe Frequenzen die Dämpfungsfaktoren berechnen und erhält:

$$\left| \underline{p}_{CK1} \right| = \frac{1}{\sqrt{1 + \left(\frac{1}{\omega\, C_{K1} R} \right)^2}} \quad \text{mit}\quad R = R_G + R_B \parallel \underline{Z}_1 \,, \tag{5.11}$$

$$\tan \varphi_{CK1} = \frac{1}{\omega\, C_{K1}\, R} \,,$$

$$\left| \underline{p}_{CK2} \right| = \frac{1}{\sqrt{1 + \left(\frac{1}{\omega\, C_{K2} R} \right)^2}} \quad \text{mit}\quad R = R_a + R_C \parallel \underline{Z}_2 \,, \tag{5.12}$$

$$\tan \varphi_{CK2} = \frac{1}{\omega\, C_{K2}\, R} \,.$$

In der Praxis werden kaum die Dämpfungsfaktoren zu berechnen sein, sondern meist sind die Kondensatoren so zu bestimmen, daß bestimmte, vorgegebene Dämpfungen eingehalten werden. Mit geringen Mühen lassen sich die Formeln umrechnen und man bekommt:

$$C_{K1} = \frac{1}{\omega R} \, \frac{\left| \underline{p}_{CK1} \right|}{\sqrt{1 - \left| \underline{p}_{CK1} \right|^2}} \quad \text{mit}\quad R = R_G + R_B \parallel \underline{Z}_1 \,, \tag{5.13}$$

$$C_{K2} = \frac{1}{\omega R} \, \frac{\left| \underline{p}_{CK2} \right|}{\sqrt{1 - \left| \underline{p}_{CK2} \right|^2}} \quad \text{mit}\quad R = R_a + R_C \parallel \underline{Z}_2 \,. \tag{5.14}$$

Für die Widerstände R gilt, es ist der an den Kondensatorklemmen wirksame Gesamtwiderstand einzusetzen. Für den Emitterkondensatoreinfluß ist die Ableitung etwas mühsamer, deshalb werden hier nur die Ergebnisse mitgeteilt, sie lauten:

$$C_E = \frac{1}{m\, \omega\, R_E} \sqrt{\frac{\left| \underline{p}_E \right|^2 - m^2}{1 - \left| \underline{p}_E \right|^2}} \quad \text{mit}\quad m = \frac{h_{11}}{h_{11} + h_{21} R_E} \,, \tag{5.15}$$

hierbei sind die Koppelkondensatoren als Kurzschluß anzunehmen. Wenn man davon ausgeht, daß bei der Grenzfrequenz gegenüber Mittenfrequenz–3 dB Dämpfung zugelassen werden, dann ergibt sich zwangsläufig die Frage, wie diese Gesamtdämpfung auf die einzelnen Einflußsphären aufzuteilen ist. Bei der oberen Grenzfrequenz ist diese Problematik von untergeordneter Bedeutung, weil man die dafür verantwortlichen parasitären Kapazitäten kaum beeinflussen kann. Allenfalls können geeignete Transistoren ausgesucht werden und beim Layoutentwurf darauf geachtet werden, daß durch geschickte Leiterzugwahl die Schaltkapazitäten minimiert werden. Anders bei der unteren Grenzfrequenz, bei der die Koppel- und Emitterkondensatoren so zu berechnen sind, daß die gewünschte Grenzfrequenz eingehalten wird. Es wurde schon angedeutet, daß die Annahme der wechselseitigen Kurzschlüsse der Koppel- und Emitterkondensatoren dadurch gerechtfertigt wird, daß man ihre wahren zulässigen Dämpfungseinflüsse zuvor festlegt. Man hat nun zwei Varianten bei der Dimensionierung zu unterscheiden:

- Entweder man billigt allen sog. *Rückgängigkeitsstellen* den gleichen Einfluß zu, dann hat man zur Bestimmung der einzelnen Dämpfungsfaktoren (p_μ) lediglich die -3 dB durch die Anzahl dieser Stellen zu dividieren,
- oder man teilt die Dämpfungsfaktoren unterschiedlich auf, dann müssen die p_μ einzeln festgelegt werden. Eine zweckmäßige Festlegung geht davon aus, daß die Emitterkondensatoren im allg. sehr hohe Werte annehmen und man deshalb ihnen den größeren Dämpfungseinfluß zubilligt, um die Kapazitätswerte in Grenzen zu halten. Bei einem einstufigen Verstärker mit 2 Koppel- und einem Emitterkondensator könnte das z. B. so aussehen, daß die Koppelkapazitäten je $-0,5$ dB verursachen dürfen, wohingegen der Emitterkondensator -2 dB Dämpfung hervorrufen darf.

Es soll noch folgendes festgelegt werden:

- $p_{C\mu}$: *Dämpfungsfaktor (absoluter Zahlenwert < 1)*,
- $p_{C\mu}^{*}$: *Dämpfungsmaß ausgedrückt in dB*,
- Umrechnungsformel: $p_{C\mu} = \exp(p_{C\mu}^{*}/20)$ (5.16)

Um den Formalismus der Berechnung des Frequenzgangs etwas transparenter zu gestalten, wird im folgenden ein Lehrbeispiel komplett durchgerechnet.

Lehrbeispiel: Es ist die nach Abb. 5.29 gegebene Schaltung zu untersuchen. Gegeben sind die Daten: $I_C = 0,2$ mA; $U_{CE} = 2,5$ V; $h_{11} = 31,9$ kΩ; $h_{12} = 1,6 \cdot 10^{-4}$; $h_{21} = 250$; $h_{22} = 12$ µS; $f_{gu} = 40$ Hz; $C_{p1} = C_{p2} = 1$ nF.
Gesucht sind: C_{K1}; C_{K2}; C_E und ω_0. Es soll Gleichverteilung angenommen werden.

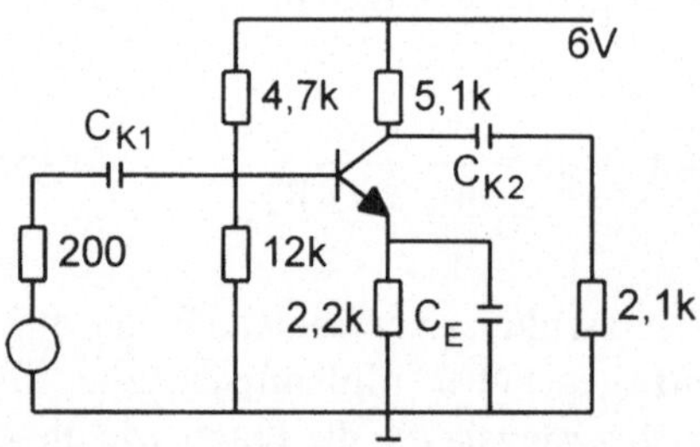

Abb. 5.29 Schaltung zum Lehrbeispiel

Lösung für hohe Frequenzen: Löst man die Gln. (5.9) und (5.10) nach der Frequenz auf, dann erhält man folgende Berechnungsgleichung:

$$f_{0v} = \frac{1}{2\pi C_{pv} R_{pv}} \sqrt{\frac{1 - |\underline{p}_{cpv}|^2}{|\underline{p}_{Cpv}|^2}}$$

mit $R_{p1} = R_G \parallel R_B \parallel \underline{Z}_1$ und $R_{p2} = R_C \parallel R_a \parallel \underline{Z}_2$. Da $h_{12} < 5 \cdot 10^{-4}$ ist, kann man die Näherungen verwenden: $Z_1 = h_{11}$ und $Z_2 = 1/h_{22}$. Damit wird:

$$R_{p1} = 200 \parallel 47\,k \parallel 12\,k \parallel 31,9\,k \text{ (alles in } \Omega) = 200\,\Omega \; ,$$

$$R_{p2} = 5,1\,k \parallel 2,1\,k \parallel (1/12\,\mu S) = 1,5\,k\Omega \; ,$$

$$f_{o1} = \frac{1}{2\,\pi\,10^{-9} \cdot 200} \sqrt{\frac{1 - 0,84^2}{0,84^2}} = 471\,kHz \; ,$$

$$f_{o2} = \frac{1}{2\,\pi\,10^{-9} \cdot 1,5 \cdot 10^3} \sqrt{\frac{1 - 0,84^2}{0,84^2}} = 68,5 \; kHz \; .$$

Da jede Einflußstelle $-1,5$ dB verursacht (Gleichverteilung), liegt die obere Grenzfrequenz bei ca. 70 kHz. Diese Abschätzung ist sicher nicht sehr schön, aber der Aufwand für die genaue Berechnung ist ungerechtfertigt hoch.

Lösung für tiefe Frequenzen: Bei Gleichverteilung entfallen auf jede Beeinflussungsstelle -1 dB und damit nehmen die Dämpfungsfaktoren den Wert $p = 0,891$ an. An dieser Stelle wird noch eine kleine Kontrollhilfe angeboten:

- 1 dB entspricht 10% Rückgang, also p etwa 0,9,
- 2 dB entspricht 20% Rückgang, also p etwa 0,8,
- 3 dB entspricht 30% Rückgang, also p etwa 0,7.

Diese Werte stimmen nicht exakt, aber bis zu einem Wert von etwa 3 dB kann man sie zur Kontrolle auf richtige Rechnung getrost verwenden.

$$R_{pCk1} = R_G + R_B \parallel Z_1 = 7,56\,k\Omega \; ,$$
$$R_{pCK2} = R_a + R_C \parallel Z_2 = 6,9 \; k\Omega \; .$$

Mit den Gln. (5.13) und (5.14) ergeben sich:

$$C_{K1} = \frac{1}{2\,\pi\,40 \cdot 7560} \sqrt{\frac{0,891^2}{1 - 0,891^2}} = 1\,\mu F,$$

$$C_{K2} = \frac{1}{2\,\pi\,40 \cdot 6900} \sqrt{\frac{0,891^2}{1 - 0,891^2}} = 1,1\,\mu F,$$

$$m = \frac{31,9\,k\Omega}{31,9\,k\Omega + 250 \cdot 2,2\,k\Omega} = 0,0548 \; ,$$

$$C_E = \frac{1}{0,0548 \cdot 2\,\pi\,40 \cdot 2200} \sqrt{\frac{0,891^2 - 0,0548^2}{1 - 0,891^2}} = 65\,\mu F.$$

Es muß im Zusammenhang mit dem Beispiel noch auf folgendes hingewiesen werden:

- Im allgemeinen ist so genau wie nötig und nicht so genau wie möglich zu rechnen. Im Falle der Dämpfungsfaktoren sollte allerdings mit 3 Dezimalen nach dem Komma gerechnet werden, weil in den Wurzeln der Formeln Differenzen annähernd gleich großer Zahlen stehen und man andernfalls sehr schnell große Fehler machen kann.
- Bei den berechneten Kapazitätswerten muß beachtet werden, daß insbesondere Elektrolytkondensatoren sehr große Toleranzen aufweisen. Um also die vorgegebene Grenzfrequenz einzuhalten, sollten die Kapazitätswerte wenigstens doppelt so groß gewählt werden wie berechnet.
- Das dargestellte Verfahren zur Bestimmung der Bauelemente bei der gegebenen Grenzfrequenz ist auf Breitbandverstärker beschränkt. Es war dazu gefordert, daß untere und obere Grenzfrequenz mindestens um eine Zehnerpotenz von der Mittenfrequenz entfernt liegen. Bei f_{gu} = 40 Hz und f_{go} etwa 70 kHz ist diese Bedingung im vorliegenden Beispiel voll erfüllt.
- Wenn man das Ergebnis der Kondensatorberechnung analysiert, dann findet man bestätigt, was im Zusammenhang mit der Dämpfungsfaktoraufteilung gesagt wurde, nämlich daß die Emitterkondensatoren erheblich größer werden als die Koppelkondensatoren (65 µF zu 1 µF).

5.2 HF-Anwendungen (y-Parameter)

5.2.1 Transistorersatzschaltbild für Leitwertparameter

Bei der Ableitung der h-Parameter über das Kennlinienfeld der Emitterstufe wurde u.a. ihre Gültigkeit auf $f < 100$ kHz (u.U. < 500 kHz) festgelegt. Ursache war die Vernachlässigung von Blindelementen (Transistorkapazitäten). Diesen Mangel vermeiden die komplexen Leitwertparameter, die aus den Vierpolbetrachtungen in Abschn. 3.1.2 übernommen werden können. Das y-Parameterersatzschaltbild (Abb. 3.4) kann für den Transistor ebenfalls übernommen werden. Es läßt sich aber für viele Anwendungen noch etwas spezialisieren.

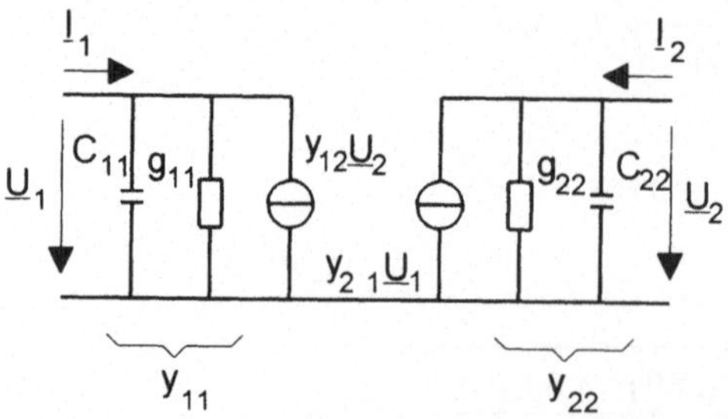

Abb. 5.30 Transistorersatzschaltbild für Leitwertparameter

Für die Leitwerte gilt: $y_{ik} = g_{ik} + j\,b_{ik}$ mit $b_{ik} = \omega\,C_{ik}$ wobei die i, k = 1, 2 sein können. Die zugehörigen Vierpolgleichungen und die Vierpolmatrix lautet:

$$\underline{I}_1 = y_{11}\,\underline{U}_1 + y_{12}\,\underline{U}_2 \tag{5.17}$$

$$\underline{I}_2 = y_{21}\,\underline{U}_1 + y_{22}\,\underline{U}_2 \tag{5.18}$$

$$\begin{pmatrix} \underline{I}_1 \\ \underline{I}_2 \end{pmatrix} = \begin{pmatrix} y_{11} & y_{12} \\ y_{21} & y_{22} \end{pmatrix} \begin{pmatrix} \underline{U}_1 \\ \underline{U}_2 \end{pmatrix} \tag{5.19}$$

Oftmals reicht das vereinfachte Ersatzschaltbild (Abb. 5.30) nicht aus und man muß auf das Ersatzschaltbild von *Giacoletto* zurückgreifen. Es gibt das frequenzabhängige Verhalten des Transistors bis zu hohen Frequenzen recht gut wieder, dabei ist mit hohen Frequenzen etwa die angegebene Grenze von 300 MHz gemeint.

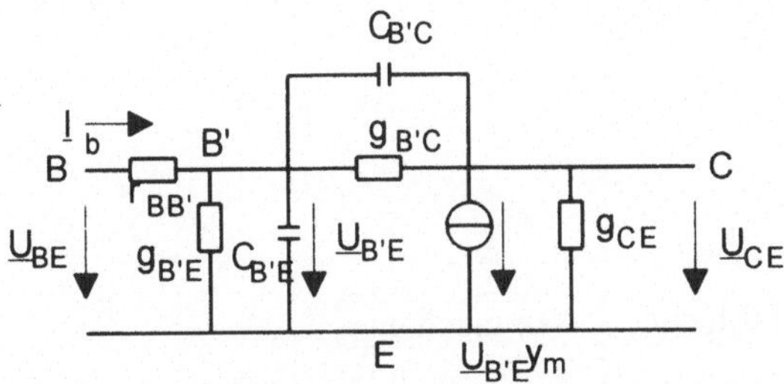

Abb. 5.31 Transistorersatzschaltbild nach Giacoletto

Es bedeuten:

- B,C,E äußere Transistoranschlüsse,
- B',C,E innere Transistoranschlüsse (C und E ändern sich dabei nicht),
- $r_{BB'}$ Basisbahnwiderstand (Zuleitung vom äußeren zum inneren Basisanschluß, seine Größenordnung ist (10 ...100) Ω, er kann häufig vernachlässigt werden),
- $g_{B'E}$ Diffusionsleitwert,
- $C_{B'E}$ Diffusionskapazität (Einganskapazität),
- $g_{B'C}$ Sperrschichtleitwert,
- $C_{B'C}$ Sperrschichtkapazität,
- g_{CE} Ausgangsleitwert,
- y_m Kurzschlußübertragungsleitwert mit $y_m = g_m\,(1 - j\,0{,}4\,f/f_\alpha)$,
- g_m Kurzschlußübertragungsleitwert für $f \to 0$, also Re (y_{21}),
- f_α Grenzfrequenz der Basisschaltung und
- f eine beliebige Frequenz.

In der Praxis kann man gegenüber dem Giacoletto-Ersatzschalbild doch noch einige Vernachlässigungen vorsehen, z.B. $r_{B'B}$ gegen $1/g_{B'E}$ und $g_{B'C}$ gegen $\omega\,C_{B'C}$ und man erhält dann für Frequenzen, die klein sind gegenüber der Grenzfrequenz in Basisschaltung, ein vereinfachtes Ersatzschaltbild (Abb. 5.32).

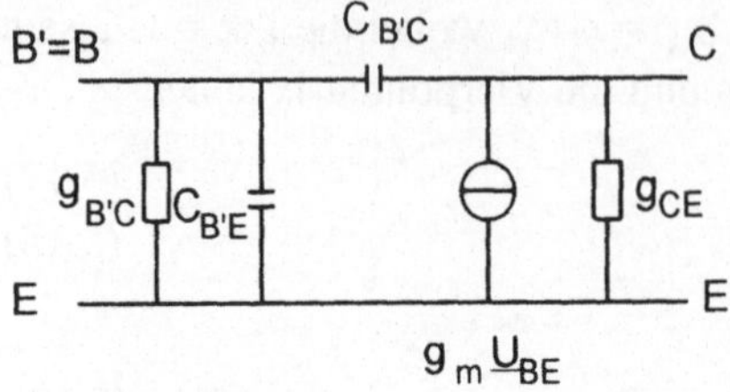

Abb. 5.32 Vereinfachtes Giacoletto-Ersatzschaltbild

Dieses Transistorersatzschaltbild ist topologisch identisch mit dem π-Ersatzschaltbild nach Abb. 5.33.

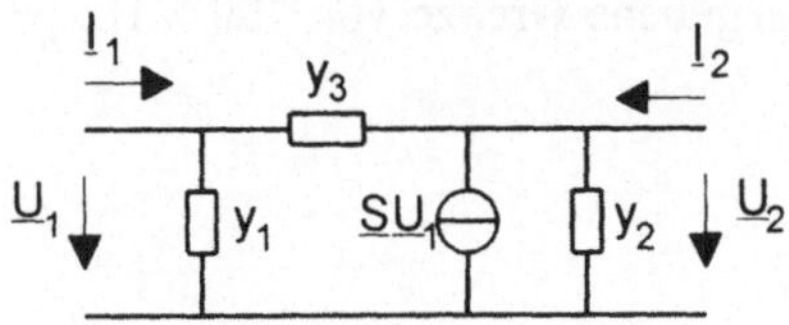

Abb. 5.33 Das π-Ersatzschaltbild

Für diese Ersatzschaltungen gelten folgende Zusammenhänge:

$$y_1 = y_{11} + y_{12}, \qquad y_2 = y_{12} + y_{22}, \qquad y_3 = -y_{12}, \qquad \underline{S} = y_{21} - y_{12}.$$

Mit den Abb. 5.32 und 5.33 ist der Zusammenhang zwischen dem vereinfachten Transistorersatzschaltbild nach Giacoletto über das π-Ersatzschaltbild zum Vierpolersatzschaltbild für Leitwertparameter (einschl. des formelmäßigen Zusammenhangs) hergestellt.

Um die parasitären Transistorkapazitäten in den Berechnungen besser erfassen zu können, soll an dieser Stelle auf das Miller-Theorem etwas genauer eingegangen werden.

5.2.2 Das Miller-Theorem und die Miller-Kapazität

Es wird im folgenden die Frage beantwortet, ob die beiden Schaltungen nach Abb. 5.34 ineinander überführbar sind. Im linken Teil der Abbildungen treten Verkopplungen zwischen Ein- und Ausgang hervorgerufen durch $\underline{Z}'$ auf, die die Berechnung solcher Stufen erschweren. Im rechten Teil der Abbildungen sind Ein- und Ausgang getrennt.

Beide Schaltungen haben dieselben Wirkungen, wenn man die beiden Widerstände ($\underline{Z}_1$ und $\underline{Z}_2$) geeignet bestimmt. Für die Berechnung der Widerstände gelten die folgenden Überlegungen:

$$\underline{I}_1 = \frac{\underline{U}_1 - \underline{U}_2}{\underline{Z}'} = \frac{\underline{U}_1}{\underline{Z}'}\left(1 - \frac{\underline{U}_2}{\underline{U}_1}\right) = \frac{\underline{U}_1}{\underline{Z}'}\left(1 - \underline{V}_u\right) = \frac{\underline{U}_1}{\underline{Z}_1}.$$

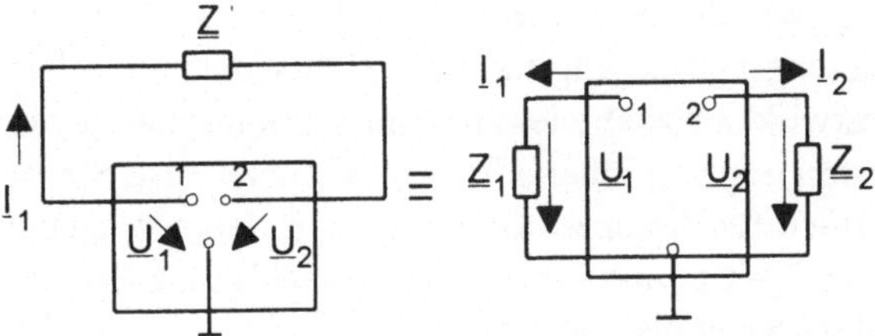

Abb. 5.34 Umrechnung der Rückwirkungswiderstände

Der letzte Teil der Gleichung gilt dann, wenn man $\underline{Z}_1$ so bestimmt, daß der Strom $\underline{I}_1$ in beiden Schaltungen gleich ist. Der Strom ändert sich nicht, wenn man den Widerstand $\underline{Z}'$ entfernt und statt dessen einen Widerstand

$$\underline{Z}_1 = \frac{\underline{Z}'}{1 - \underline{V}_u} \tag{5.20}$$

in den Eingang schaltet. Der vom Knoten 2 wegfließende Strom (in Wirklichkeit fließt er zum Knoten 2, deshalb auch im folgenden das Minuszeichen) beträgt:

$$\underline{I}_2 = -\,\underline{I}_1 = \frac{\underline{U}_2 - \underline{U}_1}{\underline{Z}'} = \frac{\underline{U}_2}{\underline{Z}'}\left(1 - \frac{\underline{U}_1}{\underline{U}_2}\right) = \frac{\underline{U}_2}{\underline{Z}'}\left(1 - \underline{V}_u^{-1}\right) = \frac{\underline{U}_2}{\underline{Z}_2}\,.$$

Auch hier gilt: Der Strom ändert sich nicht, wenn $\underline{Z}'$ entfernt wird und statt dessen ein Widerstand

$$\underline{Z}_2 = \underline{Z}'\,\frac{\underline{V}_u}{\underline{V}_u - 1} \tag{5.21}$$

in den Ausgang geschaltet wird.

Wendet man diese Erkenntnisse auf die Transistorkapazitäten an, dann ergibt sich Abb. 5.35.

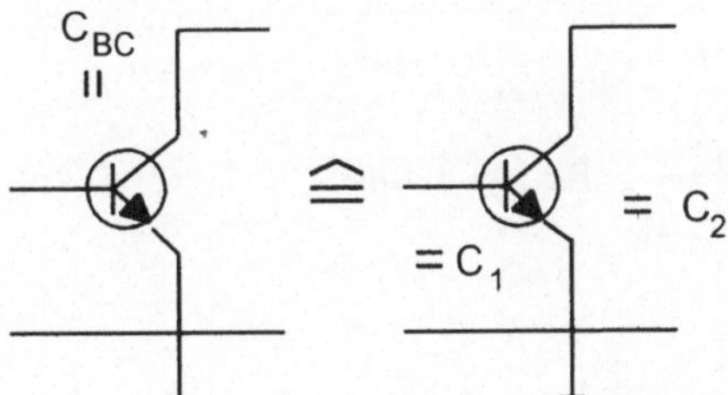

Abb. 5.35 Umrechnung der Rückwirkkapazität

Angenommen $\underline{Z}'$ in Abb. 5.34 entspricht dem kapazitiven Rückwirkwiderstand $(j\omega C_{BC})^{-1}$, dann kann man die daraus resultierenden Ein- und Ausgangskapazitäten mittels der Gln. (5.20) und (5.21) einfach berechnen und erhält:

$$C_1 = C_{BC}\,(1 - \underline{V}_u), \tag{5.22}$$

$$C_2 = C_{BC}\,\frac{1 - \underline{V}_u}{\underline{V}_u} \approx C_{BC} \quad \text{(für große Beträge von } \underline{V}_u\text{).} \tag{5.23}$$

Vom Eingang gesehen wirkt C_{BC} wie die berechnete Miller-Kapazität C_1, C_1 ist ungefähr $C_{BC} \, | \, \underline{V}_u \, |$ (da die Spannungsverstärkung für die Emitterschaltung selbst negativ ist). Also wirkt die Rückwirkkapazität wie eine Eingangskapazität, deren Wert die um die Spannungsverstärkung vergrößerte Rückwirkkapazität ist. Sie ist damit wesentlich mit verantwortlich für die obere Grenzfrequenz. Vom Ausgang gesehen hat C_{BC} die Wirkung von $C_2 = C_{BC}$ und kann meist vernachlässigt werden, da C_{BC} für HF-Transistoren häufig kleiner als 1 pF ist.

5.2.3 Neutralisation

Bei bestimmten Kombinationen von Frequenz und Lastwiderstand kann der Realteil des Eingangsleitwerts eines Verstärkers infolge zu großer Rückwirkungen (y_{12} ist $\neq 0$) negativ werden und die Verstärkerquelle entdämpfen. Der Verstärker wird instabil, es treten Schwingungen auf. *Um diesen Effekt zu vermeiden, muß die Wirkung der Rückwirkungen kompensiert werden, d.h. es besteht die Notwendigkeit der Neutralisation der Rückwirkungen.* Sie wird dadurch erreicht, daß man z.B. einen gleich großen, um 180° phasendrehenden, komplexen Widerstand geeignet zuschaltet. Um die Neutralisationsbedingung zu ermitteln, wird die Wirkleistungsverstärkung unter Anwendung der Leitwertparameter näher untersucht.

$$P_e = |\,\underline{U}_e|^2 \, \mathrm{Re}\,(y_e), \quad y_e = \frac{1}{\underline{Z}_1} = \frac{y_{11} y_L + \Delta y}{y_{22} + y_L} = y_{11} - \frac{y_{12}\, y_{21}}{y_{22} + y_L},$$

$$P_e = \left|\underline{U}_e\right|^2 \, \mathrm{Re}\left\{ y_{11} - \frac{y_{12}\, y_{21}}{y_{22} + y_L} \right\},$$

$$\underline{V}_u = \frac{\underline{U}_a}{\underline{U}_e} = -\frac{y_{21}}{y_L + y_{22}},$$

daraus folgt

$$\underline{U}_a = -\, \underline{U}_e \, \frac{y_{21}}{y_L + y_{22}},$$

$$P_a = |\underline{U}_a|^2 \, \mathrm{Re}\,(y_L) = |\,\underline{U}_e|^2 \, \frac{\left|y_{21}\right|^2}{\left|y_L + y_{22}\right|^2} \, \mathrm{Re}\,(y_L) \quad \text{und}$$

$$\frac{P_a}{P_e} = \frac{\left|y_{21}\right|^2 \, \mathrm{Re}\,(y_L)}{\left|y_L + y_{22}\right|^2 \, \mathrm{Re}\left\{ y_{11} - \frac{y_{12}\, y_{21}}{y_L + y_{22}} \right\}}.$$

Das ist die Leistungsverstärkung als Funktion von y_L und y_e.

Maximale Leistungsverstärkung erhält man unter der Bedingung der Stabilität für den Fall, daß:

- $y_{12} = 0$ ist, also keine Rückwirkungen auftreten (sonst Neutralisation) und
- $y_{22}^* = y_L$ ist, d.h. am Ausgang konjugiert komplex angepaßt wird.

Mit diesen Bedingungen wird aus:

$$y_{22} = g_{22} + j\, b_{22} \quad \text{und} \quad y_L = g_{22} - j\, b_{22} \quad \text{sowie} \quad \mathrm{Re}\,(y_L) = g_{22},$$

$$\mathrm{Re}\,(y_{11}) = \mathrm{Re}\,(g_{11} + j\,b_{11}) = g_{11} \quad \text{und damit:}$$

$$|\,y_{22} + y_L\,|^2 = |\,g_{22} + j\,b_{22} + g_{22} - j\,b_{22}\,|^2 = 4\,g_{22}^{\,2}\,,$$

$$\frac{P_a}{P_e}\Big|_{max} = |y_{21}|^2\,\frac{1}{4\,g_{22}\,g_{11}}\;.$$

Um diese optimale Leistungsverstärkung zu erreichen, muß bei nicht vernachlässigbaren Rückwirkungen neutralisiert werden. Neutralisation bedeutet nach bisherigen Überlegungen also:

- Kompensation der Rückwirkungen und damit
- Vermeiden von Schwingneigung,
- Vermeidung von Schwingkreiskurvenverformungen und
- Erreichen der maximalen Leistungsverstärkung.

Häufig sind HF-Verstärker Selektivverstärker, deshalb soll die Neutralisation an einem solchen demonstriert werden.

Da die Neutralisation ein rein dynamisches Problem ist, wird gleich von der dynamischen Ersatzschaltung ausgegangen (Abb. 5.36). Unter der Annahme richtig dimensionierter Koppel- und Abblockkondensatoren (sie sollen dynamische Kurzschlüsse bilden) kann man das Ersatzschaltbild noch wesentlich vereinfachen. Da sich die Rückwirkungen am π-Ersatzschaltbild am besten interpretieren lassen, wird dieses gleich auf den Transistor angewendet. Man kommt damit zu einem sehr übersichtlichen Stromlaufplan (s. Abb. 5.37).

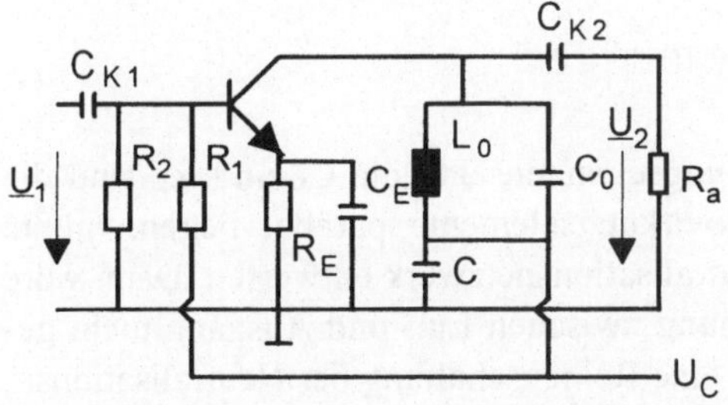

Abb. 5.36 Dynamische Ersatzschaltung eines einstufigen Selektivverstärkers

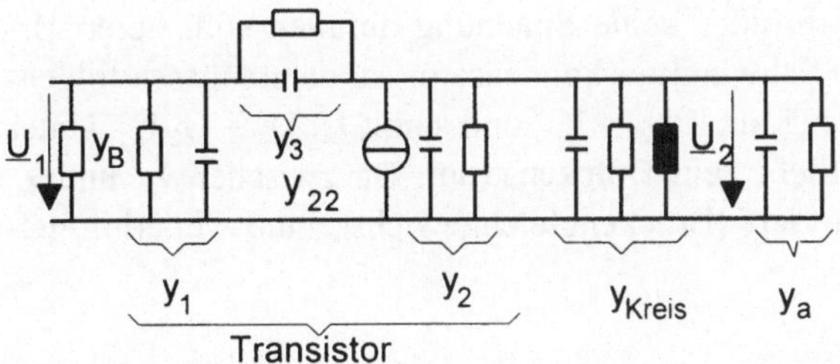

Abb. 5.37 Dynamisches π-Ersatzschaltbild des Selektivverstärkers

An diesem Ersatzschaltbild kann man folgende Wirkungen direkt ablesen:

- Vorwärtskopplung: Durch den Spannungsteiler y_3 und $(y_2 + y_{Kreis} + y_a)$ gelangt schon ohne Verstärkungsbetrachtung ein Teil der Eingangsspannung auf den Ausgang. Wegen $|\underline{U}_1| << |\underline{U}_2|$ kann man diesen Anteil aber außer acht lassen.
- Rückwärtskopplung sind Rückwirkungen des Ausgangs auf den Eingang. Sie sind bedingt durch die Spannungsteilerwirkung von y_3 und $(y_1 + y_B)$ und können nicht vernachlässigt werden, da $|\underline{V}_u| >> 1$ ist.

Die Kompensation ist immer nur für den konkreten Arbeitspunkt und für eine bestimmte Frequenz möglich. Breitbandkompensationen sind wegen der Frequenzabhängigkeit der Leitwertparameter kaum möglich. Bei der Neutralisation muß versucht werden, den durch die Rückwirkung bedingten Basisstrom durch einen gleich großen, aber in der Phasenlage entgegengesetzten Basisstrom, zu kompensieren. Das veranschaulicht die Abb. 5.38.

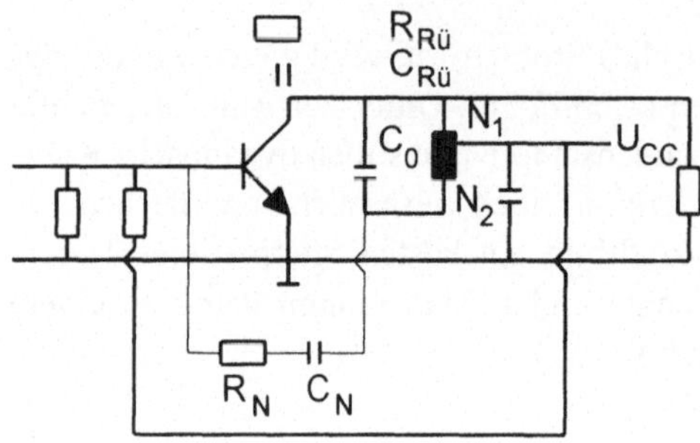

Abb. 5.38 Selektivverstärker mit Neutralisationsnetzwerk

Die $C_{Rü}$ und $R_{Rü}$ sind die Rückwirkungselemente und die C_N und R_N sind die Neutralisationselemente. Da die Rückwirkungselemente parallel liegen, müßte man eigentlich auch ein paralleles Neutralisationsnetzwerk entwerfen. Dann wäre aber die gleichspannungsmäßige Trennung zwischen Ein- und Ausgang nicht gewährleistet. Um das zu erreichen, wird eine Reihenschaltung der Neutralisationselemente vorgesehen. Durch Umzeichnen läßt sich eine Brückenanordnung erkennen. In Abb. 5.39 ist der für die Neutralisation relevante Schaltungsteil raus- und umgezeichnet worden.

Wenn zwischen Basis und Emitter keine Spannung abfallen soll, deren Ursprung die Spannung über dem Schwingkreiskondensator ist, dann müssen folgende Relationen erfüllt sein: $\underline{U}_1 = \underline{U}_2$ und $\underline{U}_3 = \underline{U}_4$ und somit $\underline{U}_1/\underline{U}_4 = \underline{U}_2/\underline{U}_3$. Unter den genannten Bedingungen fließt kein Brückenstrom. Da zwischen $\underline{Z}_1$ und $\underline{Z}_2$ keine Stromaufteilung erfolgen darf (Brückengleichgewicht), muß weiterhin gelten:

$$\frac{\underline{U}_1}{\underline{U}_4} = \frac{\underline{Z}_1}{\underline{Z}_2}$$

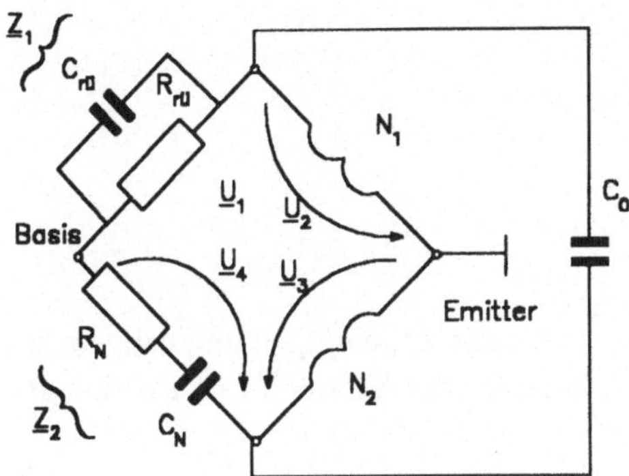

Abb. 5.39 Neutralisationsbrückenschaltung

und hinsichtlich der Kreisinduktivität (Spartrafo) gilt:

$$\frac{\underline{U}_2}{\underline{U}_3} = \frac{N_1}{N_2} \quad \text{das ergibt} \quad \frac{\underline{Z}_1}{\underline{Z}_2} = \frac{N_1}{N_2} \quad \textit{(Neutralisationsbedingung)} \qquad (5.24)$$

Diese Bedingung auf den zu untersuchenden Verstärker angewandt ergibt:

$$(R_N + \frac{1}{j\,\omega C_N})\,(\frac{1}{R_{ü}} + j\,\omega C_{Rü}) = \frac{N_2}{N_1}.$$

Löst man nun nach Realteil und Imaginärteil auf und rechnet ferner $C_{Rü}$ und $R_{Rü}$ in äquivalente Reihenbauelemente um, dann bekommt man die Schaltung gemäß Abb. 5.40 und die nachstehenden Formeln:

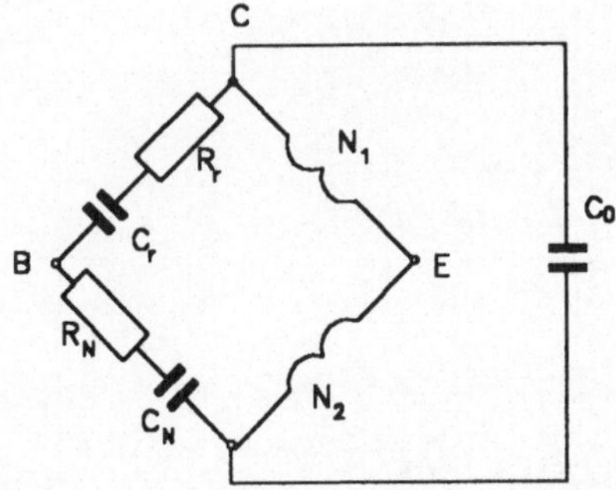

Abb. 5.40 Neutralisationsbrücke mit Reihenbauelementen

$$R_N = R_r \frac{N_2}{N_1} \quad \text{und} \quad C_N = C_r \frac{N_1}{N_2} \quad \text{mit}$$

$$R_r = \frac{R_{R\ddot{u}}}{1 + (\omega C_{R\ddot{u}} R_{R\ddot{u}})^2} \quad \text{und mit}$$

$$C_r = C_{R\ddot{u}} \left[1 + \frac{1}{(\omega C_{R\ddot{u}} R_{R\ddot{u}})^2} \right].$$

Damit kann man die Neutralisationselemente berechnen, einfügen und dann so arbeiten, als gäbe es keine Rückwirkungen, als wäre der Verstärker rückwirkungsfrei.

5.2.4 Selektivverstärker (Schmalbandverstärker)

Um Selektivverstärker berechnen zu können, werden folgende Bedingungen vereinbart:

- Zu betrachtende Verstärker sollen als neutralisiert angenommen werden.
- Die Transistordaten werden im Schmalbandbereich als frequenzunabhängig angenommen.
- Es wird Kleinsignalbetrieb vorausgesetzt (die Bauelementekennlinie wird als linear angenommen).
- Schaltkapazitäten sind ggf. den Transistorkapazitäten zuzurechnen.

5.2.4.1 Aufgaben und Grundstruktur

Die Aufgaben sind:

- Verstärkung aller Signale, die im gewünschten Frequenzband liegen.
- Unterdrückung aller Signale außerhalb des gewünschten Frequenzbands.

Die zu betrachtende Grundstruktur kann sein:

- Fall 1(Abb. 5.41):

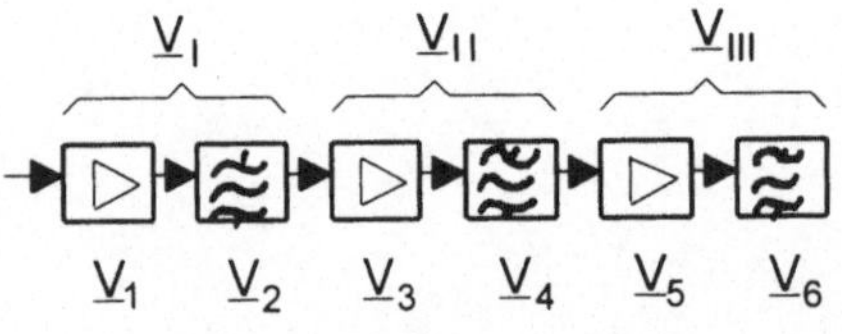

Abb. 5.41 Verstärker mit verteilter Selektion

$$\underline{V}_1 \, \underline{V}_2 \, ... \, \underline{V}_6 = |\underline{V}_1| \, |\underline{V}_2| \, ... \, |\underline{V}_6| \, e^{j(\varphi_1 + \varphi_2 + ... + \varphi_6)} \quad ,$$

$$\left|\underline{V}_{Ges}\right| = \prod_{v=1}^{6} |\underline{V}_v| \quad \text{und} \quad \varphi_{Ges} = \sum_{v=1}^{6} \varphi_v,$$

wobei $|\underline{V}_v| < 1$ sein kann.

• Fall 2 (Abb. 5.42):

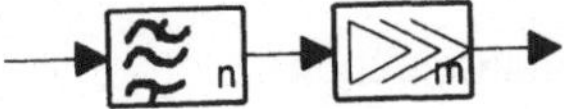

Abb. 5.42 Mehrstufiger Verstärker mit konzentrierter Selektion

Dargestellt ist ein m-stufiger Breitbandverstärker mit vorgeschaltetem n-stufigen Filter. Selektionsbausteine können sein:

• Schwingkreise (LC, RC, usw.),
• Bandfilter (zwei- und mehrkreisige),
• magnetomechanische Filter,
• piezokeramische Filter,
• Quarzfilter,
• Oberflächenwellenfilter usw.

Man kann die möglichen Filtertypen grob und ohne Anspruch auf Vollständigkeit gemäß Abb. 5.43 einteilen:

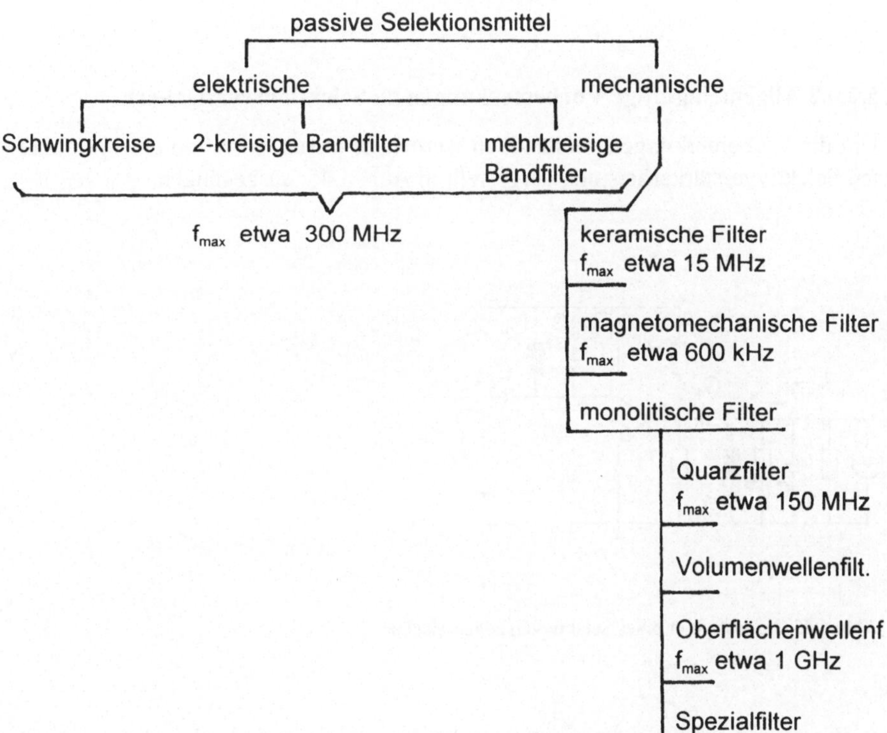

Abb. 5.43 Verschiedene Filtertypen

Im folgenden werden einige Forderungen, die an Selektionsmittel zu stellen sind, aufgelistet:

- Hohe Selektionswerte (gute Nahselektion und gute Weitabselektion),
- gezielt wählbare und beeinflußbare Bandbreite,
- Freizügigkeit in der Wahl der Quell- und Abschlußwiderstände,
- geringe Durchlaß- und hohe Sperrdämpfung und
- hohe klimatische und mechanische Stabilität, insbesondere keinen Einfluß mechanischer Vibrationen (Mikrofonieeffekt).

In Abb. 5.44 ist eine typisierte Selektionskurve und ihr wünschenswertes Pendant (idealisierte Selektionskurve) dargestellt.

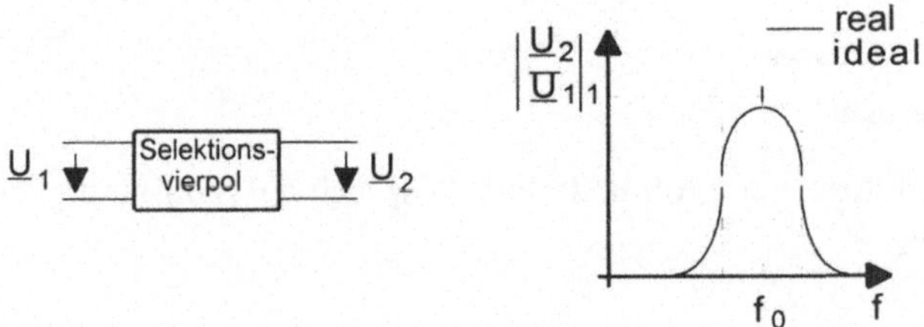

Abb. 5.44 Selektionsvierpol sowie ideale und reale Durchlaßkurve

5.2.4.2 Allgemeingültige Vorbemerkungen zu Selektionsverstärkern

Um die Vorbemerkungen verständlich werden zu lassen, wird von einem konkreten Selektivverstärkerbeispiel, dargestellt in Abb. 5.45, ausgegangen.

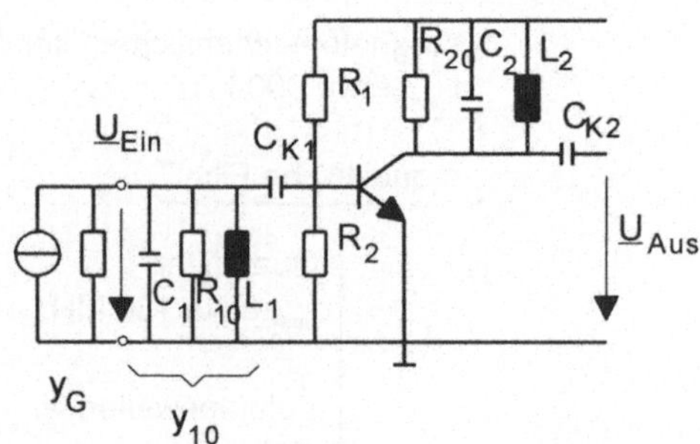

Abb. 5.45 Grundstruktur eines Selektivverstärkerbeispiels

Um diese Schaltung untersuchen zu können, muß sie in das hochfrequente Ersatzschaltbild umgewandelt werden, das ist dargestellt in Abb. 5.46.

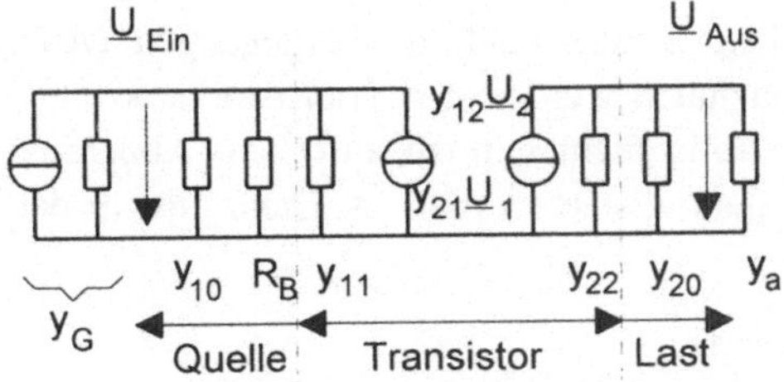

Abb. 5.46 Hochfrequentes Ersatzschaltbild des Selektivverstärkers

Für alle nachstehenden Untersuchungen sollen folgende Vereinbarungen gelten:

$$y_Q = R_B^{-1} + y_G + y_{10} , \quad y_{10} = G_{10} (1 + j\Omega_1),$$

$$y_L = y_a + y_{20} , \quad y_{20} = G_{20} (1 + j\,\Omega_2),$$

$$y_{11} = g_{11} + j\omega\,C_{11} = g_{11} + j\,b_{11} ,$$

$$y_{22} = g_{22} + j\omega\,C_{22} = g_{22} + j\,b_{22} ,$$

$$y_{12} = g_{12} + j\,b_{12} \ \text{und}$$

$$y_{21} = g_{21} + j\,b_{21} .$$

5.2.4.3 Einzelkreisverstärker mit Hochpunktkopplung

Es handelt sich hierbei um die einfachste Variante eines Selektivverstärkers, sie ist in Abb. 5.47 dargestellt.

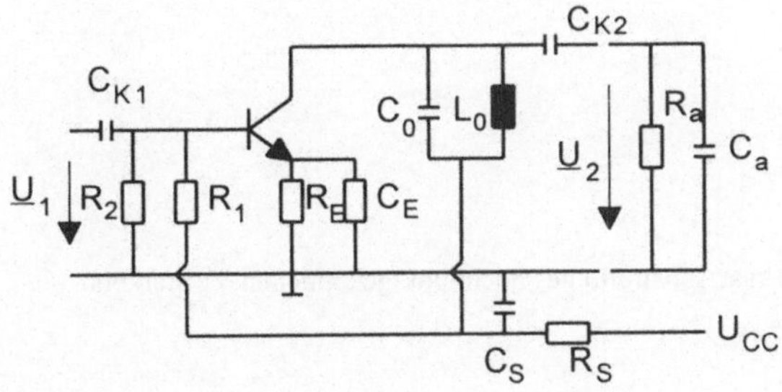

Abb. 5.47 Hochpunktgekoppelter Selektivverstärker. C_S Siebkondensator (HF-Kurzschluß), R_S Siebwiderstand

Beide Bauelemente dienen der Spannungssiebung (Brummspannungsunterdrükkung) und der Stufenentkopplung. Die Bauelemente zur Arbeitspunkteinstellung entsprechen denen der behandelten RC-Verstärker, die statische Lastgerade wird durch R_E und R_S bestimmt (unter der Annahme, daß der Schwingkreis verlustlos sei) und die dynamische Lastgerade wird durch $R_a \parallel X_a \parallel R_0$ festgelegt. Wie üblich wird zur Berechnung zum dynamischen Ersatzschaltbild übergegangen (Abb. 5.48). Eventuell vorhandene Schaltkapazitäten werden den Transistorkapazitäten zugerechnet, so daß sie im Ersatzschaltbild nicht explizit auftreten. Außerdem wird angenommen, daß der Transistor neutralisiert worden ist. Dann gilt für den Transistor:

$$\underline{I}_1 = y_{11}\,\underline{U}_1 \quad \text{da } y_{12} = 0 \text{ (neutralisiert)},$$

$$\underline{I}_2 = y_{21}\,\underline{U}_1 + y_{22}\,\underline{U}_2 \quad \text{und}$$

$$y_{m,n} = g_{m,n} + j\,b_{m,n} \quad \text{mit} \quad b_{m,n} = j\,\omega\,C_{m,n}.$$

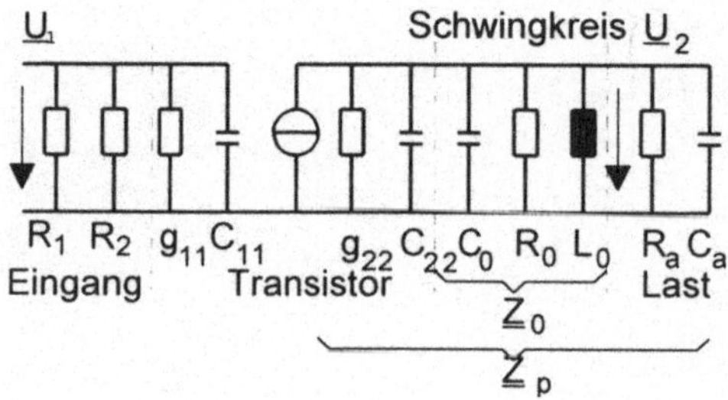

Abb. 5.48 Dynamisches Ersatzschaltbild des hochpunktgekoppelten Verstärkers

Wenn man alle Elemente zusammenfaßt, dann bekommt man ein sehr einfaches Ersatzschaltbild (Abb. 5.49). Für R_C und C_p gelten folgende Zusammenfassungen:

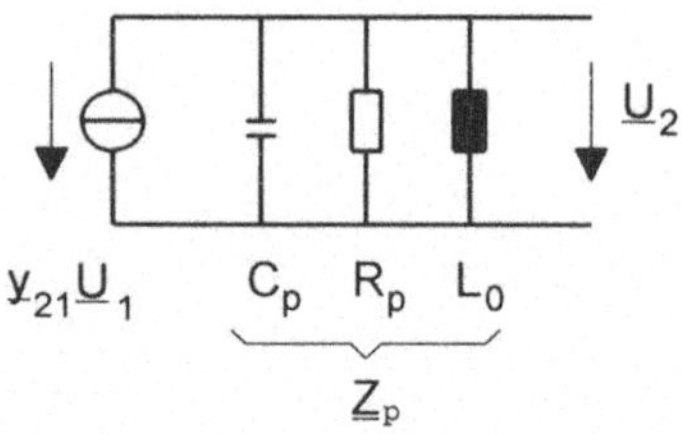

Abb. 5.49 Vereinfachtes dynamisches Ersatzschaltbild des hochpunktgekoppelten Verstärkers

$$R_p = g_{22}^{-1} \,\|\, R_0 \,\|\, R_a,$$

$$C_p = C_{22} + C_0 + C_a.$$

Für die Leerlaufgüte Q_0 und die Betriebsgüte Q erhält man:

$$Q_0 = \frac{R_0}{\omega_0 L_0} = R_0\,\omega_0 C_0,$$

$$Q = \frac{R_p}{\omega_{op} L_0} = R_p\,\omega_{op} C_p.$$

Die Anwendung der Maschenregel liefert:

$$\underline{U}_2 + y_{21}\,\underline{U}_1\,\underline{Z}_p = 0 \quad \text{somit wird} \quad \underline{U}_2 = -\,y_{21}\,\underline{U}_1\,\underline{Z}_p\,,$$

$$\underline{Z}_p = \frac{R_p}{1 + j\,\Omega} \quad \text{und} \quad \Omega = Q\,v$$

und damit ergibt die Verstärkung:

$$\underline{V}_u = \frac{\underline{U}_2}{\underline{U}_1} = -\,y_{21}\,\frac{R_p}{1 + j\,\Omega} \quad \text{bzw.} \quad \left|\underline{V}_u\right| = \left|y_{21}\right|\,\frac{R_p}{\sqrt{1 + \Omega^2}}\,, \qquad (5.25)$$

mit

$$\left|y_{21}\right| = \sqrt{g_{21}^2 + b_{21}^2}\,, \quad \text{meist } b_{21} = 0.$$

Gleichung (5.25) kann auf die einfache, aus der Röhrentechnik bekannte Form gebracht werden: *Verstärkung =Steilheit mal Widerstand.*

Weiterhin kann festgestellt werden, daß die Verstärkung als Funktion der Frequenz bzw. der normierten Verstimmung den gleichen Verlauf hat wie der Betrag des komplexen Parallelwiderstands $|\underline{Z}_p|$ (Abb. 5.50).

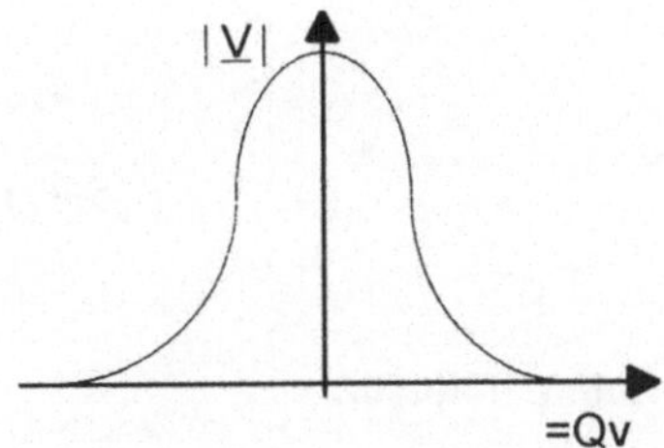

Abb. 5.50 Selektionskurve

Normiert man noch Gl. (5.25) auf den Höchstwert bei Resonanz (Qv = 0), dann erhält man:

$$\frac{\left|\underline{V}_u\right|}{\left|\underline{V}_{u0}\right|} = \frac{1}{\sqrt{1 + \Omega^2}}\,.$$

Mit der Normierung sind alle Formeln des einfachen Parallelschwingkreises auch für den hochpunktgekoppelten Selektivverstärker gültig, auch die Bandbreite:

$$B = \frac{f_0}{Q}\,.$$

An dieser Stelle wird der Begriff der Trennschärfe eingeführt. Er gilt ganz allgemein für alle nachfolgend zu betrachtenden Verstärker.

Definition 5.1. Die Selektion bzw. Trennschärfe ist ein Maß für die Unterdrükkung unerwünschter Nachbarfrequenzen. Sie gibt das Verhältnis des Betrags der Verstärkung bei Resonanz ($|\underline{V}_{u\,0}|$) gegenüber dem Betrag der Verstärkung bei einer beliebigen Frequenz an ($|\underline{V}_u|$) an. Beide Begriffe (Trennschärfe T und Selektion S) stehen für ein und denselben Sachverhalt.

Als Formel ausgedrückt bedeutet das:

$$\frac{|\underline{V}_{u\,0}|}{|\underline{V}_u|} = S = T = \sqrt{1 + \Omega^2} \tag{5.26}$$

Achtung !!! Gleichung (5.26) gilt im Gegensatz zur allgemeinen Definition nur für den hochpunktgekoppelten Selektivverstärker, und muß für jeden anderen Verstärker neu berechnet werden. Man kann Gl. (5.26) noch durch die Bandbreite ausdrücken. Es gilt:

$$v \approx \frac{2\,\Delta f}{f_0} \quad \text{und} \quad B = \frac{f_0}{Q}.$$

Damit wird:

$$B\,Q = f_0 = \frac{2\,\Delta f}{v} \quad \text{und somit} \quad Q\,v = \frac{2\,\Delta f}{B},$$

$$T = \sqrt{1 + 4\left(\frac{\Delta f}{B}\right)^2} \tag{5.27}$$

B: Bandbreite
Δf: Abweichung der Frequenz von der Resonanzfrequenz.

Anmerkung: Man kann das Ergebnis, Gl. (5.25), auch auf anderem Wege erhalten. Aus den Betriebsparametern ergab sich für die Spannungsverstärkung:

$$\underline{V}_u = -\frac{y_{21}\,\underline{Z}_L}{1 + y_{22}\,\underline{Z}_L} = -\frac{y_{21}}{\dfrac{1}{\underline{Z}_L} + y_{22}} = -y_{21}\frac{1}{y_p} = -y_{21}\,\underline{Z}_p \tag{5.28}$$

mit

$$y_p = \frac{1}{\underline{Z}_L} + y_{22}.$$

Gleichung (5.28) liefert auf anderem Wege das schon beim hochpunktgekoppelten Selektivverstärker erhaltene Ergebnis: *Spannungsverstärkung ist gleich Steilheit mal komplexem Lastwiderstand.*

Zum Schluß muß noch die Feststellung getroffen werden, daß parallel zum Schwingkreis liegende Widerstände denselben bedämpfen, wohingegen parallel liegende Kapazitäten den Schwingkreis verstimmen. Diese Verhältnisse werden in Abb. 5.51 qualitativ wiedergegeben.

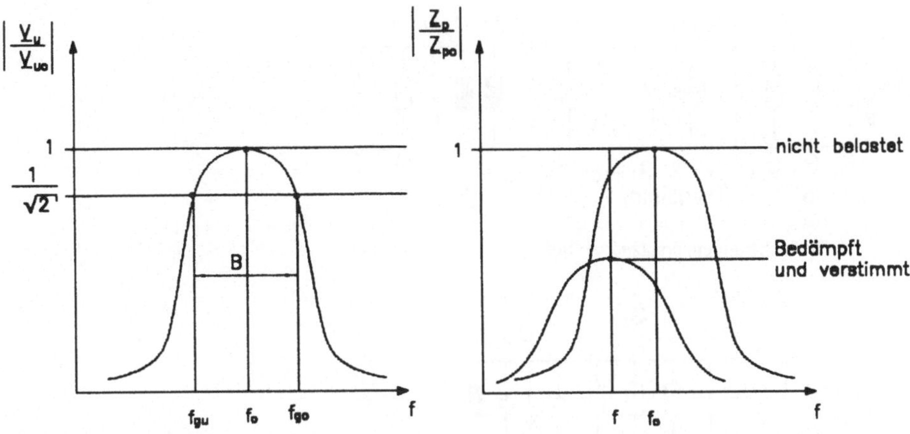

Abb. 5.51 Einfluß paralleler Widerstände und Kapazitäten auf den Schwingkreis

5.2.4.4 Einzelkreisverstärker mit transformatorischer Kopplung

Der Verstärker des vorigen Abschnitts hatte den Nachteil, daß der Arbeitswiderstand R_a den Schwingkreis bedämpfte und damit Verstärkung und Selektion reduzierte. Das kann man durch transformatorische Ankopplung der Last reduzieren, die Folgen sind:

- Es verkleinert sich die Bandbreite,
- es verbessert sich die Flankensteilheit der Resonanzkurve,
- es verbessert sich die Trennschärfe und
- außerdem verstimmen C_{22} und C_a den Schwingkreis weniger.

Der Stromlaufplan des Verstärkers ist Abb. 5.52 zu entnehmen.

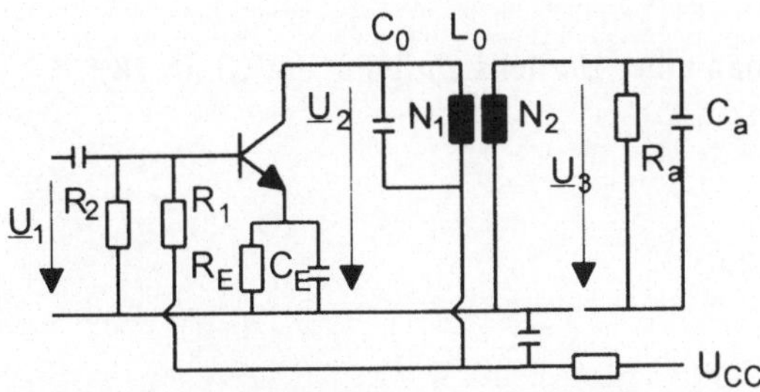

Abb. 5.52 Transformatorisch gekoppelter Selektivverstärker

Die Hochfrequenzersatzschaltung liefert für den Verstärker nach Abb. 5.52 ohne Zusammenfassung von Bauelementen Abb. 5.23.

Faßt man den Basisspannungsteiler zusammen und transformiert die Last noch in den Schwingkreis hinein, dann erhält man Abb. 5.54.

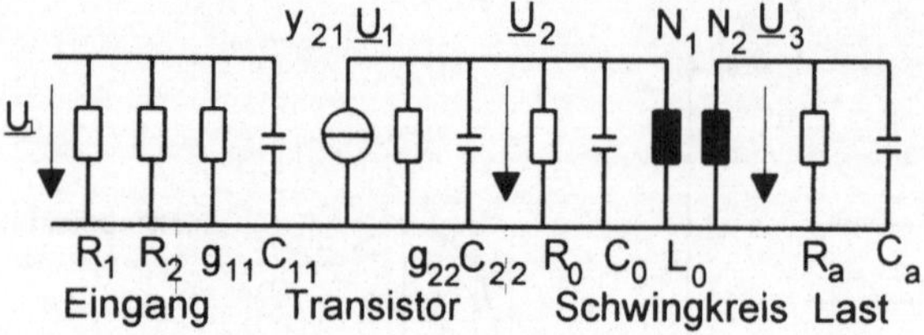

Abb. 5.53 Hochfrequenzersatzschaltbild

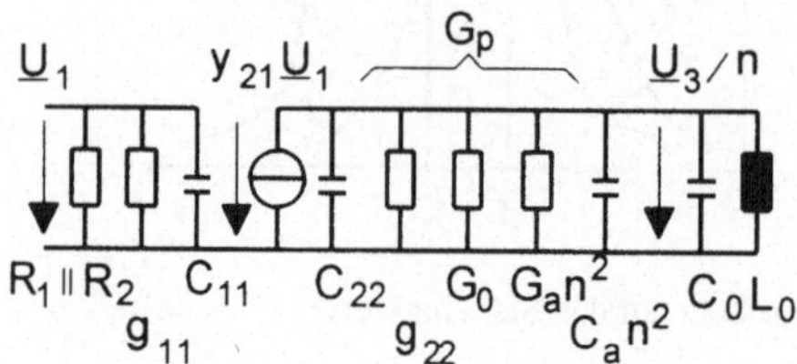

Abb. 5.54 Vereinfachtes Ersatzschaltbild nach Abb. 5.53

Die in den Schwingkreis transformierten Größen sind mit einem Stern markiert. Nach den Transformationsgesetzen kann man nachstehende Relationen aufstellen:

$$\ddot{u} = \frac{N_1}{N_2} = \frac{1}{n} \quad \text{und wegen} \quad \frac{U_2}{U_3} = (\frac{N_1}{N_2}) \quad \text{folgt} \quad \underline{U}_2 = \underline{U}_3 \; \frac{1}{n}.$$

Damit wird:

$$\frac{C_a^*}{C_a} = (\frac{N_2}{N_1})^2 \quad \text{und} \quad \frac{R_a^*}{R_a} = (\frac{N_1}{N_2})^2,$$

$$C_a^* = C_a \, n^2 \quad \text{und} \quad G_a^* = G_a \, n^2.$$

Für die Ausgangsspannung erhält man unter Berücksichtigung der Gl. (5.28):

$$\frac{\underline{U}_3}{n} = - y_{21} \underline{U}_1 \frac{R_p}{1 + j\,\Omega}.$$

Daraus ergibt sich die Verstärkung zu:

$$\underline{V}_u = \frac{\underline{U}_3}{\underline{U}_1} = - y_{21} \frac{R_p}{1 + j\,\Omega} \, n$$

und damit der Betrag

$$|\underline{V}_u| = |y_{21}| \, n \, \frac{R_p}{\sqrt{1 + \Omega^2}} \tag{5.29}$$

mit den Zusammenfassungen:

$$G_p = R_p^{-1} = g_{22} + G_0 + G_a \, n^2 \quad \text{und} \quad C_p = C_{22} + C_0 + C_a \, n^2.$$

Häufig ist eine bestimmte Betriebsbandbreite vorgegeben und es muß das Übersetzungsverhältnis dementsprechend berechnet werden, das kann über die Betriebsbandbreite erfolgen. Da sie proportional zum Betriebsleitwert ist, kann folgende Beziehung formuliert werden:

$$B = B_0 \frac{G_p}{G_0} = B_0 \frac{g_{22} + G_0 + G_a\, n^2}{G_0} \; ,$$

nach einfachen Umrechnungen folgt:

$$n = \sqrt{\left(\frac{B}{B_0} - 1 - \frac{g_{22}}{G_0}\right) \frac{G_0}{G_a}} \; . \tag{5.30}$$

Wenn hingegen nach der maximalen Verstärkung in Abhängigkeit vom Übersetzungsverhältnis gefragt ist, dann liefert die Lösung der Extremwertaufgabe das gewünschte Ergebnis (Differentiation der Verstärkung $|\underline{V}_{u\,0}|$ nach n usw.).

$$|\underline{V}_{u\,0}| = y_{21}\, n\, R_p \quad \text{mit} \quad R_p = 1/(g_{22} + G_0 + G_a\, n^2)$$

Daraus ergeben sich das notwendige Übersetzungsverhältnis und die Bandbreite:

$$n = \sqrt{\frac{g_{22} + G_0}{G_a}} \quad \text{und} \quad B = 2\, B_0 \frac{g_{22} + G_0}{G_0} \tag{5.31}$$

5.2.4.5 Einzelkreisverstärker mit Spartransformator

Da für die dynamischen Betriebsgrößen die Kenntnis des statischen Stromlaufplans nicht erforderlich ist, wird gleich von der dynamischen Ersatzschaltung ausgegangen. Weiter wird angenommen, daß entweder keine Rückwirkungen auftreten oder diese durch Neutralisation unwirksam gemacht worden sind (Abb. 5.55).

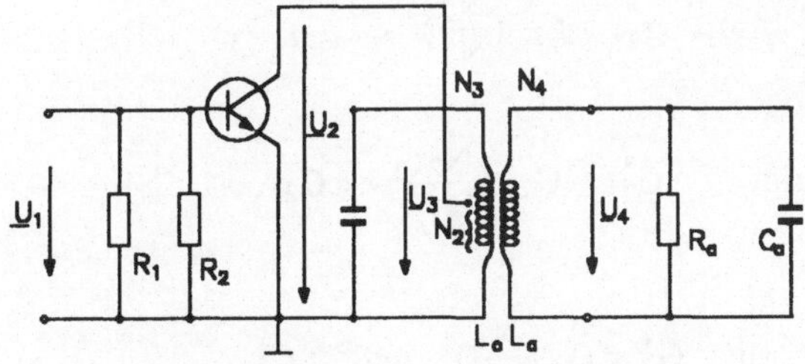

Abb. 5.55 Dynamische Ersatzschaltung eines Einzelkreisverstärkers mit Spartransformator

Ersetzt man den Transistor seinerseits durch sein Leitwertparameterersatzschaltbild, dann nimmt die dynamisch wirksame Schaltung das Aussehen gemäß Abb. 5.56 an.

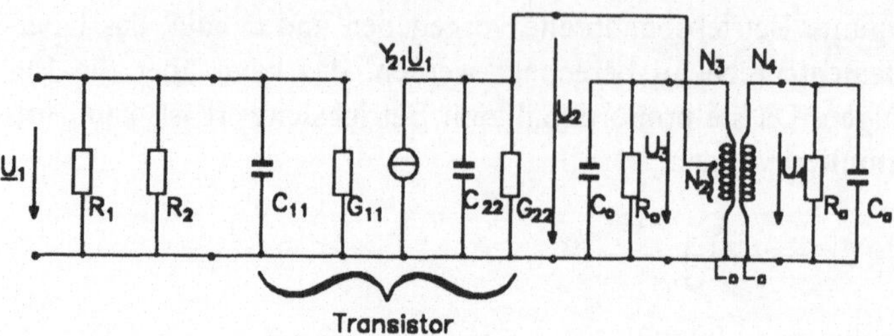

Abb. 5.56 Komplettes Ersatzschaltbild zu Abb. 5.55

Die Verstärkung berechnet sich, wie gehabt, nach Gl. (5.28), deshalb soll darauf nicht weiter eingegangen werden. Hier werden nur die für den Schwingkreis relevanten Größen betrachtet. In den Schwingkreis transformierte Größen sind wieder durch einen Stern gekennzeichnet. Wegen der vollständigen Entkopplung zwischen Ein- und Ausgang bleibt nur der in Abb. 5.57 dargestellte Schaltungsteil wirksam.

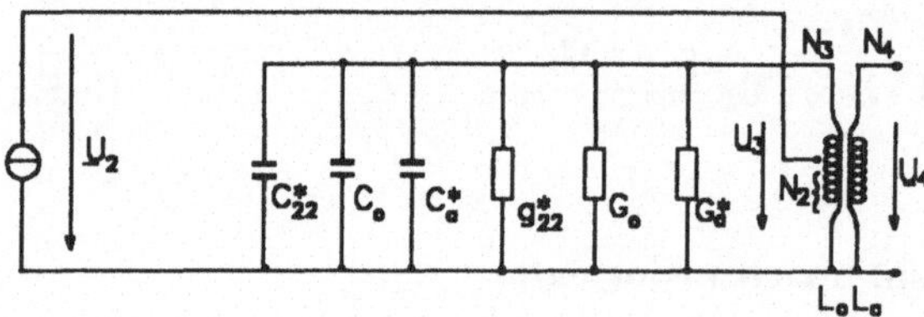

Abb. 5.57 Auf den Schwingkreis reduzierte Ersatzschaltung zu Abb. 5.56

Man erhält mit $ü_1 = N_3/N_2$ *Transformation der Transistorgrößen in den Schwingkreis* und mit $ü_2 = N_3/N_4$ *Transformation der Lastgrößen in den Schwingkreis* folgende Berechnungsgrundlagen:

$$ü_1{}^2 = \frac{R_{22}^*}{R_{22}} = \left(\frac{N_3}{N_2}\right)^2 = \frac{g_{22}}{g_{22}^*} \quad \text{mit} \quad g_{22}^* = g_{22}\left(\frac{N_2}{N_3}\right)^2 \ll g_{22},$$

$$ü_1{}^2 = \frac{C_{22}}{C_{22}^*} \quad \text{woraus folgt} \quad C_{22}^* = C_{22}\left(\frac{N_2}{N_3}\right)^2 \ll C_{22},$$

$$\frac{R_a^*}{R_a} = \left(\frac{N_3}{N_4}\right)^2 = \frac{G_a}{G_a^*} = ü_2^2 \quad \text{mit} \quad G_a^* = G_a\left(\frac{N_4}{N_3}\right)^2 \quad \text{und}$$

$$C_a^* = C_a\left(\frac{N_4}{N_3}\right)^2.$$

Die auf der rechten Seite stehenden Formeln sind für Selektivverstärker von fundamentaler Bedeutung. *Da wegen der Anzapfung $N_2 < N_3$ ist, kann man bei geeigneter Wahl des Übersetzungsverhältnisses erreichen, daß $g_{22}{}^* \ll g_{22}$ wird und* *das bedeutet, daß sich der Transistorausgangswiderstand hochohmig in den Schwingkreis reintransformiert, diesen somit weniger belastet als ohne Transformation und damit Güte und Bandbreite weniger beeinflußt werden. Man darf dabei aber nicht verkennen, daß sich die Transistorausgangsspannung runtertransformiert. Analoge Verhältnisse haben wir bei der parasitären Transistorausgangskapazität. Sie wird im selben Maße reduziert und beeinflußt so die Resonanzfrequenz weniger und der Schwingkreis wird frequenzstabiler. Die Temperaturabhängigkeit des Transistors verliert wesentlich an Einfluß. Bei den Lasttransformationen sind die Verhältnisse abhängig von der Wahl des Windungszahlenverhältnisses N_1/N_3. Wählt man $N_1/N_3 < 1$, so gelten analoge Aussagen.*

5.2.4.6 Schaltungen mit n gleichen, auf die Bandmittenfrequenz abgestimmten Resonanzverstärkern

Werden mehrere Verstärker mit den unter Abschn. 5.2.4.3 genannten Eigenschaften in Kette geschaltet, dann vergrößern sich Verstärkung und Selektivität. Wenn die einzelnen Stufen ausreichend entkoppelt sind, dann ergibt sich die Gesamtverstärkung als das Produkt der Einzelverstärkungen. Die Verstärkung des einzelnen Verstärkers ergibt sich aus Gl. (5.25). Normiert man noch auf den Wert bei Resonanz, dann ergibt sich:

$$\left| \frac{\underline{V}_u}{\underline{V}_{u\,max}} \right| = \left| \underline{V}_{u\,norm} \right| = \frac{1}{\sqrt{1 + \Omega^2}} .$$

Es wird wieder nur die dynamische Verstärkerersatzschaltung dargestellt (Abb. 5.58).

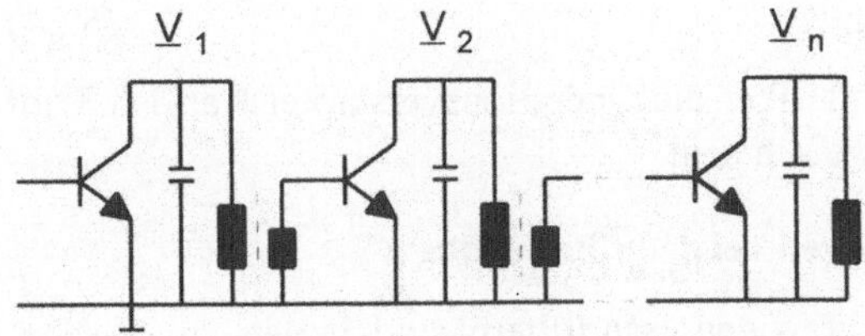

Abb. 5.58 n -stufiger gleichabgestimmter Selektivverstärker

Die Gesamtverstärkung ist dann: $\underline{V}_{u\,ges} = \underline{V}_{u\,1}\,\underline{V}_{u\,2} \dots \underline{V}_{u\,n} = \underline{V}_u^{\,n}$ und somit

$$\left| \underline{V}_{u\,Ges\,norm} \right| = \left(\frac{1}{\sqrt{1 + \Omega^2}} \right)^n . \tag{5.32}$$

Interessant ist nun die erzielbare Bandbreite. Zur Berechnung hat man sich zu fragen, bei welcher normierten Verstimmung die normierte Verstärkung von 1 auf 1 durch Wurzel 2 abgefallen ist, d.h. man hat die folgende algebraische Gleichung zu lösen:

$$\frac{1}{\sqrt{1 + \Omega_0^2}^{\,n}} = \frac{1}{\sqrt{2}}; \quad \Omega_0 = \sqrt{\sqrt[n]{2} - 1} = Q_0\, v \approx Q_0\, \frac{2\Delta f_B}{f_0},$$

da $2\,\Delta f_B = B$ und $\dfrac{f_0}{Q_0} = B_0$ ist, erhält man letztlich:

$$B_{ges} = B_0\, \sqrt{\sqrt[n]{2} - 1} \tag{5.33}$$

Mit Gl. (5.33) kann man bei gegebener Einzelkreisbandbreite die Verstärkerbandbreite berechnen. In Tabelle 5.2. sind einige Werte angegeben.

Tabelle 5.2. Darstellung des Verhältnisses Gesamtbandbreite zu Einzelkreisbandbreite in Abhängigkeit von der Zahl der Kreise

n	1	2	3	4	5
B_{ges}/B_0	1	0,644	0,510	0,435	0,385
B_0/B_{Ges}	1	1,55	1,96	2,30	2,59

Bei gegebener Gesamtbandbreite des Verstärkers muß die Stufenbandbreite entsprechend vergrößert werden, was zur Folge hat, daß die Resonanzwiderstände kleiner werden und die Verstärkung wegen (5.25) abnimmt. Es lassen sich somit nicht Bandbreiten und Verstärkung unabhängig von einander wählen, sondern wird eine große Bandbreite gefordert, so wird nur eine geringe Verstärkung realisierbar sein und umgekehrt. Hier deutet sich bereits ein wichtiger Zusammenhang in der Verstärkertechnik an, nämlich: *Das Produkt aus Bandbreite mal Verstärkung ist konstant* oder

$$B\,|\,\underline{V}\,| = B_0\,|\,\underline{V}_0\,| = \text{konstant}. \tag{5.34}$$

Dieser Satz wird im Abschn. 1, Bd 2 über die Operationsverstärker Kap. 1.5.3 auf sehr elegante Art und Weise zu beweisen sein.

5.2.4.7 Bandfilterverstärker mit zweikreisigen Bandfiltern

Wesentliche Einzelheiten zu zweikreisigen Bandfiltern sind bereits in Abschn. 3.4.6 ausgeführt worden, so daß an dieser Stelle darauf verzichtet werden kann. Hier werden lediglich die durch ein- und ausgangsseitige Transformation bedingten Änderungen der bisher erhaltenen Ergebnisse dargestellt. In Gl. (5.28) wurde bereits angegeben:

$$\underline{V}_u^{\,*} = -\, y_{21}\, \underline{Z}p \;,$$

wobei sich der * auf die Hochpunktkopplung bezieht. In Abschn. 3.4.6 Gl. (3.35) wurde der Übertragungsfaktor für zweikreisige Bandfilter mitgeteilt, er lautete:

$$\frac{\underline{U}_2^{\,*}}{\underline{U}_1} = j\, A\, R_p\, \frac{x}{(1 + j\,\Omega)^2 + x^2}$$

mit dort festgelegten Bezeichnungen. Man erhält somit die Verstärkung:

$$\underline{V}_u^* = -\, y_{21}\, A\, j\, R_p\, \frac{x}{(1 + j\,\Omega)^2 + x^2}\;.$$

Die Verstärkung in Abhängigkeit von der normierten Verstimmung ist in Abb. 5.59 dargestellt.

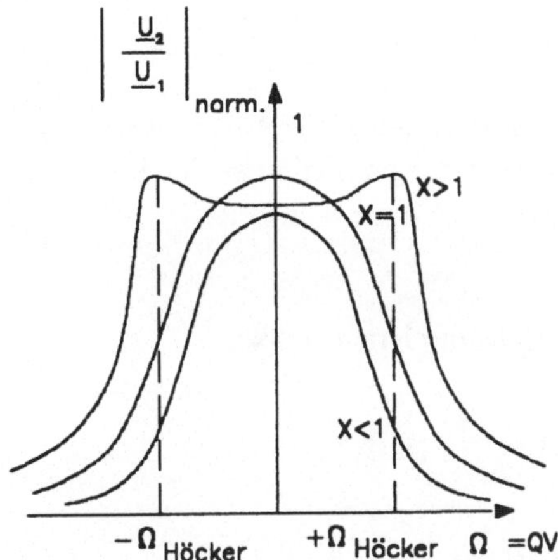

Abb. 5.59 Verstärkungskurven eines Bandfilterverstärkers

Die bisherigen Betrachtungen sollen durch folgenden konkreten Fall als Beispiel vertieft werden. Gegeben ist die Schaltung nach Abb. 5.60.

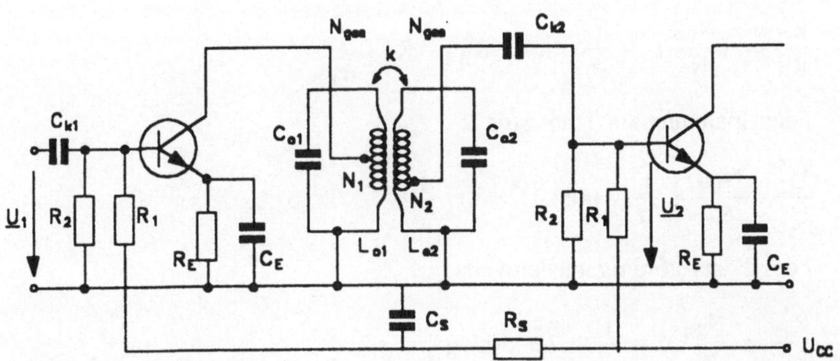

Abb. 5.60 Bandfilterverstärker

Führt man die Transformation aus und bildet das HF-Ersatzschaltbild, dann erhält man Abb. 5.61.

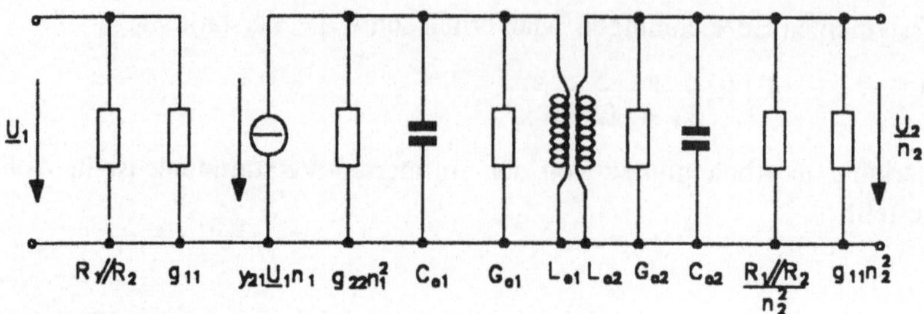

Abb. 5.61 Ersatzschaltbild zum Verstärker nach Abb. 5.60

Der Verstärker wird als rückwirkungsfrei angenommen. Der * bezieht sich wieder auf den Hochpunkt des Kreises. Die Übersetzungsverhältnisse der Spulenanzapfungen werden wie folgt definiert:

$$n_1 = N_1/N_{ges}\,, \qquad n_2 = N_2/N_{ges}\,.$$

Damit erhält man die in die Schwingkreise transformierten Größen:

- Transformation:

    / des Stroms: $y_{21}\,\underline{U}_1$

$$\frac{y_{21}\underline{U}_1^*}{y_{21}\underline{U}_1} = \frac{N_1}{N_{ges}} \quad \text{mit} \quad y_{21}^*\underline{U}_1^* = y_{21}\,\underline{U}_1\,n_1,$$

    / des Leitwerts: g_{22}

$$\frac{R_{22}}{R_{22}^*} = \left(\frac{N_1}{N_{ges}}\right)^2 = \frac{g_{22}^*}{g_{22}} = n_1^2 \quad \text{mit}\ g_{22}^* = g_{22}\,n_1^2,$$

    / des Widerstands: R_{B2}

$$\frac{R_{B2}^*}{R_{B2}} = \left(\frac{N_{ges}}{N_2}\right)^2 = \frac{1}{n_2^2} \quad \text{mit}\quad R_{B2}^* = R_{B2}\,\frac{1}{n_2^2},$$

    / der Spannung am Transistor 2:

$$\frac{\underline{U}_2^*}{\underline{U}_2} = \frac{N_{ges}}{N_2} = \frac{1}{n_2} \quad \text{mit}\quad \underline{U}_2^* = \underline{U}_2\,\frac{1}{n_2},$$

    / des Transistoreingangsleitwerts: g_{11}

$$\frac{R_{11}^*}{R_{11}} = \left(\frac{N_{ges}}{N_2}\right)^2 = \frac{1}{n_2^2} = \frac{g_{11}}{g_{11}^*} \quad \text{mit}\ g_{11}^* = g_{11}\,n_2^2\,.$$

Nun kann die Verstärkung unter Berücksichtigung der Transformationsverhältnisse angegeben werden:

allgemein:
$$|\underline{V}_u| = |y_{21}|\,n_1\,n_2\,R_p\,\frac{x}{\sqrt{(1+x^2-\Omega^2)^2 + 4\Omega^2}},$$

bei Resonanz: $| \underline{V}_u |_{Res} = | y_{21} | \, n_1 \, n_2 \, R_p \, \dfrac{x}{1 + x^2}$,

bei Resonanz und kritischer Kopplung, d.h. $x = Q \, k = 1$

$\quad | \underline{V}_u |_{Res,\,krit} = | y_{21} | \, n_1 \, n_2 \, R_p / 2.$

Die zuletzt bestimmte Verstärkung ist auch gleichzeitig die Spannungsverstärkung für die bei $x > 1$ auftretende Höckerspannungsverstärkung $|\underline{V}_u|_{Höcker}$. Damit erhält man die auf die Höcker normierte Gesamtverstärkung zu:

$$\frac{|\underline{V}_u|}{|\underline{V}_u|_{Höcker}} = |\underline{V}_u|_{norm} = \frac{2\,x}{\sqrt{(1 + x^2 - \Omega^2)^2 + 4\Omega^2}} \tag{5.35}$$

Das vorliegende Ergebnis besagt, daß die normierte Spannungsverstärkung mit dem Übertragungsfaktor des einfachen zweikreisigen Bandfilters identisch ist und daß die Übertragung vom Schwingkreis 1 auf den Schwingkreis 2 wegen der gleichen Gesamtwindungszahl keinen Einfluß auf die Verstärkung hat. In der Praxis ist es nützlich, bei Vorgabe der Bandbreite die notwendigen Übersetzungsverhältnisse bestimmen zu können, deshalb dazu eine kurze Rechnung. Voraussetzung der folgenden Betrachtungen ist völlig symmetrischer Aufbau. Darüber hinaus werden noch folgende Festlegungen getroffen:

- $B_0 = f_0/Q_0$ Bandbreite der unbedämpften Primär- und Sekundärkreise,
- $B_1 = B_2 = f_0/Q$ Bandbreite der bedämpften Primär- und Sekundärkreise,
- B Bandbreite des Bandfilters,
- $Q_1 = Q_2 = Q$ Güte der bedämpften Primär- und Sekundärkreise.

Mit diesen Festlegungen ergeben sich folgende mathematischen Zusammenhänge:

$$B_1 = \frac{f_0}{Q} = \frac{f_0}{R_p\,\omega_o C} \quad \text{daraus folgt} \quad B_1 = \frac{f_0}{R_p\,2\,\pi\,f_0 C} = \frac{G_p}{2\,\pi\,C} ,$$

$$G_p = 2\,\pi\,C\,B_1 \quad \text{und analog} \quad G_0 = 2\,\pi\,C\,B_0 ,$$

$$G_p = G_0 + g_{22}\,n_1^2 \quad \text{somit} \quad n_1 = \sqrt{\frac{G_p - G_0}{g_{22}}} \quad \text{und letztlich}$$

$$n_1 = \sqrt{\frac{2\,\pi\,C\,(B_1 - B_0)}{g_{22}}} \quad \text{für die Primärseite}$$

$$n_2 = \sqrt{\frac{2\,\pi\,C\,(B_1 - B_0)}{G_b}} \quad \text{für die Sekundärseite.}$$

G_b ist der Belastungsleitwert (z.B. g_{11} des Folgetransistors).

Zum Schluß noch einen Hinweis zum Filterabgleich: Da bei starker Kopplung beim Abgleich ein sog. Mitzieheffekt auftritt, müssen die Kreise zunächst wechselseitig bedämpft werden. Dazu geht man folgendermaßen vor:

- Man bedämpft den Primärkreis und gleicht den Sekundärkreis auf das Maximum ab.
- Nun bedämpft man den Sekundärkreis (unter gleichzeitiger Aufhebung der Primärkreisbedämpfung) und gleicht den Primärkreis auf Maximum ab.
- Zweckmäßigerweise wiederholt man die Procedur, bis keine Änderungen mehr auftreten.

5.3 Übungen

Beispiel 5.1   Zu nachstehender Schaltung ist die Kausalkette bzgl. der Wirkungsweise der statischen Arbeitspunktstabilisierung anzugeben.

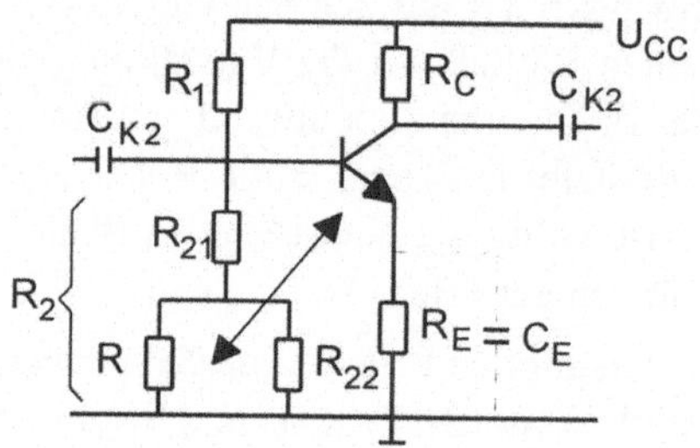

Grundsätzlich muß gelten: $TK_R = TK_{Transistor} = -2{,}5\ mV/K$.
Lösung:
R_E sollte hier relativ klein gewählt werden, so daß die Spannung U_{RE} etwa (0,2 ... 0,5) V beträgt. Die Kausalkette hat folgendes Aussehen: z.B. (da der $TK_R < 0$ sein soll, also ein Heißleiter sein muß) bedeutet das, temperaturbedingt nehme der Kollektorstrom zu, gemäß Wirkung des Heißleiters nimmt der Kollektorstrom ab, beide Tendenzen sind gegenläufig und somit erfolgt eine Stabilisierung des Kollektorstroms. Es muß jedoch angemerkt werden, daß die Dimensionierung wegen der nichtlinearen Temperaturkurve des Thermistors nicht ganz einfach ist und daß sie zweckmäßiger Weise experimentell erfolgen sollte. Darüber hinaus trifft analoges auf die Widerstände R_{21} und R_{22} zu, ihr Aufgaben sind:
R_{21}: Begrenzung von R_2 bei zunehmender Außentemperatur auf bestimmte Mindestwerte (im Extremfall auf R_{21}).
R_{22}: Begrenzung von R_2 bei abnehmender Außentemperatur auf bestimmte Maximalwerte (im Extremfall auf $R_{21} + R$).

Beispiel 5.2   In diesem Beispiel soll die Stabilisierung durch eine Diode im thermischen Kontakt mit dem Transistor realisiert werden. Die Stabilisierungswirkung ist nachzuweisen und die Schaltung anzugeben.

Lösung:

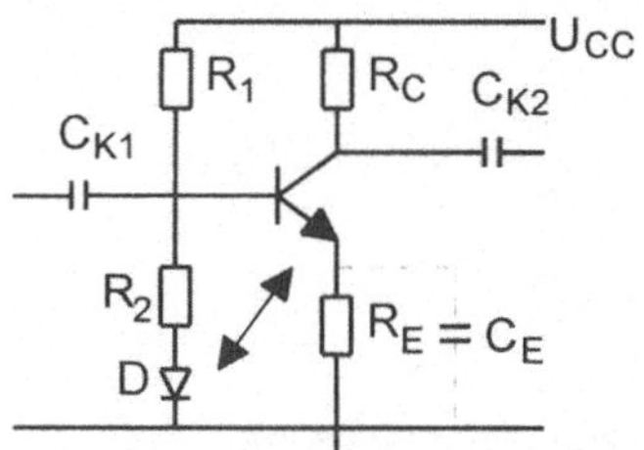

Durch gleiches Halbleitermaterial von Diode und Transistor wird der Arbeitspunkt stabilisiert. Die Dimensionierung von R_2 erfolgt mit Hilfe der Maschenregel und ergibt:

$$R_2 = \frac{U_{RE} + U_{BEA} - U_F}{I_q} \approx \frac{U_{RE}}{I_q}$$

Da R_2 konstant ist und I_q von Arbeitspunktschwankungen des Transistors unabhängig ist, muß U_{RE} und damit I_{CA} konstant, also stabil sein.

Beispiel 5.3 Es sind für die Schaltung nach Abb. 5.47 folgende Daten zu ermitteln: Resonanzfrequenz, Resonanzwiderstand, Güte, Bandbreite, Selektion und Resonanzverstärkung ohne und mit Belastung. Der Nachbarkanal liegt 9 kHz neben der Verstärkermittenfrequenz.
Gegeben sind: $L_0 = 50$ µH; $Q_L = 125$; $C_0 = 500$ pF; $Q_C = 500$ da $\tan \delta_C = 2 \cdot 10^{-3}$ ist; $g_{11} = 0{,}7$ mS; $g_{22} = 30$ µS; $C_{11} = 110$ pF; $C_{22} = 29$ pF; $|y_{21}| = 16$ mS; $R_a = 50$ kΩ; $C_a = 50$ pF; $C_{Sch} = 15$ pF.
Lösung:
ohne Belastung: Index 00
mit Belastung: Index 0

$$Q_{00} = \frac{Q_C \, Q_L}{Q_C + Q_L} = 100 \, ,$$

$$R_{00} = Q_0 \sqrt{\frac{L_0}{C_0}} = 31{,}6 \text{ k}\Omega,$$

$$f_{00} = \frac{1}{2 \pi \sqrt{L_0 \, C_0}} = 1{,}006584 \text{ MHz} \, ,$$

$$B_{00} = f_{00}/Q_{00} = 10{,}073 \text{ kHz,}$$

$$T_{00} = \sqrt{1 + (Q_{00} \, v_{00})^2} \, , \quad v_{00} \approx \frac{2 \, \Delta f}{f_{00}} = \frac{18 \text{ kHz}}{1 \text{ MHz}} = 0{,}018 \, ,$$

$$T_{00} = 2{,}06.$$

$$\text{Wegen } Q_{00} = f_{00}/B_{00} = \omega_{00}\, C_0\, R_{00} \text{ mit } R_{00} = \frac{1}{2\,\pi\, C_0\, R_{00}}$$

$$\text{erhält man für } |\underline{V}_{u\,00}| = \frac{|y_{21}|}{2\,\pi\, B_{00}\, C_0} = 509 .$$

$$\left|\underline{V}_{u\,00\,\Delta f}\right| = \frac{|y_{21}|\, R_{00}}{T_{00}} = 245$$

d.h. die Verstärkung fällt im Nachbarkanal auf etwa 48 % gegenüber dem Nutzkanal ab.

$$R_p = (1/g_{22})\, \|\, R_{00}\, \|\, R_a = 12{,}24 \text{ k}\Omega,$$

$$C_p = C_{22} + C_0 + C_{Sch} + C_a = 594 \text{ pF},$$

$$Q = R_p \sqrt{\frac{C_p}{L_0}} = 42{,}2 ,$$

$$f_0 = \frac{1}{2\,\pi\, \sqrt{L_0\, C_p}} = 923{,}5 \text{ kHz},$$

$$B = f_0/Q = 21{,}88 \text{ kHz},$$

$$v = \frac{18 \text{ kHz}}{923{,}5 \text{ kHz}} = 0{,}0195 \quad \text{und damit} \quad T = 1{,}3 ,$$

$$|\underline{V}_{u\,0}| = |y_{21}|\, R_p = 195{,}8,$$

$$\left|\underline{V}_{u\,0\,\Delta f}\right| = \frac{|y_{21}|\, R_p}{T} = 150{,}6$$

d.h. die Verstärkung im Nachbarkanal fällt nur auf 77 % gegenüber dem Nutzkanal ab.

Beispiel 5.4   Ausgehend von Abb. 5.55 sollen f_{00} und B_{00} sowie f_0 und B berechnet werden.

Gegeben sind: $N_2 = 20$ Wdg; $N_3 = 100$ Wdg; $N_4 = 20$ Wdg; ferner $1/g_{22} = 33{,}3$ kΩ; $R_0 = 31{,}6$ kΩ; $R_a = 50$ kΩ; $C_{22} = 29$ pF; $C_a = 50$ pF; $L_0 = 50\ \mu$H; $C_0 = 500$ pF.

Lösung:

$$f_{00} = \frac{1}{2\,\pi\, \sqrt{L_0\, C_0}} = 1{,}0066 \text{ MHz},$$

$$B_{00} = \frac{f_{00}}{R_{00}\, \omega_{00}\, C_0} = \frac{1}{2\,\pi\, R_{00}\, C_0} = 10{,}105 \text{ kHz},$$

$$g_{22}^* = g_{22} \, (N_2/\, N_3)^2 = 1{,}201 \ \mu S, \quad R_{22}^* = 832 \ k\Omega,$$

$$C_{22}^* = C_{22} \, (N_2/\, N_3)^2 = 1{,}16 \ pF,$$

$$G_a^* = G_a \, (N_4/\, N_3)^2 = 0{,}8 \ \mu S, \quad R_a^* = 1{,}25 \ M\Omega,$$

$$C_p = C_0 + C_{22}^* + C_a^* = 503{,}16 \ pF,$$

$$R_p^{-1} = g_{22}^* + R_{00}^{-1} + G_a^* = 33{,}65 \ \mu S, \quad R_p = 29{,}72 \ k\Omega,$$

$$f_0 = \frac{1}{2\,\pi\,\sqrt{L_0\,C_p}} = 1{,}0034 \ MHz \ ,$$

$$B = \frac{1}{2\,\pi\,R_p\,C_p} = 10{,}64 \ kHz \ ,$$

$$\Delta A = \frac{A_{00} - A_0}{A_{00}} \ 100 \quad \text{woraus folgt:}$$

$\Delta f = 0{,}3 \ \%$ und $\Delta B = 5{,}3 \ \%$.

Die Ergebnisse ohne und mit Belastung sind zu vergleichen, um den großen Einfluß der Belastung richtig werten zu können.

Beispiel 5.5 Es ist ein Breitbandverstärker gegeben. Es soll der Betrag der Spannungsverstärkung für die Fälle berechnet werden, daß der Lastwiderstand einmal $\underline{Z}_L = 10 \ k\Omega$ beträgt und das andere mal noch mit einem Phasenwinkel von $- 45°$ bei gleichem Betrag behaftet ist. Dazu sind die folgenden Daten bekannt: $f = 10 \ MHz$; $U_{CE} = 6 \ V$; $I_C = 1 \ mA$; $g_{11} = 2 \cdot 10^{-3} \ S$; $C_{11} = 60 \ pF$; $|\, y_{21}\,| = 30 \cdot 10^{-3} \ S$; $g_{22} = 40 \cdot 10^{-6} \ S$; $C_{22} = 3{,}3 \ pF$.

Lösung:

$$|\,\underline{V}_u\,| = \left| - \frac{y_{21}\,\underline{Z}_L}{1 + y_{22}\,\underline{Z}_L} \right| = 120 \quad \text{wobei} \quad y_{22} = g_{22} + j\,\omega\,C_{22} \ \text{ist.}$$

Setzt man in dieselbe Formel den phasenbehafteten Lastwiderstand ein, dann erhält man: $|\,\underline{V}_u\,| = 100$. Man erkennt also, daß der Phasenanteil erheblichen Einfluß auf die Verstärkung hat.

Aufgabe 5.1 Ein Transistorbegrenzer soll die Amplitude einer frequenzmodulierten Schwingung auf 1,0 V begrenzen. Wie groß muß die Betriebsspannung gewählt werden, wenn $R_C = 10 \ k\Omega$ und der Lastwiderstand $R_L = 5 \ k\Omega$ betragen? Die Restspannung des Transistors soll unabhängig von I_C mit 0,2 V angenommen werden.

Anleitung: Es ist ein selbstangefertigtes Kennlinienfeld zu konstruieren und es sind die statische und dynamische Lastgerade einzutragen.
Lösung:
Die Betriebsspannung ist mit 3,2 V festzulegen.

Aufgabe 5.2   Es sind Spannung und Wechselstromleistung, die am Abschlußwiderstand R_a des zweistufigen Verstärkers auftreten, zu berechnen. Die Berechnung soll bei Mittenfrequenz des Verstärkers erfolgen. Den beiden Emitterstufen liegt statische Spannungsspeisung und statische Stromgegenkopplung zugrunde.
Die Daten:

Transistor 1: $h_{11} = 0,6\ k\Omega;\ h_{12} = 4\cdot 10^{-4};\ h_{21} = 65;$
$h_{22} = 56\cdot 10^{-6}\ S;\ R_{CI} = 4\ k\Omega;$
$R_{1\,I} = 22\ k\Omega;\ R_{2\,I} = 6\ k\Omega.$

Transistor 2: $h_{11} = 1\ k\Omega;\ h_{12} = 5\cdot 10^{-4};\ h_{21} = 46;$
$h_{22} = 70\cdot 10^{-6};\ R_{C\,II} = 3,2\ k\Omega;$
$R_{1\,II} = 18\ k\Omega;\ R_{2\,II} = 4,5\ k\Omega.$

Die Generatorleerlaufspannung beträgt 0,5 mV, der Generatorinnenwiderstand hat 800 Ω und der Abschlußwiderstand hat 2 kΩ.
Lösung:
Die Ausgangsspannung ($U_{2\,II}$) ergibt 759 mV, die Leistung am Abschlußwiderstand beträgt 0,288 mW.

Aufgabe 5.3   Wie viele Kreise eines mehrkreisigen, aus gleichen Stufen aufgebauten Verstärkers muß man anwenden, wenn bei einer Arbeitsfrequenz von 100 MHz und einer Verstärkergesamtbandbreite von 300 kHz bei 2 Δf = 600 kHz eine Dämpfung von 10 dB erreicht werden soll? Wie groß muß die Bandbreite eines Einzelkreises werden und wie groß seine Güte?
Lösung:
Die Zahl der notwendigen Kreise ist m = 5, die Bandbreite des Einzelkreises mit 778 kHz zu veranschlagen und die Güte muß 128,5 betragen, um den Forderungen der Aufgabenstellung gerecht zu werden.

Aufgabe 5.4   Für den zweistufigen, im Bild dargestellten Verstärker, sollen zur statischen Dimensionierung alle Widerstände berechnet werden. Zu verwenden sind Widerstände nach der E-12-Reihe. Dynamisch sind die Spannungs- und Stromverstärkung unter Berücksichtigung der generatorbedingten Spannungsteilung und der auftretenden Stromteilung zu bestimmen und in dB auszudrücken. Außerdem sind C_{E1} und C_{E2} so zu bemessen, daß eine untere Grenzfrequenz von 40 Hz bei angenommener Gleichverteilung der Dämpfungseinflüsse eingehalten wird.

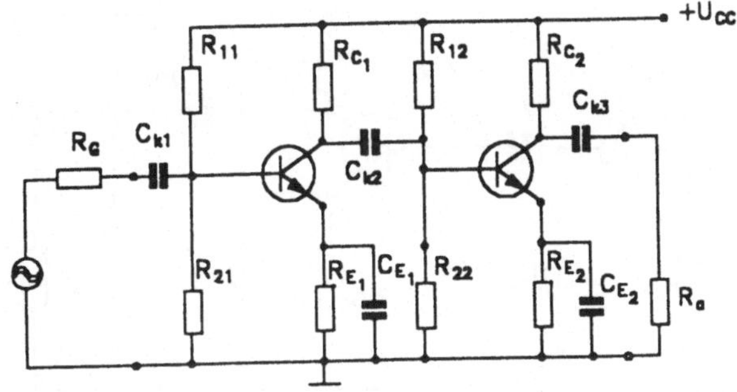

Folgende Daten sind gegeben: $R_G = 1$ kΩ; $R_a = 2$ kΩ; $U_{CC} = 9V$; $U_{RE1} = 2U_{RE2} = 1$ V; $I_{C1} = 2$ mA; $U_{CE1} = 5$ V; $U_{BE1} = 0,6$ V; $I_{B1} = 10$ µA; $I_{C2} = 5$ mA; $U_{CE2} = 6$ V; $U_{BE2} = 0,7$ V; $I_{B2} = 50$ µA; $I_q = 5\ I_B$; $\underline{Z}_2 \gg R_C$. Da die Rückwirkungen vernachlässigbar sein sollen, kann mit folgenden Näherungen gerechnet werden:

$$\underline{Z}_1 = \frac{U_T}{I_C}\ h_{21} \quad \text{und} \quad \underline{V}_u = \frac{\underline{Z}_L}{\underline{Z}_1}\ h_{21}\ .$$

Lösung:
$R_{C1} = 1,5$ kΩ; $R_{E1} = 470$ Ω; $R_{11} = 123$ kΩ (120 kΩ); $R_{21} = 32$ kΩ
32 kΩ (33 kΩ); $R_{C2} = 500$ Ω (470 Ω); $R_{E2} = 100$ Ω; $R_{12} = 26$ kΩ
(27 kΩ); $R_{22} = 4,8$ kΩ (4,7kΩ). $v_{i1} = 123$; $V_{i2} = 19$; $V_i = 2337$;
$V_i/dB = 67,4$; $V_{u\,1} = 19,1$; $V_{u\,2} = 73,2$; $V_u = 1398$; $V_u/dB = 63$; C_{E1}
$= 349$ µF; $C_{E2} = 386$ µF.

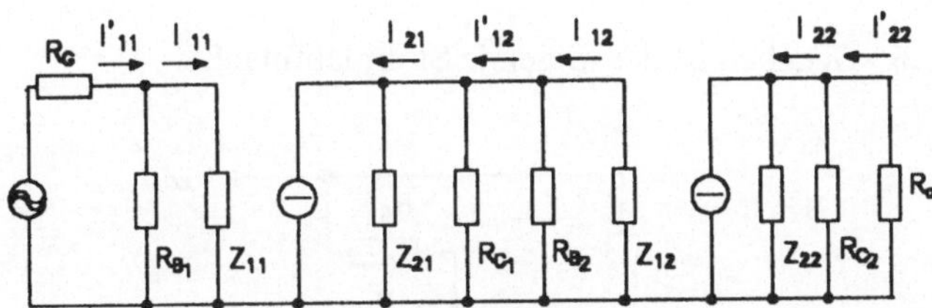

Aufgabe 5.5 Gegeben ist ein einstufiger Verstärker mit folgenden Daten: $U_{CE} = 5$ V; $h_{21} = 112\ \dots\ 280$; die übrigen Angaben sind im Stromlaufplan enthalten. Es sind dazu folgende Teilaufgaben zu lösen:
1) Es ist ein Ersatzschaltbild für tiefe Frequenzen zu zeichnen.
2) Es ist der Streubereich des Eingangswiderstands des Transistors und der Schaltung zu berechnen.
3) Wie hoch ist die größtmögliche Spannungsverstärkung, wenn Transistoren mit $h_{21\,min}$ und $h_{21\,max}$ eingesetzt werden?
Anmerkung: Es ist zu bedenken, daß die maximale Spannungsverstärkung für R_a gegen Unendlich auftritt. Es kann von denselben Näherungen ausgegangen werden, die schon in der vorigen Aufgabe benutzt wurden.

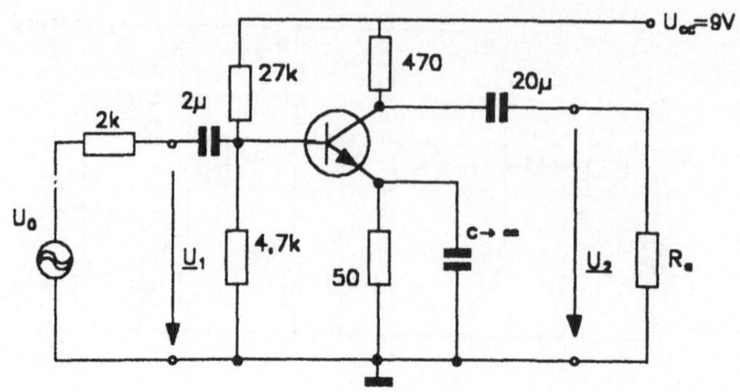

Lösung:
Zu 1:

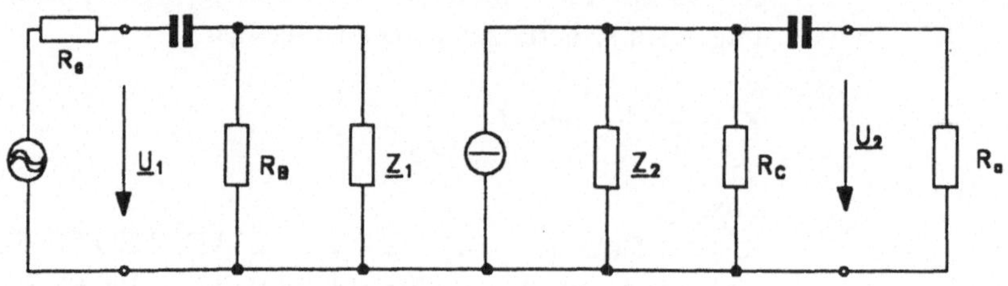

Zu 2: $Z_{1\,min} = 378\ \Omega$; $Z_{1\,max} = 945\ \Omega$;
          $Z_{Ein\,min} = 345\ \Omega$; $Z_{Ein\,max} = 764\ \Omega$.
Zu 3: $V_u = 20\ \ldots\ 38$.

Aufgabe 5.6 Gegeben ist der folgende Stromlaufplan:

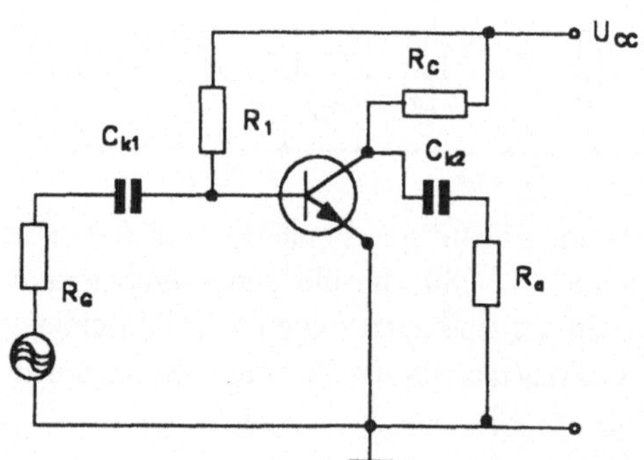

Für den Transistor wird eine Leistungsverstärkung von 10 dB angegeben. Außerdem stehen folgende Daten zur Verfügung: $U_{CB} =$
12 V; $I_C = 1{,}5$ mA; $f_m = 200$ MHz; $U_{BE} = 320$ mV; $I_B = 25\ \mu$A; $U_{CC} =$
24 V; $R_a = 2\ k\Omega$; $R_G = 60\ \Omega$;

$y_{11} = (63{,}52 - j\,46{,}15)$ mS; $y_{12} = (-\,0{,}02 - j\,1{,}35)$ mS;
$y_{21} = (-\,24{,}08 + j\,27{,}5)$ mS; $y_{22} = (0{,}08 + j\,1{,}5)$ mS.

Gesucht sind: $\underline{V}_u$; $\underline{V}_i$; $|\,\underline{V}_p\,|$; $\underline{Z}_1$; $\underline{Z}_2$; das π-Ersatzschaltbild und alle zugehörigen Bauelementedaten.

Lösung:

$\underline{V}_u = 22{,}01\,e^{-j\,113{,}5}$; $\underline{V}_i = 0{,}279\,e^{j\,109{,}5}$; $V_p = 6{,}14\,(7{,}9\mathrm{dB})$; $\underline{Z}_1 = 19{,}84\,e^{j\,42{,}86}\ \Omega$; $\underline{Z}_2 = 1\,e^{j\,94{,}22}$ kΩ.

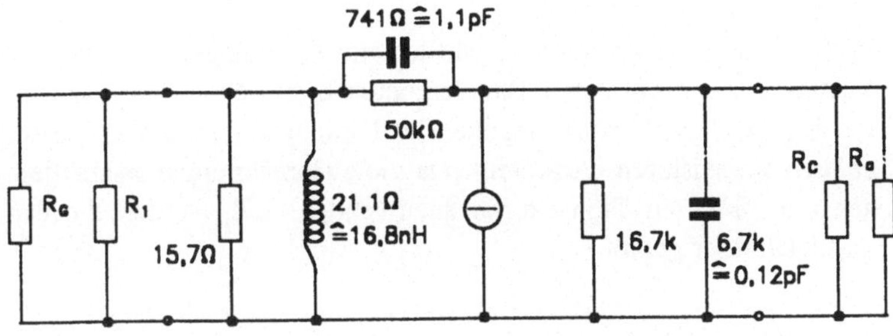

$y_1 = (63{,}5 - j\,47{,}5)$ mS; $y_2 = (0{,}06 + j\,0{,}15)$ mS;
$y_3 = (0{,}02 + j\,1{,}35)$ mS; $S = (-24{,}06 + j\,28{,}85)$ mS.

6 Kleinsignalverhalten von unipolaren Transistoren in Sourceschaltung

Im vorangegangenen Kapitel wurden die Grundlagen zur Dimensionierung von Verstärkern mit bipolaren Bauelementen besprochen. Im nun folgenden Kapitel werden die wesentlichen Aspekte der Dimensionierung von Verstärkern mit unipolaren Transistoren dargestellt. Da viele Berechnungsvorschriften analog zu denen mit bipolaren Transistoren anzuwenden sind, werden die Darlegungen wesentlich kürzer gefaßt.

6.1 Allgemeines

Bipolare Transistoren haben einen wesentlichen Nachteil, sie sind nicht leistungslos zu steuern, d.h. sie benötigen neben der Basis-Emitter-Steuerspannung auch einen Basissteuerstrom. Sie haben einen endlichen Eingangswiderstand. Unipolare Transistoren haben dagegen einen unendlich großen Eingangswiderstand und sind somit leistungslos zu steuern. Streng genommen trifft diese Aussage nur für den statischen, allenthalben noch auf den niederfrequent dynamischen Zustand zu. Stellt man die Vorteile der unipolaren Transistoren den bipolaren gegenüber, so erhält man folgendes Bild:

- Hoher Eingangswiderstand,
- nahezu quadratische Abhängigkeit des Ausgangsstroms von der Steuerspannung, das bedeutet günstiges Verzerrungsverhalten insbesondere hinsichtlich Kreuzmodulations- und Interkanalmodulationsverhalten (s. dazu Abschn. 3, Band II, Signalverzerrungen) und
- geringe Rückwirkkapazitäten und damit bessere Entkopplungseigenschaften und höhere Grenzfrequenzen.

Es gibt grob vereinfacht die in Abb. 6.1 dargestellten unipolaren Transistortypen.

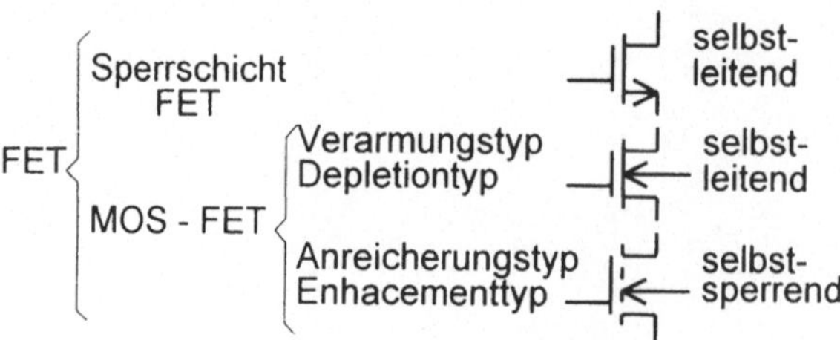

Abb 6.1 Feldeffekttransistortypen (nur n-Kanaltypen)

Für die Elektrodenbezeichnungen gelten folgende Festlegungen, dargestellt am Beispiel eines n-Kanal-MOS-FETs vom Depletionstyp (Abb. 6.2).

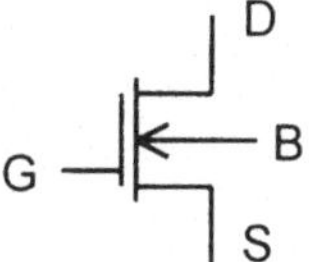

Abb. 6.2 Elektrodenbezeichnung für Feldeffekttransistoren. G Gate oder Tor, D Drain oder Senke, S Source oder Quelle, B Bulk oder Substrat

Es wird vorausgesetzt, daß der Aufbau und die grundsätzliche Wirkungsweise bekannt sind. Hinsichtlich der Handhabung haben die Feldeffekttransistoren aufgrund ihres hohen Eingangswiderstands auch erhebliche Nachteile gegenüber den bipolaren Transistoren. Es müssen eine ganze Reihe von Behandlungshinweisen beachtet werden:

- Die Bauelemente werden in leitender Verpackung geliefert.
- Die Anschlüsse müssen bis einschl. Einbau auf der Platine leitend verbunden bleiben, weil sonst Zerstörungen durch statische Aufladungen zu befürchten sind.
- Der Arbeitsplatz ist so zu gestalten, daß elektrische Aufladungen vermieden werden.
- Alle Geräte (Leiterplatte, Lötkolben usw.) und Personen müssen sich auf demselben Potential befinden wie die unipolaren Bauelemente.

6.2 Verstärkeranwendungen

6.2.1 Kennlinienfelder in Sourceschaltung

In der Praxis werden vorrangig unipolare Transistoren des n-Kanaltyps eingesetzt, deshalb sollen auch nur deren Kennlinienfelder betrachtet werden. Die n-Kanaltypen arbeiten mit positiver Betriebsspannung, die p-Kanaltypen mit negativer Betriebsspannung. Bei Anwendung von Transistoren des p-Kanaltyps braucht also gegenüber den Verhältnissen bei n-Kanaltypen lediglich die Polarität der Stromversorgung umgedreht zu werden, sonst gelten die gleichen Aussagen.

- Beim Anreicherungstyp muß der Inversionskanal erst durch eine positive U_{GS}-Spannung geschaffen werden, da bei $U_{GS} = 0$ trotz $U_{DS} > 0$ kein nennenswerter Drainstrom fließt. Die Gate-Source-Spannung, bei der wesentlicher Stromfluß einsetzt, nennt man Schwellspannung.
- Beim Verarmungstyp fließt bereits ein Drainstrom bei angelegter Spannung $U_{DS} > 0$ und $U_{GS} = 0$. Bei $U_{GS} < 0$ tritt Verarmung an Ladungsträgern auf, der Strom nimmt ab. Bei $U_{GS} > 0$ tritt eine zusätzliche Anreicherung von Ladungsträgern auf, der Strom nimmt zu.

Einige grundlegende Begriffe werden exemplarisch an einem ausführlich dargestellten Kennlinienfeld für Sperrschichtfeldeffekttransistoren (SFETs) diskutiert
(Abb. 6.3).

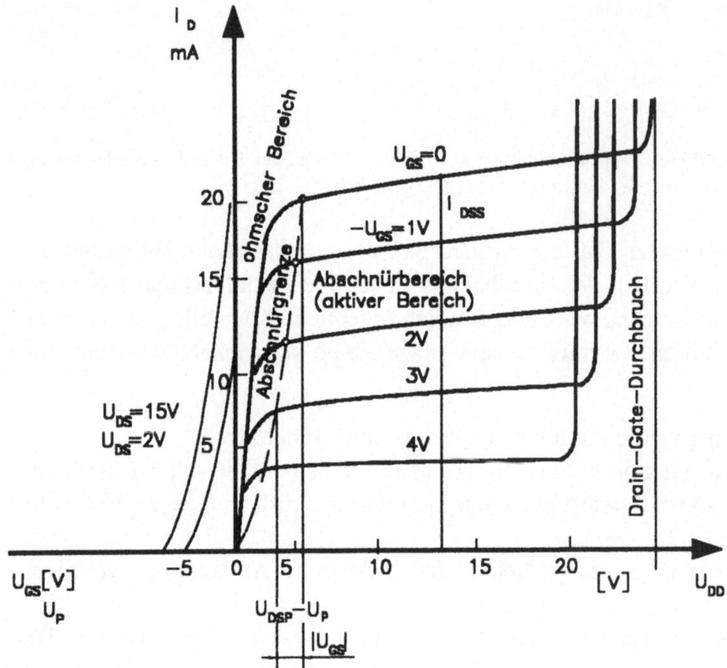

Abb. 6.3 Kennlinienfeld eines Sperrschichtfeldeffekttransistors (n- Kanal)

Der SFET ist grundsätzlich vom Verarmungstyp (da selbstleitend). Man kann folgende Verhältnisse am Kennlinienfeld ausmachen:

- Steigert man U_{DS} von Null beginnend bei $U_{GS} < 0$ (aber konstant) stetig, dann
  steigt I_D zunächst linear mit U_{DS} an, das bedeutet, der Kanalwiderstand bleibt
  konstant. Man nennt diesen Bereich den ohmschen Bereich.
- Mit weiter zunehmendem Strom beginnt sich unter dem Einfluß von $U_{GS} < 0$
  (aber konstant) der Kanal mit wachsender Drain-Source-Spannung zu verengen,
  der Kanalwiderstand nimmt zu. Der Drainstrom nimmt nun weniger schnell zu,
  um bei Erreichen der Abschnürung dann konstant zu bleiben.
- U_{DSP} ist die Drain-Source-Spannung, bei der die Abschnürung eintritt (pinch
  off).
- Links von der Abschnürgrenze liegt der ohmsche Bereich, rechts davon der
  Abschnürbereich.

Für die selbstleitenden und selbstsperrenden MOS-FET-Typen werden vereinfachte Kennlinienfelder angegeben, um das Wesentliche an ihnen darzustellen (s.
Abb. 6.4 und 6.5). Man nennt den n-Kanal Anreicherungstyp auch selbstsperrend
(engl. normally off) und den n-Kanal Verarmungstyp auch selbstleitend (engl.
normally on).

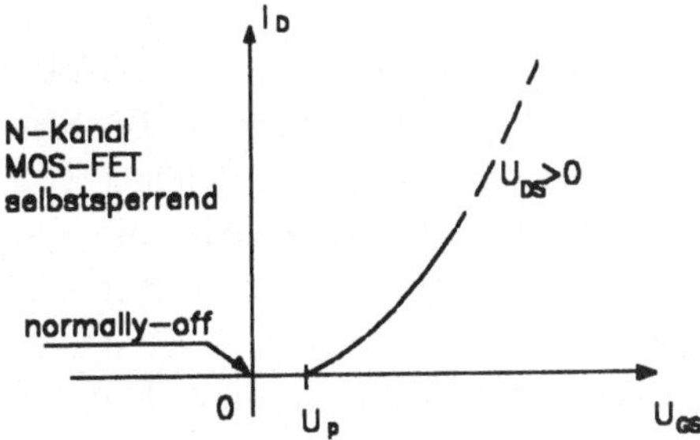
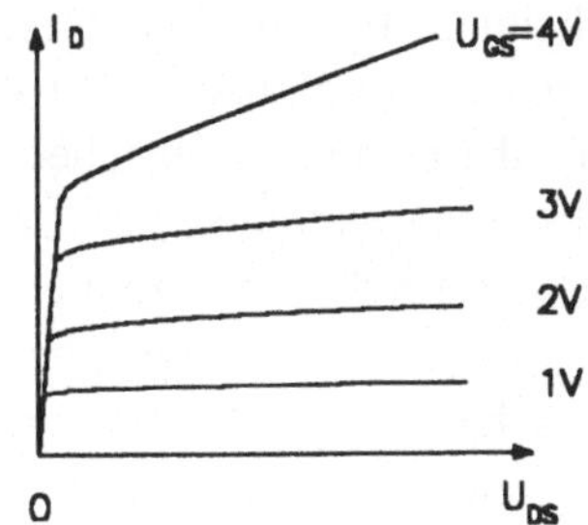

Abb. 6.4 n-Kanal MOS-FET vom Anreicherungstyp

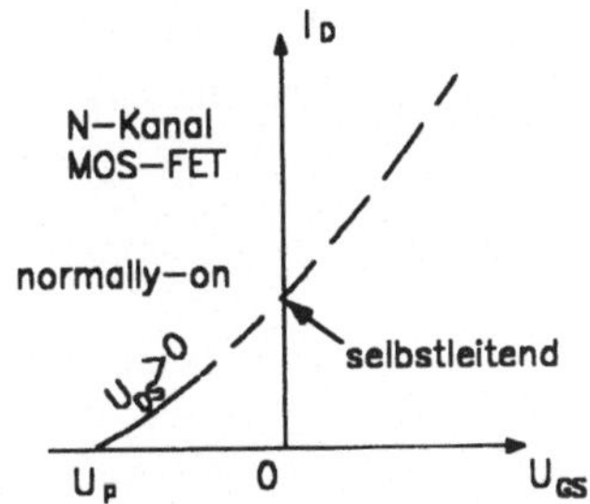
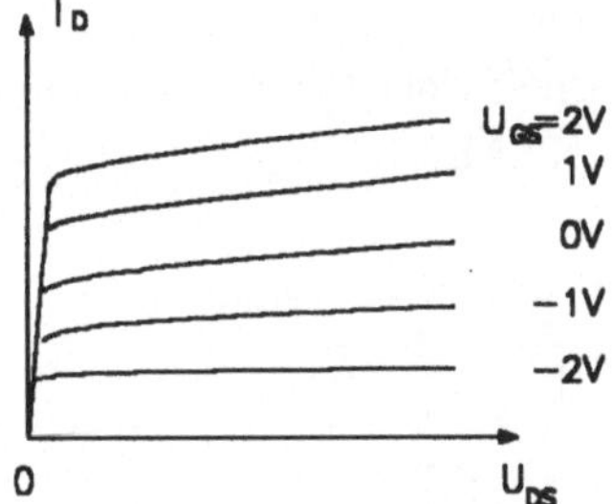

Abb. 6.5 n-Kanal MOS-FET vom Verarmungstyp

6.2.2 Arbeitspunkteinstellung

Der Arbeitspunkt eines Feldeffekttransistors in einem Verstärker wird durch die Drain-Source-Ruhespannung (U_{DS}) und den Drain-Ruhestrom (I_D) festgelegt. Das Vorgeben einer festen Gate-Source-Spannung ist aus Gründen der relativ großen Transistordatenstreuungen nicht zweckmäßig. Auch die Langzeitstabilität läßt zu wünschen übrig, deshalb sollte gleich mit Arbeitspunktstabilisierung gearbeitet werden. An zwei Beispielen (Abb. 6.6 und 6.7) wird die Einstellung des Arbeitspunkts demonstriert.

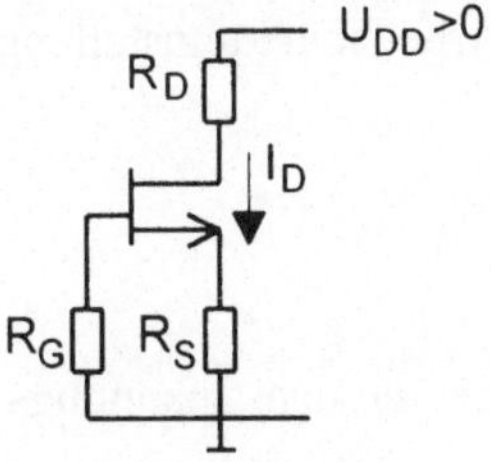

Abb. 6.6 Statische Stromversorgung für den Sperrschichtfeldeffekttransistor (Schaltung 1)

Die Schaltung 1 gilt für den Verarmungsbereich der MOS-FETs und für den Sperrschicht-FET. Bei n-Kanaltypen muß $U_{GS} < 0$ sein. Die Stabilisierung des Arbeitspunkts erfolgt durch R_S, die Wirkungsweise ist ähnlich der bei der Emitterschaltung. Er stellt eine Stromgegenkopplung dar und kann je nach Erfordernis auch dynamisch überbrückt sein. Der konkrete Arbeitspunkt ist den Herstellerdaten oder dem vom Hersteller angegebenen Kennlinienfeld zu entnehmen. Die Stabilisierungswirkung ist um so besser, je größer das Produkt $I_D\,R_S$ gegenüber $U_{GS} - U_P$ ist. Da der Gatestrom praktisch Null ist, stellt sich der Arbeitspunkt auf $-U_{GS} = I_D\,R_S$ ein. Sind keine Kennliniendaten bekannt, so wählt man in der Praxis U_{RS} etwa 1,8 V. Ist U_P bekannt, dann sollte $U_{RS} \approx (0{,}3\ ....\ 0{,}4)\,U_P$ betragen. Wenn U_{DD}, U_{DS} und I_D gegeben sind, dann können die Bauelemente mit folgenden Formeln berechnet werden:

$$R_S = \frac{1{,}8\ V}{I_D}, \quad R_D = \frac{U_{DD} - 1{,}8\ V - U_{DS}}{I_D}, \quad -U_{GS} = I_D\,R_S\ .$$

Wenn U_P gegeben ist, geht man analog vor. R_G hat lediglich die Funktion eines Ableitwiderstands und kann in relativ weiten Grenzen frei gewählt werden, z.B. (1 - 10) MΩ .

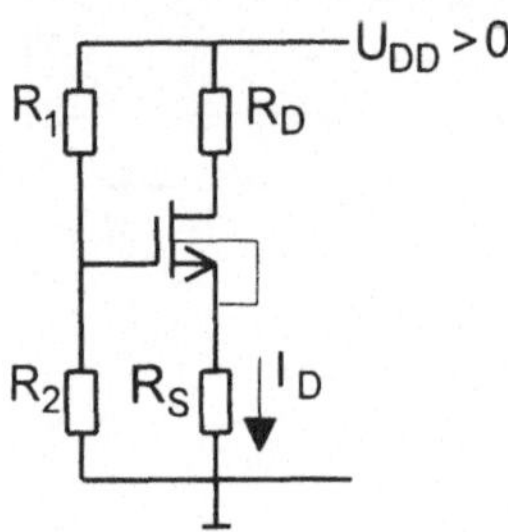

Abb. 6.7 Statische Versorgungsschaltung für den MOS-FET-Verarmungstyp (Schaltung 2)

Die Schaltung gilt für den Anreicherungsbereich der MOS-FETs (also für den Verarmungstyp). Bei n-Kanaltypen muß $U_{GS} > 0$ sein. Die Stabilisierung erfolgt auch hier mit dem R_S , der ggf. dynamisch überbrückt sein kann. Für die Gate-Source-Spannung kann man die Gleichung $U_{GS} = U_{R2} - I_D\,R_S > 0$ ableiten, damit erzwingt die Spannung über R_2 einen solchen Drainstrom, für den $|U_{R2}| > |I_D\,R_S|$ wird. Wenn U_{GS}, U_{DD}, I_D und U_{DS} bekannt sind und man den für die Praxis akzeptablen Wert $U_{R2} = 0{,}5\ U_{DD}$ wählt, dann können die für die Arbeitspunkteinstellung notwendigen Widerstände berechnet werden.

$$R_S = \frac{U_{R2} - U_{GS}}{I_D}$$

Bei festgelegtem Spannungsteilerquerstrom I_q ergeben sich für den Spannungsteiler die Widerstände:

$$R_1 = R_2 = \frac{0{,}5\ U_{DD}}{I_q} \quad und \quad R_D = \frac{U_{DD} - U_{DS} - I_D\,R_S}{I_D}\ .$$

6.2.3 Dynamisches Verhalten der Grundverstärkerstufe

6.2.3.1 Verstärkungsberechnung

Grundsätzlich kann jeder der drei Anschlüsse des Transistors dynamisch als gleichzeitige Ein- und Ausgangselektrode fungieren. Damit hätte man in Analogie zu bipolaren Transistoren drei Grundschaltungen zu erwarten; sie heißen dementsprechend Source-, Drain- und Gate-Schaltung. Da die Gate-Schaltung äußerst selten angewandt wird, wird hier auf ihre Darstellung verzichtet. Die Drain-Schaltung wird zusammen mit der äquivalenten Kollektorschaltung der bipolaren Transistoren behandelt. Die Source-Grundschaltung hat für Sperrschichtfeldeffekttransistoren den in Abb. 6.8 dargestellten Stromlaufplan.

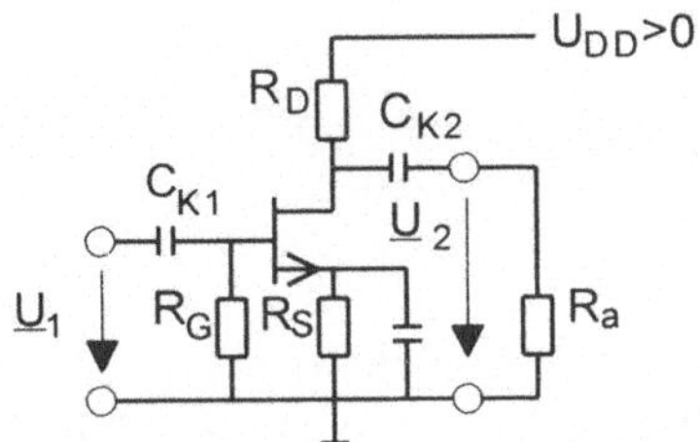

Abb. 6.8 Source-Grundschaltung mit Sperrschicht-FET,n-Kanal

Um die Verstärkung der Schaltung berechnen zu können, muß zuvor das Transistorersatzschaltbild ermittelt werden. Es ist zweckmäßig und üblich vom π-Ersatzschaltbild auszugehen. Es kann in der nachfolgenden Form für Frequenzen bis zu einigen 10 MHz angewandt werden. Es soll von hochfrequenztauglichen Transistoren ausgegangen werden, bei denen die Zuleitungsinduktivitäten vernachlässigt werden können (andernfalls müßten diese zusätzlich an den drei Transistoranschlüssen hinzugefügt werden).

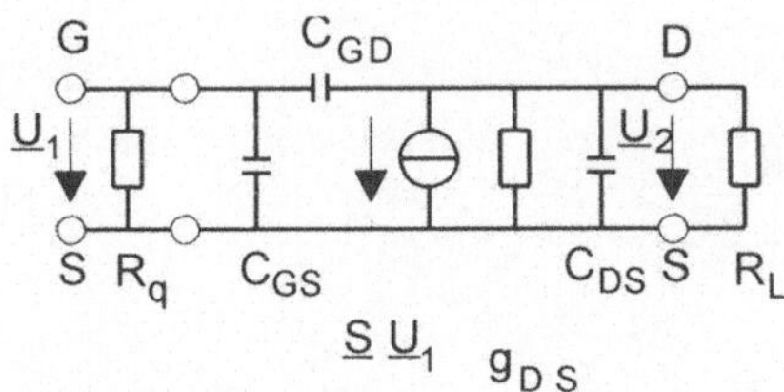

Abb. 6.9 π-Ersatzschaltbild für den SFET (n- Kanal). R_q Quellwiderstand, R_L Lastwiderstand,er ergibt sich aus $R_D \parallel R_a$

Der Drainstrom ist eine Funktion von U_{DS} und U_{GS}, also gilt: $I_D = I_D (U_{DS} , U_{GS})$. Die Steilheit $|S|$ ergibt sich aus der partiellen Differentiation des Drainstroms nach der Steuerspannung bei konstanter Drain-Source-Spannung, somit:

$$S = \frac{\partial I_D}{\partial U_{GS}} \bigg| \qquad \approx \frac{\Delta I_D}{\Delta U_{GS}} \bigg|$$
$$U_{DS} = \text{konst.} \qquad U_{DS} = \text{konst.}$$

Die Steilheit (engl. transconductance) wird in mA/V gemessen. Unter Berücksichtigung des Miller-Theorem

$$C_1 = C_{GS} + C_{GD}\,(1 - V_u) \quad \text{und} \quad C_2 = C_{GD} + C_{DS}$$

ergibt sich das Ersatzschaltbild für den Transistor gemäß Abb. 6.10.

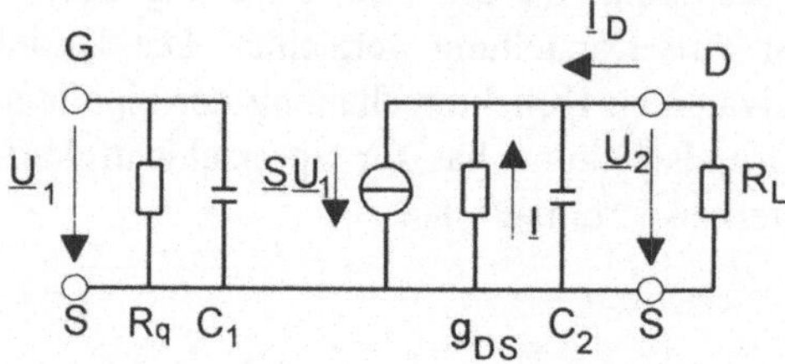

Abb. 6.10 Vereinfachtes π-Ersatzschaltbild $R_L = R_D \parallel R_a$

Der Einfachheit halber sollen in den folgenden Betrachtungen die beiden Kapazitäten unberücksichtigt bleiben. Im Bedarfsfall kann der Leser diese mühelos selbst mit einbeziehen. Da wegen der leistungslosen Steuerung keine Stromverstärkung definiert ist, wird bei der Spannungsverstärkung auf einen Index verzichtet.

$$\underline{V} = \underline{U}_2/\underline{U}_1\,, \quad \underline{I}_D + \underline{I} = \underline{S}\,\underline{U}_1\,, \quad \underline{I} = -\,\underline{U}_2\,g_{DS} \quad \text{und} \quad \underline{I}_D = -\,\underline{U}_2/R_L.$$

Die negativen Vorzeichen haben ihre Ursache in den entgegengesetzten Polaritäten zwischen den jeweiligen Spannungen und Strömen. Aus obigen Gleichungen ergibt sich:

$$-\frac{\underline{U}_2}{R_L} - \underline{U}_2\,g_{DS} = \underline{S}\,\underline{U}_1 = -\,\underline{U}_2\left(\frac{1}{R_L} + g_{DS}\right)$$

oder nach Auflösung

$$\underline{V} = \frac{\underline{U}_2}{\underline{U}_1} = -\,\underline{S}\,\frac{R_L}{1 + g_{DS}\,R_L} = -\,\underline{S}\,\frac{R_L}{1 + \frac{R_L}{r_{DS}}}. \tag{6.1}$$

Dabei bedeuten:

- Das Minuszeichen eine Phasenumkehr von 180° zwischen Ein- und Ausgangsspannung (analog dem Verhalten bei bipolaren Verstärkerstufen) und
- wenn man annehmen kann, daß $R_L \ll r_{DS}$ ist, dann vereinfacht sich die Gl. (6.1) zu:

$$\underline{V} = -\,\underline{S}\,R_L. \tag{6.2}$$

Beide Beziehungen, (6.1) und (6.2), gelten unter ihren jeweiligen Voraussetzungen für alle unipolaren Transistortypen. Gleichung (6.2) stimmt außerdem mit der aus der Röhrentechnik bekannten Verstärkerformel überein.

6.2.3.2 Einige Beispieldaten

Zur Vervollständigung sollen noch folgende Daten mitgeteilt werden, um eine Vorstellung von Größenordnungen zu vermitteln.

- Die Gate-Source-Kapazitäten liegen zwischen 1,5 und 15 pF.
- Die Gate-Drain-Kapazitäten haben Werte zwischen 0,5 und 5 pF.
- Die Drain-Source-Kapazitäten nehmen Werte zwischen 1 und 5 pF an.

Für den Sperrschichtfeldeffekttransistor BF 256 wird eine Vorwärtssteilheit von $|\underline{S}| = 5$ mS angegeben. Legt man einen Lastwiderstand von 10 kΩ zugrunde, dann ermittelt sich die Verstärkung bei Frequenzen, bei denen die Blindelemente noch vernachlässigt werden dürfen, zu 50fach oder 34 dB. Es muß jedoch darauf hingewiesen werden, daß $C_1 = C_{GS} + (1-\underline{V})\,C_{GD}$ bei $|\underline{V}| \gg 1$ mit $\underline{V} < 0$ mit wachsender Frequenz sehr schnell große Werte annehmen kann und dann nicht mehr vernachlässigt werden darf. Hinzu kommt, daß dieser Umstand die extreme Hochohmigkeit der Feldeffekttransistoren sehr schnell aufhebt. Kommt dann noch ein relativ großer Quellwiderstand hinzu, dann führt das leicht zu niedrigen Grenzfrequenzen (wegen $R = 1/\omega_g C_1$ bzw. $\omega_g = 1/RC_1$).

Da sich aufgrund der leistungslosen Steuerung viele Überlegungen und Berechnungen einfacher gestalten, als bei Verstärkern mit bipolaren Transistoren, letztere aber ausführlich behandelt wurden, wird hier auf weitergehende Darstellungen und insbesondere auf Beispiele und Aufgaben verzichtet.

6.2.3.3 Großsignalverhalten unipolarer Transistoren

Eine wesentliche Eigenschaft, die die unipolaren Transistoren für HF-Eingangsstufen und Mischer so überaus nützlich macht, wird ausführlich untersucht; gemeint sind das gute Großsignalverhalten oder anders ausgedrückt, die geringen übersteuerungsbedingten Verzerrungen. Im schon erwähnten Abschn. 3, Band II, wird auf Verzerrungen genauer eingegangen. Dort wird die nachfolgend benutzte Beziehung über das Entstehen von *Kombinationsfrequenzen* begründet. Im Ausgangssignal eines mit Spannungen der Frequenzen Ω und ω übersteuerten Transistorverstärkers treten folgende Kombinationsfrequenzen auf:

$$f_K = p\,f_\Omega \pm q\,f_\omega$$

p, q ganzzahlig, $p + q \leq n$ (wobei n der Grad der Kennlinienapproximation der Taylor-Reihe ist).

Bei bipolaren Transistoren muß man i. allg. mit Kennlinien von mindestens drittem Grad rechnen, das führt dann zu nachstehenden Frequenzkombinationen, die mit Ausnahme der Spannungen der Frequenzen Ω und ω alles unerwünschte *Ober- und Nebenwellen* sind (Oberwellen sind Vielfache einer Frequenz und Nebenwellen sind Summen und Differenzen mehrerer Frequenzen).

$$\text{bipolar } n = 3 \qquad q = 0 \qquad \Omega;\ \ 2\Omega;\ \ 3\Omega$$

$$q = 1 \qquad \omega;\ \Omega + \omega;\ \Omega - \omega;\ 2\Omega + \omega;\ 2\Omega - \omega \qquad\qquad (6.3)$$

$$q = 2 \qquad 2\omega;\ \Omega + 2\omega;\ \Omega - 2\omega$$

Untersucht man das Übertragungsverhalten von Verstärkern, die mit unipolaren Transistoren aufgebaut sind, dann stellen sich die Verhältnisse wie folgt dar. Die Übertragungskennlinie (Drainstrom als Funktion der steuernden Gate-Source-Spannung) ist bekanntlich:

$$I_D = I_{DSS}\,(1 - \frac{u_{GS}}{U_P})^2 \, , \tag{6.4}$$

I_{DSS}: Drain-Source-Kurzschlußstrom (d.h. Drainstrom bei $u_{GS} = 0$).

Die Kennlinie ist insgesamt nur vom Grade 2 und damit treten auch nur folgende Kombinationsfrequenzen auf:

unipolar n = 2   q = 0 Ω; 2Ω

$$q = 1 \quad \omega; \quad \Omega + \omega; \quad \Omega - \omega \tag{6.5}$$

q = 2 2ω

Vergleicht man die Anzahl der störenden Kombinationsfrequenzen bei Bipolartransistoren (6.3) mit jenen der Unipolartransistoren (6.5), dann erkennt man, die Anzahl der Kombinationsfrequenzen bei Anwendung unipolarer Transistoren ist wesentlich geringer als bei bipolaren und damit treten geringere Verzerrungen auf. Für den einfachen Fall eines monofrequenten Nutzsignals sollen die entstehenden Oberwellen und die daraus berechenbaren Verzerrungen als Beispiel ermittelt werden. Die Gate-Source-Spannung ist die Überlagerung aus der Arbeitspunktsspannung U_{GS} und der Signalspannung $U_\omega \sin \omega t$ (auf die Darstellung des Spitzenwerts wurde aus Bequemlichkeit verzichtet), $u_{GS} = U_{GS} + U_\omega \sin \omega t$, damit wird aus Gl. (6.4) folgendes erhalten:

$$\frac{I_D}{I_{DSS}}\,U_P^2 = (U_P - u_{GS})^2 = U_P^2 - 2U_P\,u_{GS} + u_{GS}^2 =$$

$$= U_P^2 - 2\,U_P\,(U_{GS} + U_\omega\,\sin\omega t) + (U_{GS} + U_\omega\,\sin\omega t)^2 =$$

$$= (U_P^2 - 2\,U_P\,U_{GS} + U_{GS}^2 + \frac{U_\omega^2}{2}) + 2\,(U_{GS} - U_P)\,U_\omega\,\sin\omega t$$

$$- \frac{U_\omega^2}{2}\,\cos 2\omega t \, .$$

Geeignet zusammengefaßt erhält man nachfolgende Gleichung:

$$I_{DS} = I_{DSS}\left\{\left(1 - 2\frac{U_{GS}}{U_P} + \frac{U_{GS}^2}{U_P^2} + \frac{U_\omega^2}{2U_P^2}\right) + 2\left(\frac{U_{GS} - U_P}{U_P^2}\right)U_\omega\sin\omega t - \frac{U_\omega^2}{2U_P^2}\cos 2\omega t\right\}.$$

Ein Maß für die Verzerrungen ist der *Klirrfaktor* (k).

Definition 6.1. Der Klirrfaktor (k) wird definiert als die Wurzel aus der Summe der Quadrate der Oberwellenamplituden dividiert durch die Summe der Quadrate der Grund- und Oberwellenamplituden.

Als Gleichung dargestellt erhält man:

$$k = \sqrt{\frac{I_{D\,2\omega}^2 + \dots}{I_{D\,\omega}^2 + I_{D\,2\omega}^2 + \dots}} \quad . \tag{6.6}$$

Setzt man die Werte aus der obigen Gleichung ein, dann ergibt sich unter Berücksichtigung der Tatsache, daß der erste Term von I_{DS} das Gleichglied, der zweite Term die Grundwelle und der dritte Term die erste Oberwelle repräsentiert:

$$k = \sqrt{\frac{\left(-\frac{1}{2}\frac{U_\omega^2}{U_P^2}\right)^2}{\left(2\frac{U_{GS}-U_P}{U_P^2}U_\omega\right)^2 + \left(-\frac{1}{2}\frac{U_\omega^2}{U_P^2}\right)^2}} \quad ,$$

und für $|U_\omega| \ll |U_{GS} - U_P|$ folgt:

$$k = \sqrt{\frac{U_\omega^4}{16\,(U_{GS}-U_P)^2\,U_\omega^2}} = \frac{1}{4}\frac{|U_\omega|}{|U_{GS}-U_P|} \tag{6.7}$$

Für einen unipolaren Verstärkertransistor mit dem Arbeitspunkt $U_{GS} = -2$ V, mit einer Spannung $U_P = -8$ V und einer Steuerspitzenspannung $|U_\omega| = 0,3$ V ergibt sich ein Verzerrungsmaß von:

$$k = 0{,}3/(4\,|-2-(-8)|) = 1{,}25\cdot 10^{-2} \quad \text{oder} \quad k \stackrel{\wedge}{=} 1{,}25\,\% .$$

Bei einem bipolaren Verstärkertransistor müßte man unter äquivalenten Bedingungen und der gleichen Steuerspannung mit einem mehr als 10mal so großen Klirrfaktor rechnen, womit die eingangs formulierte Behauptung der geringeren Verzerrungen bei Anwendung unipolarer Transistoren kennlinienbezogen nachgewiesen ist.

7 Transistoren in Basis-(Gate-), Kollektor-(Drain-) schaltung und Kaskadenschaltung

Wurden in den beiden Abschn. 5 und 6 die Grundlagen für die bipolaren Emitterstufenverstärker und in kurzgefaßter Form jene für die unipolaren Sourcestufenverstärker gelegt, so müssen im kommenden Abschnitt die Berechnungsgrundlagen für die beiden anderen Schaltungsvarianten gegeben werden. Da die Betrachtungen zur Arbeitspunkteinstellung, Frequenzgangfestlegung und zu Selektivverstärkern ganz analog denen für Emitterstufenverstärker ablaufen, werden an dieser Stelle nur die Kenngrößenumrechnungen sowie die Ermittlung der Betriebsgrößen mitgeteilt. An Beispielen wird die Vorgehensweise demonstriert.

7.1 Umrechnungsgleichungen

Die Vierpolparameter für die Basis- und die Kollektorschaltung lassen sich aus denen der Emitterschaltung berechnen. Dabei werden nur Näherungsbeziehungen angegeben, die aber i. allg. für die Praxis völlig ausreichend sind. Die exakteren Formeln sind um ein Vielfaches umständlicher und der damit zu treibende Aufwand steht in keinem Verhältnis zum Nutzen, der durch die größere Exaktheit erreicht werden würde. In tabellarischer Form zusammengestellt, erhält man die Umrechnungsbeziehungen nach Tabelle 7.1 und 7.2.

Tabelle 7.1. Umrechnungsformeln für die Basisschaltung

h-Parameter	y-Parameter
$h_{11B} = \dfrac{h_{11E}}{1 + h_{21E}}$	$y_{11B} = y_{11E} + y_{12E} + y_{21E} + y_{22E}$
$h_{12B} = \dfrac{\Delta h_E - h_{12E}}{1 + h_{21E}}$	$y_{12B} = -(y_{12E} + y_{22E})$
$h_{21B} = \dfrac{-h_{21E}}{1 + h_{21E}}$	$y_{21B} = -(y_{21E} + y_{22E})$
$h_{22B} = \dfrac{h_{22E}}{1 + h_{21E}}$	$y_{22B} = y_{22E}$
$\Delta h_B = \dfrac{\Delta h_E}{1 + h_{21E}}$	$\Delta y_B = \Delta y_E$

Tabelle 7.2. Umrechnungsformeln für die Kollektorschaltung

$h_{11C} = h_{11E}$	$y_{11C} = y_{11E}$
$h_{12C} = 1$	$y_{12C} = -(y_{11E} + y_{12E})$
$h_{21C} = -(1 + h_{21E})$	$y_{21C} = -(y_{11E} + y_{21E})$
$h_{22C} = h_{22E}$	$y_{22C} = y_{11E} + y_{12E} + y_{21E} + y_{22E}$
$\Delta h_C = 1 + h_{21E}$	$\Delta y_C = \Delta y_E$

Um eine Orientierung über die Größenordnungen der Vierpolparameter in den einzelnen Schaltungsvarianten zu geben, folgt Tabelle 7.3. Sie ist nicht so zu interpretieren, als wären die angegebenen Werte verbindlich, sondern es sind solche Werte, die für die Emitterschaltung willkürlich ausgewählt wurden und die dann in den anderen Grundschaltungen die angegebenen Größenordnungen haben.

Tabelle 7.3. Vierpolparametervergleichswerte

h - Parameter	Emitterschaltung	Basisschaltung	Kollektorschaltung
h_{11}	2 kΩ	20 Ω	2 kΩ
h_{12}	$5 \cdot 10^{-4}$	$5 \cdot 10^{-4}$	1
h_{21}	100	- 0,99	- 101
h_{22}	50 μS	0,5 μS	50 μS

Allein aus diesen Daten kann man schon eine Reihe von Schlußfolgerungen ziehen, die durchaus allgemeingültig sind, obwohl die Auswahl der Zahlenwerte willkürlich war. Sicher ist die Frage legitim, wozu unterschiedliche Transistorschaltungsvarianten gut sein sollen. Eine Antwort darauf sollen folgende Überlegungen geben: Man hat davon auszugehen, daß die Emitterschaltung die am häufigsten eingesetzte Schaltung ist, das wird bei der Gegenüberstellung der drei Grundschaltungseigenschaften noch deutlich gemacht werden. Betrachtet man die Basisschaltung, dann fallen ihre extreme Niederohmigkeit im Eingangskreis und ihre extreme Hochohmigkeit im Ausgangskreis auf. *Geht man davon aus, daß Antennen und Empfängereingänge meist in der Größenordnung von 50 bis 500 Ω liegen und berücksichtigt man, daß aus Gründen der optimalen Eingangsleistungsausnutzung Anpassung zu fordern ist, so ist die Basisstufe nahezu ideal als Empfängereingangsstufe einzusetzen. Wegen ihrer Hochohmigkeit am Ausgang kann sie außerdem als eine fast ideale Stromquelle Anwendung finden. Greift man ein noch darzustellendes Ergebnis vorweg (der Kollektorschaltungsausgangswiderstand wird recht niederohmig, z.B. 10 Ω), dann kann man für die Kollektorschaltung einen Einsatz als NF-Leistungsendstufe erwarten, denn Lautsprecherwiderstände liegen bekanntlich in der Größenordnung von einigen Ohm bis einigen 10Ω und mit der Kollektorstufe kann man unmittelbar die Anpassung erreichen, wohingegen früher in der Röhrentechnik der bekannte Ausgangsübertrager erforderlich wurde, der neben der Tatsache, teuer zu sein, auch immer ein Schwachglied in der Realisierung des breitbandigen NF-Frequenzganges war.*

7.2 Basis- und Gateschaltung

Da außer der Unterschiedlichkeit der Vierpolparameter die Betriebsgrößenberechnung bei den unipolaren Transistorverstärkern wesentlich einfacher als bei den bipolaren ist, sollen beide Schaltungen parallel dargestellt werden, die Berechnung aber auf die komplizierteren Bipolarverstärker beschränkt werden. Entsprechend der Überschrift wird erst die bipolare (Abb. 7.1) und dann die unipolare Schaltung (Abb. 7.2) als Stromlaufplan dargestellt. Hinsichtlich der Berechnung ist von folgenden Aspekten auszugehen:

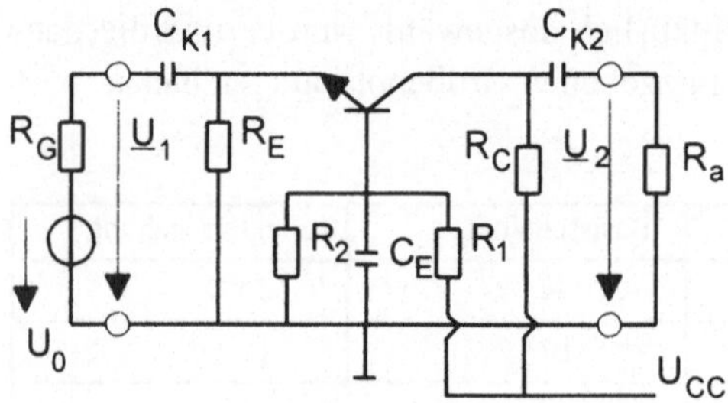

Abb. 7.1 Basisschaltung

- Die Arbeitspunkteinstellung und -berechnung erfolgt genauso wie bei der Emitterstufe.
- Der Überbrückungskondensator legt die Basis wechselspannungsmäßig an Masse, er ist bei der Arbeitsfrequenz als dynamischer Kurzschluß zu dimensionieren.
- Der Emitterwiderstand kann bei HF-Verstärkern auch durch eine Drossel ersetzt sein.

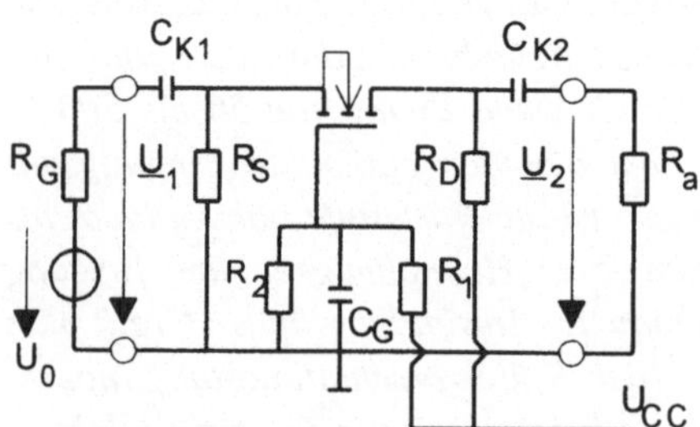

Abb. 7.2 Gateschaltung

- Die Schaltung nach Abb. 7.2 ist die zur Basisschaltung äquivalente Verstärkerstufe mittels unipolarem Transistor.
- Die Gateschaltung hat in der Praxis kaum Bedeutung erlangt.
- Es handelt sich bei dem angegebenen Transistor um einen n-Kanal MOS-FET (selbstsperrend, Anreicherungstyp).

Um eine Berechnung der Verstärkerstufe vornehmen zu können, muß wieder das dynamische Ersatzschaltbild entworfen werden. In Würdigung der Bedeutung der Schaltungen dieses Kapitels für die Praxis, wird von der Berechnung der Gateschaltung Abstand genommen. Es wird nur auf die Basisschaltung eingegangen, deren dynamische Ersatzschaltung in Abb. 7.3 dargestellt ist.

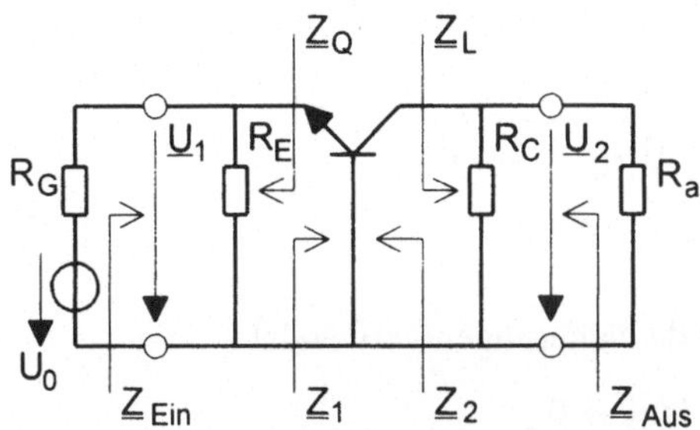

Abb. 7.3 Dynamische Ersatzschaltung der Basisstufe

Für den komplexen Eingangswiderstand und für die komplexe Spannungsverstärkung werden die Betriebsgrößen abgeleitet. Für alle anderen Größen erfolgt die Berechnung nach demselben Schema, auf weitere Ableitungen wird verzichtet.

$$\underline{Z}_1 = \frac{h_{11} + \Delta h\,\underline{Z}_L}{1 + h_{22}\,\underline{Z}_L}$$

Diese Betriebsgröße gilt generell für alle Grundschaltungen. Will man eine konkrete Schaltung (in diesem Fall die Basisschaltung) berechnen, so hat man formal die entsprechenden Parameter (hier für die Basisschaltung) einzusetzen und anschließend (im vorliegenden Fall in die Emitterparameter) umzurechnen, d.h. bezogen auf dieses Beispiel, man hat die Basisparameter durch jene der Emitterstufe auszudrücken, wenn man das durchführt bekommt man:

$$\underline{Z}_{1B} = \frac{h_{11B} + \Delta h_B\,\underline{Z}_L}{1 + h_{22B}\,\underline{Z}_L} = \frac{(h_{11E}/h_{21E}) + (\Delta h_E/h_{21E})\,\underline{Z}_L}{1 + (h_{22E}/h_{21E})\,\underline{Z}_L},$$

$$\underline{Z}_{1B} = \frac{h_{11E} + \Delta h_E\,\underline{Z}_L}{h_{21E} + h_{22E}\,\underline{Z}_L}, \qquad\qquad \underline{Z}_{1B} \approx \frac{h_{11E}}{h_{21E}}.$$

Und in analoger Weise erhält man für die Spannungsverstärkung:

$$\underline{V}_{uB} = -\frac{h_{21B}\,\underline{Z}_L}{h_{11B} + \Delta h_B\,\underline{Z}_L} = -\frac{-\frac{h_{21E}}{h_{21E}}\,\underline{Z}_L}{\frac{h_{11E}}{h_{21E}} + \frac{\Delta h_E}{h_{21E}}\,\underline{Z}_L} = \frac{h_{21E}\,\underline{Z}_L}{h_{11E} + \Delta h_E\,\underline{Z}_L},$$

$$\underline{V}_{uB} \approx \frac{h_{21E}}{h_{11E}}\,\underline{Z}_L.$$

Auf ähnlichem Wege sind die übrigen Betriebsgrößen abzuleiten. In den Gleichungssätzen (7.1) und (7.2) werden die Beziehungen für alle Betriebsgrößen der Basisschaltung zusammengestellt. Es werden nur Näherungen angegeben. Die Formeln würden sonst einen für die praktische Anwendung unzumutbaren Umfang annehmen. Die mitzuteilenden Näherungen für die in Hybridparametern ausgedrückten Betriebsgrößen sind für die Praxis fast immer zulässig. Sie sind anwendbar, wenn $h_{12E} < 5 \cdot 10^{-4}$ und wenn $h_{22E} \underline{Z}_L \ll 1$ ist. Dann gelten:

$$\underline{Z}_{1B} \approx \frac{h_{11E}}{h_{21E}} , \qquad \underline{Z}_{2B} \approx \frac{h_{11E} + h_{21E} \underline{Z}_Q}{(h_{11E} + \underline{Z}_Q) h_{22E}} ,$$

$$\underline{V}_{uB} \approx \frac{h_{21E}}{h_{11E}} \underline{Z}_L , \qquad \underline{V}_{iB} \approx -1 . \tag{7.1}$$

Für die Leitwertparameter wurden folgende Näherungen verwendet:

$$\sum y_E \approx y_{21E} , \quad y_{22E} \underline{Z}_L \ll 1, \quad \Delta y_E \to 0 .$$

Unter diesen Bedingungen gelten für die Betriebsgrößen der Basisschaltung in Leitwertparametern:

$$\underline{Z}_{1B} \approx \frac{1}{y_{21E}} , \qquad \underline{Z}_{2B} \approx \frac{1 + y_{21E} \underline{Z}_Q}{y_{22E}} ,$$

$$\underline{V}_{uB} \approx y_{21E}\underline{Z}_L , \qquad \underline{V}_{iB} \approx -1 . \tag{7.2}$$

In Auswertung der Gl. (7.1) können einige Schlußfolgerungen gezogen werden:

* $\underline{U}_1$ und $\underline{U}_2$ sind gleichphasig, denn es gilt $\underline{V}_{uB} > 0$ und $|\underline{V}_{uB}| = |\underline{V}_{uE}|$.
* Wie bereits angekündigt, wird $\underline{Z}_1$ recht niederohmig, da $\underline{Z}_{1B}$ ungefähr h_{11E}/h_{21E} ist. Damit ist die Anpassung an niederohmige Quellen (auch Antennen) leicht möglich.
* $\underline{Z}_{2B}$ *wird sehr hochohmig, wenn der Quellwiderstand hochohmig ist,* darauf muß man achten, wenn dieAusgangshochohmigkeit gewünscht wird.
* $\underline{V}_{iB}$ wird etwa -1 (aber etwas < 1), das bedeutet: $\underline{I}_{1B}$ und $\underline{I}_{2B}$ sind um $180°$ phasenverschoben.

Analoge Schlüsse kann der Leser für die Gl. (7.2) selbst ziehen. Wenn aus Gründen besonderer Genauigkeitsforderungen mit exakteren Formeln gearbeitet werden soll, dann kann das durch Einsetzen der Zusammenhänge aus Tabelle 7.1 in die Gleichungen der Beriebsgrößen erreicht werden und zwar in die Gln. (3.13) bis (3.16) für die Hybridparameter und in die Gln. (3.17) bis (3.20) für die Leitwertparameter.

7.3 Kollektor- und Drainschaltung

Auch in diesem Kapitel wird der Stromlaufplan für die Drainschaltung parallel zur Kollektorschaltung angegeben, die Berechnungsgrundlagen beschränken sich aber auf die Verstärkerschaltung mit bipolaren Transistoren. Die Kollektorschaltung hat einen Stromlaufplan nach Abb. 7.4.

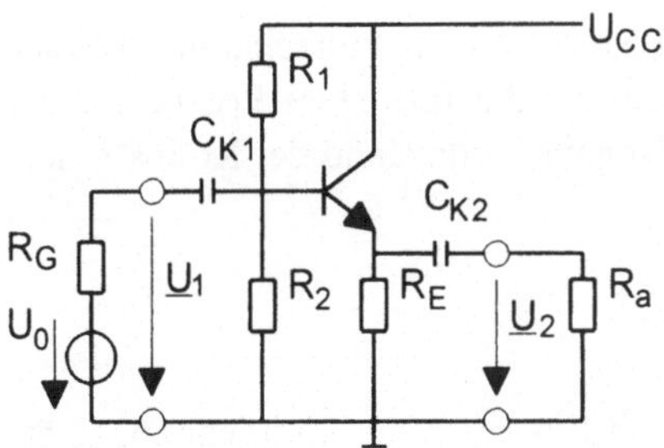

Abb. 7.4 Kollektorschaltung oder Emitterfolger

- Kennzeichen dieser Verstärkerstufe ist einerseits die Signalauskopplung am Emitter und in den meisten Fällen zusätzlich die Tatsache, daß der Kollektor dynamisch auf Masse gelegt wird (U_{CC} stellt dynamisch Kurzschluß dar).
- R_E stellt den statischen Arbeitswiderstand dar, er hat zusätzlich die Aufgabe der dynamischen Strombegrenzung bei Vollaussteuerung, er darf dynamisch nicht kurzgeschlossen werden.

Die Drainschaltung hat mit der Kollektorschaltung vergleichbare Eigenschaften, ihr Stromlaufplan wird in Abb. 7.5 gezeigt. In diesem Bild wird eine Drainschaltung, ausgeführt in n-Kanal MOS-FET-Technik, wiedergegeben. Da sie äquivalente Eigenschaften zur Kollektorschaltung hat, sind ihre Einsatzbereiche analog.

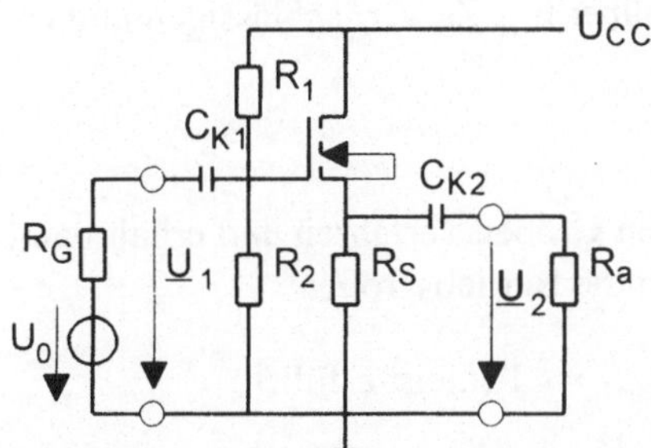

Abb. 7.5 Drainschaltung

Zur Berechnung des Betriebsverhaltens für die Kollektorschaltung nach Abb. 7.4 wird auch hier wieder von der dynamischen Ersatzschaltung ausgegangen.

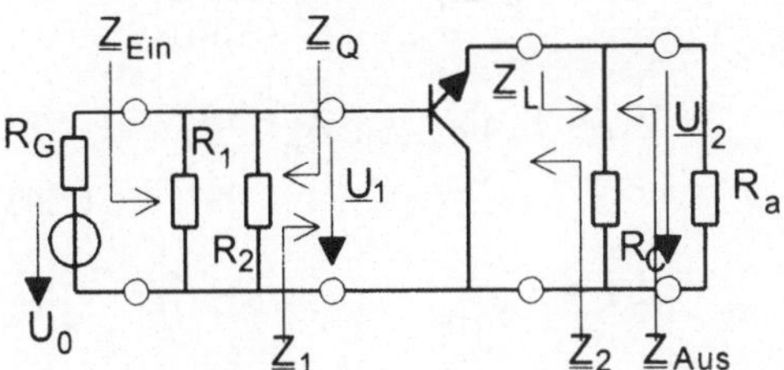

Abb. 7.6 Dynamische Ersatzschaltung der Kollektorstufe (Emitterfolger)

Es wird die Berechnung der Betriebsgrößen für die Kollektorschaltung wieder an zwei Beispielen demonstriert und dann werden die restlichen Ergebnisse als Formelsatz (7.3) zusammengestellt. Für den Eingangswiderstand der Kollektorstufe lautet die Betriebsgröße:

$$\underline{Z}_{1C} = \frac{h_{11C} + \Delta h_C \, \underline{Z}_L}{1 + h_{22C} \, \underline{Z}_L} = \frac{h_{11E} + h_{21E} \, \underline{Z}_L}{1 + h_{22E} \, \underline{Z}_L} \, .$$

Die rechte Seite der Gleichung ergibt sich nach Einsetzen der Umrechnungsgleichungen aus Tabelle 7.2 unter der Voraussetzung, daß man wegen $h_{21\,E} \gg 1$ den Wert 1 vernachlässigen darf. In den meisten Fällen der Praxis kann man davon ausgehen, daß $h_{22\,E}\,\underline{Z}_L \ll 1$ ist und man erhält als Näherung:

$$\underline{Z}_{1C} \approx h_{11\,E} + h_{21\,E}\,\underline{Z}_L \, .$$

Für die Spannungsverstärkung gelten folgende Zusammenhänge:

$$\underline{V}_{u\,C} = - \frac{h_{21C}\,\underline{Z}_L}{h_{11C} + \Delta h_C\,\underline{Z}_L} = - \frac{-(1 + h_{21E})\,\underline{Z}_L}{h_{11E} + (1 + h_{21E})\,\underline{Z}_L} \, ,$$

$$\underline{V}_{u\,C} = \frac{h_{21E}\,\underline{Z}_L}{h_{11E} + h_{21E}\,\underline{Z}_L} \, .$$

Wenn h_{11E} die gleiche Größenordnung hat wie $\underline{Z}_L$, was in der Praxis meist gegeben ist, dann kann man h_{11E} im Nenner gegenüber $h_{21E}\,\underline{Z}_L$ vernachlässigen und erhält somit:

$$\underline{V}_{u\,C} \approx 1 \, .$$

In analoger Weise kann man mit den restlichen Größen verfahren und erhält dann unter Berücksichtigung folgender Näherungen die Betriebsgrößen:

$$h_{21\,E} \gg 1 \text{ (immer erfüllt) und } h_{22\,E}\,\underline{Z}_L \ll 1 \text{ (meist erfüllt)}$$

$$\underline{Z}_{1C} \approx h_{11\,E} + h_{21\,E}\,\underline{Z}_L \, , \qquad\qquad \underline{V}_{uC} \approx 1 \, ,$$

$$\underline{Z}_{2C} \approx \frac{h_{11E} + \underline{Z}_Q}{h_{22E}\,\underline{Z}_Q + h_{21E}} \, , \qquad\qquad \underline{V}_{iC} \approx -h_{21E} \, . \tag{7.3}$$

Für die Leitwertparameter gelten unter der Bedingung $\sum y_E \approx y_{21E}$ und $\Delta y_E \to 0$

$$\underline{Z}_{1C} \approx \frac{1 + y_{21E}\,\underline{Z}_L}{y_{11E}} \, , \qquad\qquad \underline{V}_{uC} \approx 1 \text{ für } y_{21E}\,\underline{Z}_L \gg 1 \, ,$$

$$\underline{Z}_{2C} \approx \frac{1 + y_{11\,E}\,\underline{Z}_Q}{y_{21E}} \, , \qquad\qquad \underline{V}_{iC} \approx -\frac{y_{21E}}{y_{11E}} \, . \tag{7.4}$$

Bei genauerer Betrachtung des Gleichungssatzes (7.3) findet man eine Reihe interessanter Zusammenhänge:

- $\underline{U}_1$ und $\underline{U}_2$ sind gleichphasig, da $\underline{V}_u > 0$ ist.
- $\underline{V}_i$ ist ungefähr $- h_{21E}$ und das bedeutet, $\underline{I}_1$ und $\underline{I}_2$ sind um $180°$ phasenverschoben und außerdem gilt $|\underline{V}_{iC}| \approx |\underline{V}_{iE}|$.
- $\underline{Z}_{1C}$ ist für einen ausreichend großen Lastwiderstand sehr groß, da zu dem Vierpolparameter h_{11E} noch der um den Kurzschlußstromverstärkungsfaktor vergrößerte Lastwiderstand hinzu kommt, der Lastwiderstand *schaut quasi* verstärkt durch den Transistor hindurch.
- $\underline{Z}_{2C}$ wird für einen kleinen Quellwiderstand (z.B. $\underline{Z}_Q \ll h_{11E}$) sehr klein, $\underline{Z}_{2C} \approx h_{11E}/h_{21E}$.

Insbesondere die beiden letzten Eigenschaften weisen die Kollektorstufe (Emitterfolger) als sog. Impedanzwandler aus, da er einen großen Quellwiderstand an einen kleinen Lastwiderstand anpaßt. Man nennt solche Stufen auch Trennstufen, die im Idealfall folgende Eigenschaften haben sollen:

- Unendlichen Eingangswiderstand, Ausgangswiderstand nahezu Null, keine Phasendrehung der Spannung und eine Spannungsverstärkung = 1.
- Um die Hochohmigkeit zu erhalten, sollte mit statischer Stromspeisung gearbeitet werden, weil andernfalls der Basisspannungsteiler die Hochohmigkeit wieder zunichte macht.
- Neben dem großen Verstärkereingangswiderstand findet man wegen

$$\underline{Z}_{1C} \approx \frac{1 + y_{21E}\,\underline{Z}_L}{y_{11E}}$$

noch eine erhebliche Abnahme der Eingangskapazität, denn für die Leitwertparameter gilt:

$$\frac{1}{\underline{Z}_{1C}} = \underline{Y}_{1C} \approx \frac{y_{11E}}{1 + y_{21E}\,\underline{Z}_L} = \frac{g_{11E}}{1 + y_{21E}\,\underline{Z}_L} + j\omega\,\frac{C_{11E}}{1 + y_{21E}\,\underline{Z}_L}$$

in C_{11E} ist ggf. die Miller-Kapazität mit einzubeziehen, diese Eingangskapazität wird um den Faktor des Nenners reduziert.
- Wie schon bei der Kapiteleingangsbetrachtung erwähnt, sind die Kollektorstufen besonders als NF-Leistungsverstäker einzusetzen, da sie mit ihrem niedrigen Ausgangswiderstand leicht die Anpassung zu realisieren gestatten. Infolge der starken Gegenkopplung (wird in Band 2 behandelt) ist die Spannungsverstärkung nahe 1 und das bedeutet, daß der Emitterfolger mit sehr großen Eingangsspannungen angesteuert werden kann, die Amplitude der Eingangswechselspannung kann genau so groß sein wie die zulässige Ausgangswechselspannung.

Als letztes sollen noch die einzelnen Eigenschaften der drei Grundschaltungen gegenübergestellt werden. Die vier Betriebsgrößen sowie die Leistungsverstärkung werden für jede Grundschaltung jeweils in ein Diagramm eingetragen, um bessere Vergleichsmöglichkeiten für die Schaltungen untereinander zu haben (Abb. 7.7-7.9).

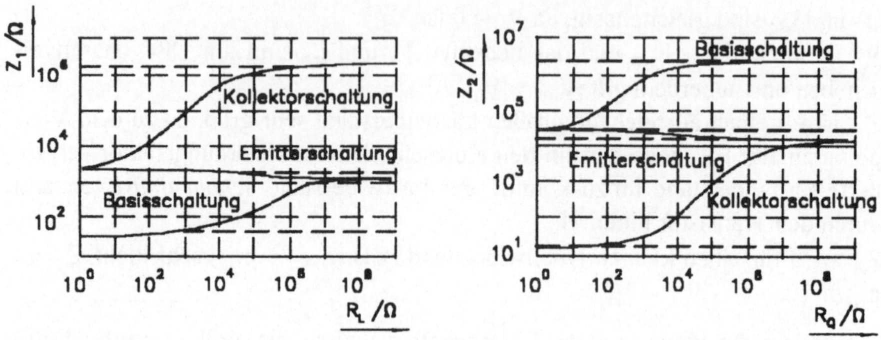

Abb. 7.7 Ein- und Ausgangswiderstand als Funktion des Last- bzw. Quellwiderstands für die drei Grundverstäkerstufen

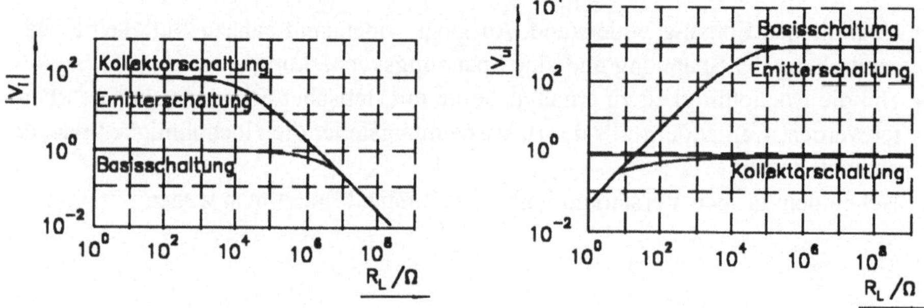

Abb. 7.8 Strom- und Spannungsverstärkung als Funktion des Lastwiderstands für die drei Grundverstärkerstufen

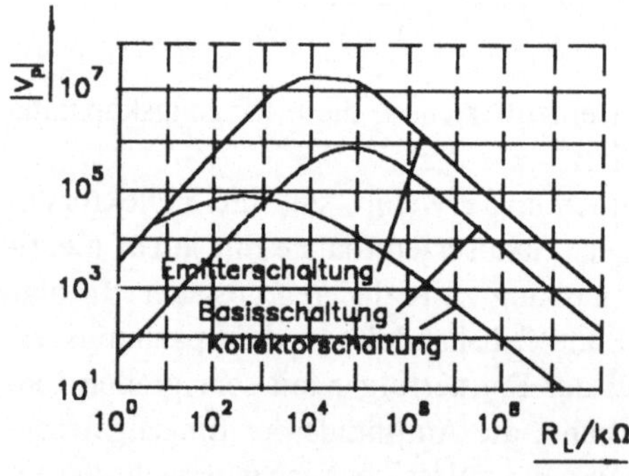

Abb. 7.9 Leistungsverstärkung als Funktion des Lastwiderstands für die drei Grundverstärkerstufen

Die vergleichende Auswertung der Diagramme führt zu folgenden Erkenntnissen:

- Die eingangsseitige Hochohmigkeit der Kollektorstufe wird erst für große Lastwiderstände erreicht, wohingegen die eingangsseitige Niederohmigkeit der Basisstufe nur für relativ kleine Lastwiderstände zu realisieren ist.

- Ähnlich sieht es mit den Ausgangswiderständen aus. Die Kollektorstufe hat nur für Quellwiderstände von einigen Kiloohm niedrige Ausgangswiderstände, die Basisschaltung erreicht dagegen nur für große Quellwiderstände ihre Ausgangshochohmigkeit.

- Basis- und Emitterschaltung zeigen eine lineare Abhängigkeit der Spannungsverstärkung vom Lastwiderstand bis sich oberhalb von einigen Hundert-Kiloohm ein konstanter, nicht mehr weiter zu erhöhender Wert einstellt. Die Kollektorschaltung zeigt eine nahezu konstante Verstärkung von 1.

- Emitter- und Kollektorschaltung haben eine konstante, sehr hohe Stromverstärkung, die aber bei höheren Lastwiderständen linear mit der Widerstandszunahme selbst abnimmt. Die Basisschaltung hat eine nahezu konstante Stromverstärkung vom Wert 1.

- Bei der Leistungsverstärkung zeigen die Emitterstufen und die Emitterfolger nützliche Besonderheiten. Die Emitterverstärkerstufen zeichnen sich durch die höchste Leistungsverstärkung aller drei Grundschaltungen aus, das ist auch der Grund dafür, weswegen diese Schaltung die breiteste Anwendung findet. Dagegen hat die Kollektorverstärkerschaltung eine niedrigere Leistungsverstärkung, aber die Kurve als Funktion des Lastwiderstands hat einen relativ flachen Verlauf und man kann über einen großen Lastwiderstandsbereich niederohmige Ausgangsanpassung realisieren. Das ist für NF-Endstufen von enormer Wichtigkeit, da man für einen großen Bereich von Lautsprecherimpedanzen Anpassung erzielen kann.

7.4 Übungen

Beispiel 7.1   Ausgangspunkt ist der nachstehende Stromlaufplan:

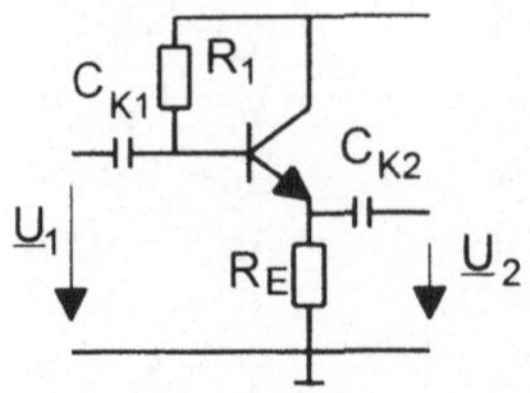

Für die Schaltung sind folgende Daten gegeben: $h_{11C} = 1\,\mathrm{k\Omega}$; $h_{12C} = 1$; $h_{21C} = -40$; $h_{22C} = 50\,\mu\mathrm{S}$; $R_1 = 600\,\mathrm{k\Omega}$; $R_E = 20\,\mathrm{k\Omega}$; $R_G = 24\,\mathrm{k\Omega}$; $C_{1,2} \to \infty$; die Nachfolgeschaltung ist hochohmig gegen R_E. Gesucht sind die vier Betriebsgrößen: $\underline{Z}_{Ein}$; $\underline{Z}_{Aus}$; $\underline{V}_u$ und $\underline{V}_i$.

Lösung:

$\Delta h_C = 10^3\,\Omega \cdot 50 \cdot 10^{-6}\,\Omega^{-1} - 1 \cdot (-40) = 40{,}05$; $R_E = R_L$ da die Nachfolgeschaltung hochohmig ist. Damit ergeben sich:

$$\underline{Z}_{1C} = \frac{h_{11C} + \Delta h_C\, \underline{Z}_L}{1 + h_{22C}\, \underline{Z}_L} = \frac{10^3 + 40{,}05 \cdot 20 \cdot 10^3}{1 + 50 \cdot 10^{-6} \cdot 20 \cdot 10^3} = 401\,\mathrm{k\Omega}\,,$$

$$\underline{Z}_{Ein} = \underline{Z}_{1C} \| R_1 = 240 \text{ k}\Omega \,,$$

$$\underline{Z}_Q = R_1 \| R_G = 600 \text{ k}\Omega \| 24 \text{ k}\Omega = 23,1 \text{ k}\Omega \,,$$

$$\underline{Z}_{2C} = \frac{h_{11C} + \underline{Z}_Q}{\Delta h_C + h_{22C}\,\underline{Z}_Q} = \frac{10^3 + 23,1 \cdot 10^3}{40,05 + 50 \cdot 10^{-6} \cdot 23,1 \cdot 10^3} = 585 \;\Omega,$$

$$\underline{Z}_{Aus} \approx \underline{Z}_2 \,,$$

$$\underline{V}_u = -\frac{h_{21C}\,\underline{Z}_L}{h_{11C} + \Delta h_C\,\underline{Z}_L} = -\frac{-40 \cdot 20 \cdot 10^3}{10^3 + 40,05 \cdot 20 \cdot 10^3} = 0,9987 \,,$$

$$\underline{V}_i = \frac{h_{21C}}{1 + h_{22C}\,\underline{Z}_L} = \frac{-40}{1 + 50 \cdot 10^{-6} \cdot 20 \cdot 10^3} = -20 \,.$$

Beispiel 7.2   Zu berechnen sind die betrieblichen Stromverstärkungen in den drei Grundschaltungen in Abhängigkeit vom Lastwiderstand (R_L).
a) allgemein und zahlenmäßig für $R_L = 0$ und $R_L \to \infty$
b) zahlenmäßig für $R_L = (10^6$ und $10^8) \,\Omega$
c) die Ergebnisse sind im Bereich $(10^0$ bis $10^8) \,\Omega$ graphisch darzustellen!
Lösung:

Ausgangspunkt ist $\underline{V}_i = \dfrac{h_{21}}{1 + h_{22}\,\underline{Z}_L}$

Emitterschaltung : $R_L = 0$ $\underline{V}_i = h_{21E} = 50$
                      $R_L \to \infty$ $\underline{V}_i = 0$
                      $R_L = 10^6$ $\underline{V}_i = 0,98$
                      $R_L = 10^8$ $\underline{V}_i = 10^{-2}$
Kollektorschaltung $R_L = 0$ $\underline{V}_i = h_{21C} = -50$
                      $R_L \to \infty$ $\underline{V}_i = 0$
                      $R_L = 10^6$ $\underline{V}_i = -0,98$
                      $R_L = 10^8$ $\underline{V}_i = -10^{-2}$
Basisschaltung $R_L = 0$ $\underline{V}_i = h_{21B} = 1$
                      $R_L \to \infty$ $\underline{V}_i = 0$
                      $R_L = 10^6$ $\underline{V}_i = 0,5$
                      $R_L = 10^8$ $\underline{V}_i = 10^{-2}$

Mit diesen Ergebnissen kann die Stromverstärkung graphisch als Bode-Diagramm dargestellt werden. Das nachfolgende Bild gibt die charakteristischen Stromverstärkungseigenschaften von bipolaren Transistoren an (s. a. Abb. 7.8, linke Seite).

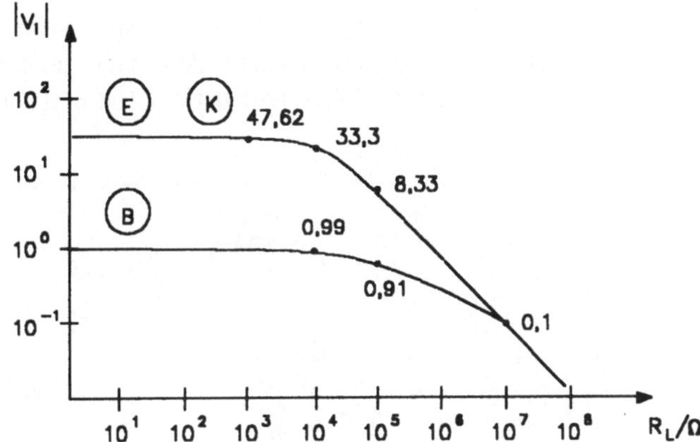

Beispiel 7.3   Für die folgende Basisstufe sind gesucht:
- die dynamische Ersatzschaltung,
- der statische und der dynamische Eingangswiderstand.

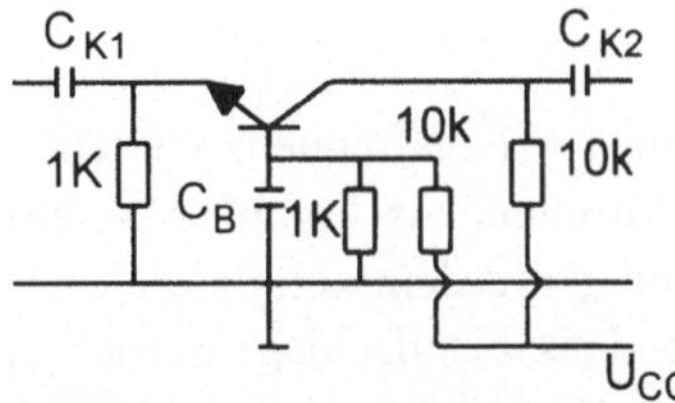

Gegeben sind: $h_{11E} = 3$ kΩ; $h_{12E} = 1{,}5\cdot10^{-3}$; $h_{21E} = 99$; $h_{22E} = 50$ µS.
Lösung:
Die Parameterumrechnung erfolgt mit den Formeln der Tabelle 7.1 und ergibt: $h_{11B} = 30$ Ω; $h_{12B} = 0$; $h_{21B} = -0{,}99$; $h_{22B} = 0{,}5$ µS.
Der statische Eingangswiderstand ist wegen C_{K1} nahezu unendlich (im Idealfall exakt unendlich). Für den dynamischen Eingangswiderstand gilt:

$$\underline{Z}_{Ein} \approx \underline{Z}_{1B} \approx h_{11B} = 30\ \Omega.$$

Die dynamische Ersatzschaltung erhält man unter der Annahme, daß sämtliche Kondensatoren so dimensioniert wurden, daß sie bei der Arbeitsfrequenz dynamischen Kurzschluß darstellen. Die Stromversorgungsquelle repräsentiert ebenfalls extreme Niederohmigkeit (was im Übrigen immer angenommen werden darf), und damit ergibt sich die folgende Ersatzschaltung:

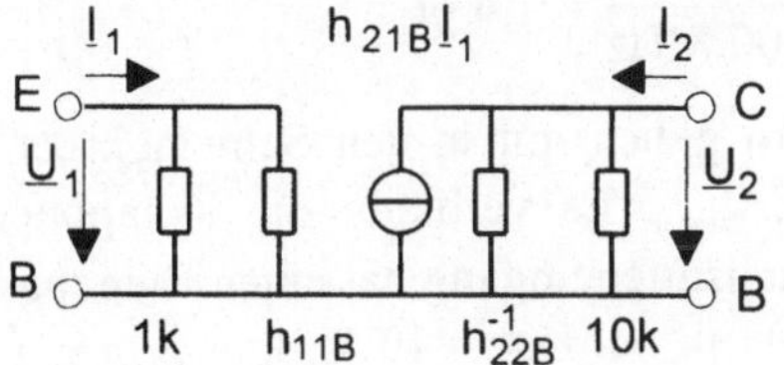

Beispiel 7.4 Es soll eine HF-Verstärkerstufe an eine Mischstufe angepaßt werden. Folgende Schaltung, einschl. der Daten der Bauelemente, ist vorgegeben, die Arbeitsfrequenz beträgt 100 MHz (UKW-Band):

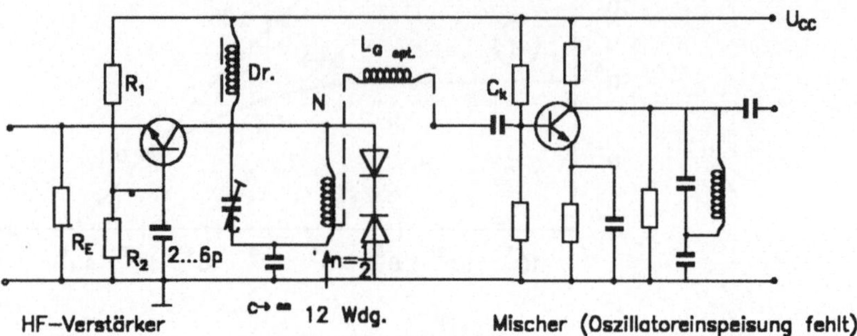

Weitere Daten der Schaltung werden im Laufe der Lösung an den Stellen mitgeteilt, wo sie benötigt werden.

Lösung:

Da man bei der gegebenen Arbeitsfrequenz von 100 MHz den Eingangswiderstand des Mischers als komplex ansehen muß, muß sein Eingangswiderstand $\underline{Z}$ mit dem konjugiert komplexen Widerstand $\underline{Z}^*$ als Quellimpedanz beaufschlagt werden, dann erst wird der Gesamtwiderstand reell und man erzielt bei Anpassung maximale Leistungsübertragung. Der Schwingkreis wird als verlustlos angenommen. Wenn das nicht zulässig sein sollte, dann muß man g_{22} durch $g_{22} + R_0$ ersetzen. Für den HF-Verstärkerausgang gilt: f = 100 MHz; $y_{22\,B}$ = (0,02 + j 0,9) mS; U_{CB} = 12 V; I_C = 1,5 mA. Die Ersatzschaltung des Ausgangs des Verstärkerstufentransistors ergibt:

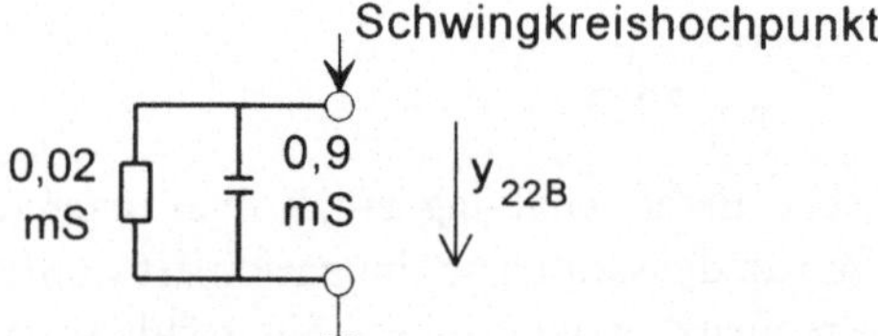

Die Kapazität geht als Parallelschaltung in den Schwingkreis mit ein, sie berechnet sich zu:

$$C = \frac{j\,B}{j\,\omega} = \frac{0,9\,\text{mS}}{2 \cdot \pi \cdot 100\,\text{MHz}} = 1,4\,\text{pF}.$$

Die Kapazität wird gleich mit in den Schwingkreis eingestimmt, als $C_0 = C + C_{\text{Parallel}}$. Es verbleibt die Komponente 0,02 mS $\,\hat{=}\,$ 50 kΩ. Der Mischstufeneingang hat einen Eingangsleitwert von: y_{11} = (5,0 + j 6,6) mS bei U_{CE} = 10 V; I_C = 2 mA; f = 100 MHz.

Also sollte der optimale Generatorleitwert $y_{G\,opt}= (5{,}0 - j\,6{,}6)$ mS betragen. Da die Anpassung durch eine Reihenschaltung realisiert werden soll, ist der Leitwert in den Widerstand umzurechnen.

$$\frac{1}{y_{G\,opt}} = \frac{1}{(5 - j\,6{,}6)\,\text{mS}} = \frac{(5 + j\,6{,}6)\,\text{mS}}{(25 + 6{,}6^2)\,\text{mS}^2},$$

$$\underline{Z}_{G\,opt} = (73 + j\,96)\,\Omega \quad \text{ergibt} \quad R_{G\,opt} = 73\,\Omega$$

$$X_{L\,opt} = \omega_0\,L = 96\,\Omega \quad \text{ergibt} \quad L_{G\,opt} = 0{,}153\,\mu\text{H}.$$

Die Transformation muß den Generatorwiderstand von $R = 50$ kΩ auf den Mischereingangswiderstand von 73 Ω anpassen. Das notwendige Transformationsverhältnis erhält man aus:

$$\frac{R_{G\,opt}}{R} = \left(\frac{n}{N}\right)^2.$$

Dabei bedeuten n die Windungszahl der Anzapfung und N die Windungen der Gesamtschwingkreisspule. Setzt man die gegebenen und berechneten Daten ein, so folgt:

$$n = N\,\sqrt{\frac{R_{G\,opt}}{R}} = 12\,\sqrt{\frac{0{,}073}{50}} = 0{,}458 \quad \text{d.h.} \quad n \approx \frac{1}{2}.$$

In Reihe zur Anzapfung ist die Blindwiderstandskompensation mit der Induktivität $L_{G\,opt} = 0{,}153\,\mu$H zu schalten. Für den Koppelkondensator hat zu gelten: $X_{CK} \ll X_{LG\,opt}$. Mit diesen Maßnahmen wurde folgendes erreicht:

- Anpassung der Vorstufe an den Mischer,
- Leistungsanpassung und
- eine Verbesserung des Signal-Rausch-Verhaltens.

Beispiel 7.5 Von der bekannten h-Parametermatrix ausgehend ist die durch die h-Parameter ausgedrückte Leitwertparametermatrix zu ermitteln und daraus das zugehörige Ersatzschaltbild aufzustellen.
Lösung:
Die beiden Gleichungssysteme lauten:

$$\underline{U}_1 = h_{11}\,\underline{I}_1 + h_{12}\,\underline{U}_2 \qquad \underline{I}_2 = h_{21}\,\underline{I}_1 + h_{22}\,\underline{U}_2 \tag{1}$$

$$\underline{I}_1 = y_{11}\,\underline{U}_1 + y_{12}\,\underline{U}_2 \qquad \underline{I}_2 = y_{21}\,\underline{U}_1 + y_{22}\,\underline{U}_2 \tag{2}$$

Man kann die Gleichungen (1) direkt in Gleichungen (2) umrechnen und erhält:

$$\underline{I}_1 = \frac{1}{h_{11}}\,\underline{U}_1 - \frac{h_{12}}{h_{11}}\,\underline{U}_2\,, \quad \underline{I}_2 = \frac{h_{21}}{h_{11}}\,\underline{U}_1 + \frac{\Delta h}{h_{11}}\,\underline{U}_2\,.$$

Sieht man die Gleichungen (2) als Knotengleichungen an, dann ergibt sich als Ersatzschaltbild unmittelbar das folgende:

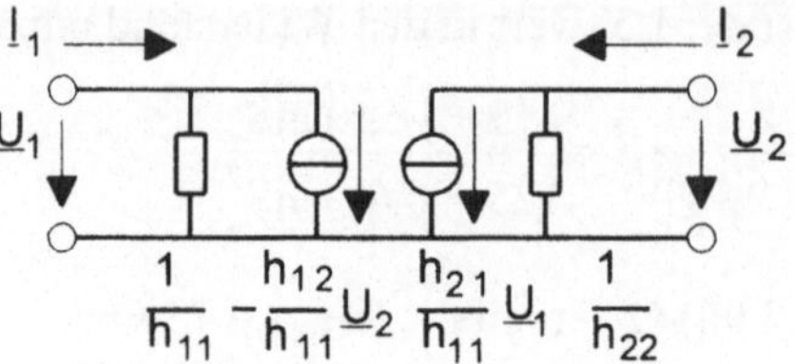

Außerdem erhält man aus dem Vergleich beider Matritzen die Umrechnungsformeln:

$$\begin{pmatrix} \underline{I}_1 \\ \underline{I}_2 \end{pmatrix} = \begin{pmatrix} \dfrac{1}{h_{11}} & -\dfrac{h_{12}}{h_{11}} \\ \dfrac{h_{21}}{h_{11}} & \dfrac{\Delta h}{h_{11}} \end{pmatrix} \begin{pmatrix} \underline{U}_1 \\ \underline{U}_2 \end{pmatrix} = \begin{pmatrix} y_{11} & y_{12} \\ y_{21} & y_{22} \end{pmatrix} \begin{pmatrix} \underline{U}_1 \\ \underline{U}_2 \end{pmatrix}$$

und somit

$$y_{11} = \frac{1}{h_{11}}, \quad y_{12} = -\frac{h_{12}}{h_{11}}, \quad y_{21} = \frac{h_{21}}{h_{11}}, \quad y_{22} = \frac{\Delta y}{h_{11}} \; .$$

Aufgabe 7.1   Für die folgende Schaltung ist der Ausgangswiderstand der ersten Stufe zu berechnen. Mit dem Wert soll dann der Koppelkondensator C_{K2} so berechnet werden, daß ein Dämpfungsmaß von $p^*_{CK2} = -\,0{,}8$ dB bei 40 Hz eingehalten wird. Der Stromlaufplan hat nachstehendes Aussehen:

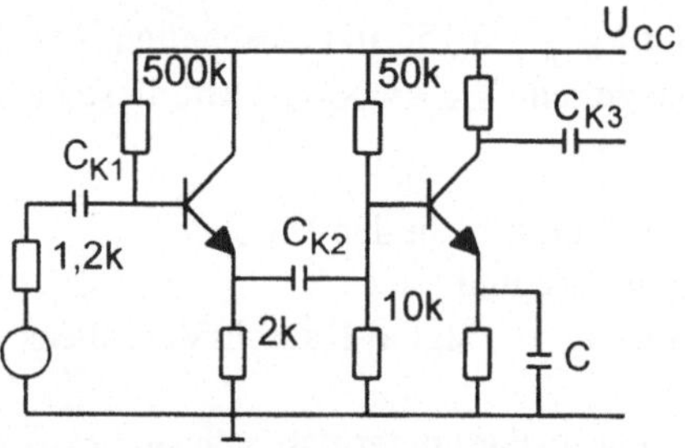

Gegeben sind außerdem: $h_{11E1} = 1{,}2$ kΩ; $h_{21E1} = 200$; $h_{11E2} = 750\ \Omega$. Rückwirkungen sind vernachlässigbar! Bei den Umrechnungen sind Näherungen zu verwenden!
Lösung:
$\underline{Z}_{2,1} \approx 12\ \Omega$; $\underline{Z}_{1,2} = h_{11}$; $\underline{Z}_{Ein,2} = 688\ \Omega$; $R = 700\ \Omega$. Diese 700 Ω sind der gesamte, an den Kondensatorklemmen wirksame Widerstand. $p_{CK2} = 0{,}912$ ergibt sich aus den $-0{,}8$ dB und liefert dann für den Kondensator $C_{K2} = 12{,}7\ \mu$F.

Aufgabe 7.2   Es ist eine Emitterfolgerstufe nach dem Bild in Beispiel 7.1 gegeben. Nachstehende Daten stehen zur Verfügung: $h_{11C} = 1$kΩ; $h_{12C} \approx 1$; $h_{21C} = -40$; $h_{22C} = 50\ \mu$S; $R_1 = 600$ kΩ; $R_E = 20$ kΩ; $C_{1,2}$

$\rightarrow \infty$; $R_{i\,Batterie} \rightarrow 0$. Für den Fall, daß $\underline{Z}_{Ein\,Folgeschaltung} >> R_E$ ist, sind Spannungs- und Stromverstärkung sowie Schaltungsein- und Schaltungsausgangswiderstand zu berechnen. Im zweiten Teil der Aufgabe sind dieselben Größen unter der Bedingung $\underline{Z}_{Ein\,Folgeschaltung}$ = 600 Ω zu ermitteln und den ersteren gegenüberzustellen.

Lösung:

Fall 1: $\underline{Z}_1 = 401$ kΩ; $\underline{Z}_{Ein} = 240$ kΩ; $\underline{Z}_2 = 585$ $\Omega \approx \underline{Z}_{Aus}$; $\underline{V}_u = 0{,}998$; $\underline{V}_{i\,Tr} = -20$; $\underline{V}_{i\,Stufe} = -12$.

Fall 2: $\underline{Z}_1 = 23{,}6$ kΩ; $\underline{Z}_{Ein} = 22{,}7$ kΩ; $\underline{Z}_{Aus} = 585$ Ω; $\underline{V}_u = 0{,}958$; $\underline{V}_{i\,Tr} = -38{,}9$; $\underline{V}_{i\,Stufe} = -37{,}4$.

Vergleiche und daraus zu ziehende Schlußfolgerungen sind dem Leser überlassen.

Aufgabe 7.3 Es ist abermals eine Emitterfolgerstufe nach Beispiel 7.1 gegeben. Sie ist aber mit einem pnp-Bipolartransistor ausgeführt, für den folgende Daten gegeben sind: $-U_{CC} = 24$ V; $-U_{CB} = 12$ V; $-U_{BE} = 0{,}32$ V; $-I_C = 1{,}5$ mA; $-I_B = 25$ µA; $R_a = 2$ kΩ; $R_G = 2$ kΩ; $y_{11\,B} = (39{,}5 - j\,18{,}5)$ mS; $y_{12\,B} = (-0{,}06 - j\,0{,}15)$ mS; $y_{21\,B} = (-29 + j\,24)$ mS; $y_{22\,B} = (0{,}08 + j\,1{,}5)$ mS. Gesucht sind die vier Betriebsgrößen!

Lösung:

$R_E = 7{,}8$ kΩ; $R_1 = 480$ kΩ; $\underline{V}_u = 0{,}99\,e^{-j\,0{,}6\,°}$; $\underline{V}_i = 0{,}41\,e^{j\,91{,}3°}$; $\underline{Z}_1 = 662$ $\Omega\,e^{-j\,88{,}2}$; $\underline{Z}_2 = 205$ $\Omega\,e^{-j\,15{,}1}$.

Diese Ergebnisse dürften den HF-technisch nicht so erfahrenen Leser doch etwas verblüffen, denn von einem Emitterfolger erwartet man einen hochohmigen Eingangswiderstand, einen niederohmigen Ausgangswiderstand und eine relativ hohe Stromverstärkung; das ist hier alles nicht gegeben. Die Ursachen hierfür sind:

1) Die relativ große Eingangskapazität verkleinert natürlich den komplexen Eingangswiderstand ganz erheblich.

2) Der Quellwiderstand ist recht hochohmig und beeinflußt damit natürlich den Ausgangswiderstand, so daß dieser nicht die erwartete Niederohmigkeit erreicht. Auf diesen Tatbestand wurde schon an anderer Stelle hingewiesen.

3) Daß die Stromverstärkung hinter den Erwartungen zurückbleibt hat zwei Ursachen. Die datenmäßige Kurzschlußstromverstärkung ist recht gering, sie liefert $|h_{21\,c}| = 3{,}5$. Zum anderen ist der Abschlußwiderstand für eine akzeptable Stromverstärkung zu groß. Hätte man einen Widerstand von 100 Ω gewählt, so würde man eine Betriebsstromverstärkung von $2{,}44\,e^{j\,111°}$ erhalten; dieser Wert kommt der theoretischen Höchststromverstärkung dann schon recht nahe.

Aufgabe 7.4   Es sind alle Widerstände zur Arbeitspunkteinstellung zu berechnen und außerdem soll $\hat{U}_2$ bei $\hat{U}_1 = 150$ mV ermittelt werden! Gegeben ist ein zweistufiger Verstärker mit folgendem Stromlaufplan:

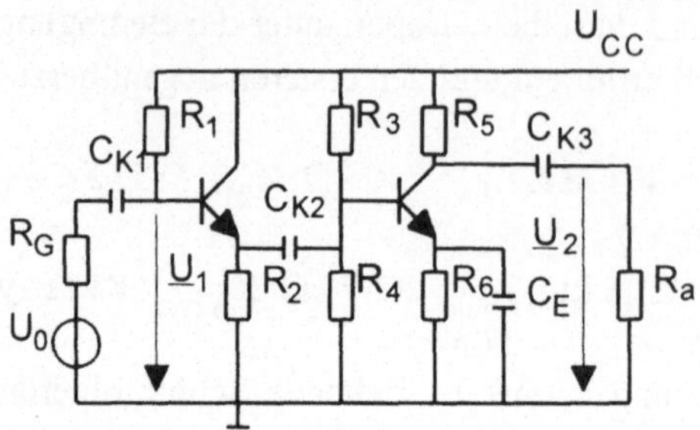

$U_{CC} = 12$ V; $U_{BE\,1} = U_{BE\,2} = 0{,}62$ V; $I_{B1} = 15$ µA; $I_{B\,2} = 25$ µA; $U_{CE\,2}$

$= 6$ V; $U_{RF1} = 1$ V; $U_{RE2} = 0{,}5$ V; $I_q = 5\,I_B$; $I_B \approx \dfrac{I_C}{h_{21E}}$; $R_G = 1{,}2$ kΩ;

$R_a = 1$ kΩ; $h_{11EI} = 1{,}2$ kΩ; $h_{21EI} = 80$; $h_{11EII} = 2$ kΩ; $h_{12EII} = 0$; $h_{21\,E\,II}$

$= 100$ und $h_{22\,E\,II} = 50$ µS.

Lösung:

$R_1 = 692$ kΩ; $R_2 = 823\ \Omega$; $R_3 = 72{,}5$ kΩ; $R_4 = 8{,}96$ kΩ; $R_5 = 2{,}2$ kΩ

$R_6 = 200\ \Omega$; $\underline{V}_{u\,2} = -33{,}2$; $\hat{U}_2 = 4{,}98$ V.

Anmerkung: Die erste Stufe ist eine Kollektorschaltung, damit wird $\underline{V}_u = 1$ und außerdem ist $\underline{Z}_2$ vernachlässigbar klein, so daß die Eingangsspannung der ersten Stufe gleich der Eingangsspannung der zweiten wird.

Aufgabe 7.5   Es soll die komplexe Ausgangsspannung und der Betrag der Ausgangspannung bei Resonanz berechnet werden. Dazu ist von folgender Schaltung auszugehen:

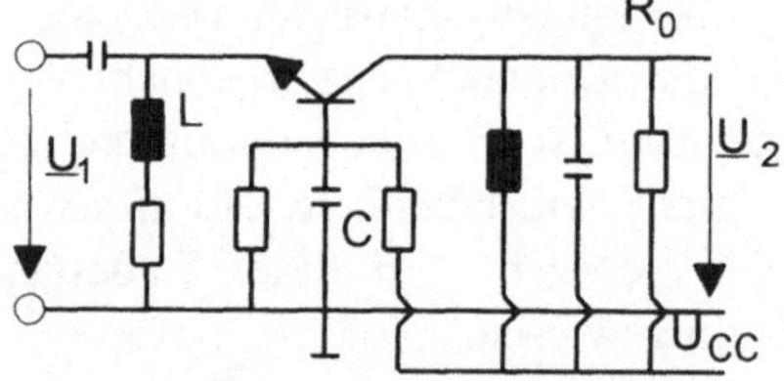

Es wird angenommen, daß $L \rightarrow \infty$ und $C \rightarrow \infty$ gehen und daß R_0 12 kΩ beträgt. $y_{21\,E} = (35{,}3 - j\,6{,}12)$ mS; $y_{22E} = (8{,}5 + j\,0{,}112)$ mS.

Lösung:

$\underline{U}_2 = 41{,}7$ µV $e^{-j\,9{,}84^\circ}$ und $|\underline{U}_2| = 41{,}7$ µV.

7.5 Kaskadenverstärker

Kaskadenverstärker sind solcheVerstärker, bei denen der Ausgang der ersten Stufe galvanisch mit dem Eingang der folgenden Stufe verbunden ist. Man nennt sie auch galvanisch gekoppelte Verstäker oder nach ihrer Funktion Gleichspannungs-verstärker. Es werden zwei verschiedene Typen unterschieden, die Darlington-Schaltung und der Kaskodeverstärker.

7.5.1 Der Darlington-Verstärker

Eine Kaskadenschaltung nach Abb. 7.10 nennt man eine Darlington-Schaltung. Sie ist dadurch charakterisiert, daß der Emitterstrom des ersten Verstärkers gleich dem Basisstrom des zweiten Verstärkers wird. Man kann beide Verstärkertransistoren zu einem neuen, mit anderen Eigenschaften zusammenfassen.

Abb. 7.10 Darlington-Stufe in Emitterschaltung

Die Frage nach der Anwendung derartiger Schaltungen ist eng verknüpft mit der Frage nach den Eigenschaften, diese sind:

- Hohe Stromverstärkung, da $I_{E\,I} = I_{B\,II}$ wird und
- hoher Eingangswiderstand, da $I_{B\,I} = I_{C\,II}/h_{21\,I}\,h_{21\,II}$ ist und $I_{B\,I}$ sehr klein wird.

Die Berechnung wird nicht durchgeführt, sie muß ggf. dem Leser überlassen werden. Es soll aber der Rechenalgorithmus mitgeteilt werden. Ausgangspunkt ist die Überlegung, daß die Darlington-Schaltung die Kettenschaltung zweier Grundverstärkerstufen darstellt.

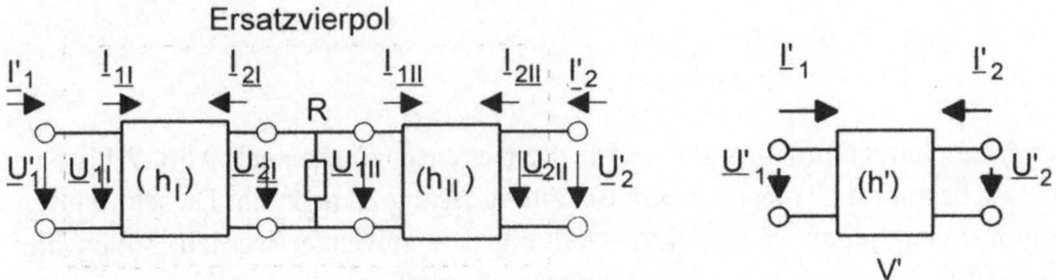

Abb. 7.11 Kettenschaltungsdarstellung der Darlington-Stufe

Der Weg der Berechnung der Ersatzparameter auf der Grundlage der Abb. 7.11, die unabhängig von einer konkreten Grundschaltung ist, ist der folgende:
Die Hybrid-Parameter der zwei Verstärker (V_1 und V_2) der Abb. 7.11 sind so umzurechnen, daß sie einen neuen Verstärker (V') liefern, der durch seine neuen Hybrid-Parameter h' repräsentiert wird. Für die Kettenschaltung gelten folgende

Gleichungen:

$$\underline{U}_{1\,I} = h_{11\,I}\underline{I}_{1\,I} + h_{12\,I}\underline{U}_{2\,I}\,, \quad \underline{U}_{1\,II} = h_{11\,II}\underline{I}_{1\,II} + h_{12\,II}\underline{U}_{2\,II}\,,$$

$$\underline{I}_{2\,I} = h_{21\,I}\underline{I}_{1\,I} + h_{22\,I}\underline{U}_{2\,I}\,, \quad \underline{I}_{22\,II} = h_{21\,II}\underline{I}_{1\,II} + h_{22\,II}\underline{U}_{2\,II}\,.$$

(7.5)

Außerdem gelten noch die nachstehenden Zusatzbedingungen:

$$\underline{U}_1' = \underline{U}_{1\,I}\,, \qquad \underline{I}_1' = \underline{I}_{1\,I}\,,$$

$$\underline{U}_2' = \underline{U}_{2\,II}\,, \qquad \underline{I}_2' = \underline{I}_{2\,II}\,,$$

$$\underline{U}_{2\,I} = \underline{U}_{1\,II}\,, \qquad \underline{I}_{2\,I} = -\,\underline{I}_{1\,II} - (1/R)\,\underline{U}_{1\,II} = -\,(\underline{I}_{1\,II} + G\,\underline{U}_{1\,II})\,.$$

(7.6)

Man hat die Gln. (7.6) in (7.5) einzusetzen und letztere so umzurechnen, daß sie die Form der Beschreibungsgleichungen (7.7) des neuen Verstärkers (V') annehmen.

$$\underline{U}_1' = h_{11}'\,\underline{I}_1' + h_{12}'\,\underline{U}_2'\,,$$

$$\underline{I}_2' = h_{21}'\,\underline{I}_1' + h_{22'}\,\underline{U}_2'\,.$$

(7.7)

Nach Ausführung der Rechnung berücksichtigt man dann noch den Umstand, daß für die diskrete Kettenschaltung der Leitwert von R Null zu setzen ist. Vergleicht man die Umrechnungsergebnisse mit den Vierpolgleichungen des Verstärkers (V'), dann erhält man folgende Ergebnisse:

$$h_{11}' = h_{11\,I} - \frac{h_{12\,I}\,h_{21\,I}\,h_{11\,II}}{1 + h_{11\,II}\,h_{22\,I}}\,,$$

$$h_{12}' = \frac{h_{12\,I}\,h_{12\,II}}{1 + h_{11\,II}\,h_{22\,I}}\,,$$

$$h_{21}' = -\,\frac{h_{21\,I}\,h_{21\,II}}{1 + h_{11\,II}\,h_{22\,I}}\,,$$

$$h_{22}' = h_{22\,II} - \frac{h_{12\,II}\,h_{21\,II}\,h_{22\,I}}{1 + h_{11\,II}\,h_{22\,I}}\,.$$

(7.8)

Das sind die Umrechnungsparameter für die Kettenschaltung nach Abb. 7.11, ohne auf eine bestimmte Transistorgrundschaltung Bezug zu nehmen. Da sehr häufig Darlington-Schaltungen in Kollektorschaltungen angewendet werden, sollen die Parameter für diese zuerst bestimmt werden. Formal werden im Gleichungssatz (7.8) alle Hybridparameter mit dem Index C (als Hinweis auf die Kollektorschaltung) versehen. Anschließend drückt man die $h_{\mu kC}$ der rechten Seiten von (7.8) durch die $h_{\mu kE}$ unter Verwendung der Tabelle 7.2 aus und verwendet dabei noch folgende Näherungen: $|h_{21E}| \gg 1$; $|h_{12E}| \ll 1$ sowie $|h_{11E}\,h_{22E}| \ll 1$. Nach Ausführung der genannten Operationen erhält man die Ergebnisse der h-Parameter der Darlington-Kollektorschaltung ausgedrückt durch die allgemein gebräuchlichen Emitterparameter.

$$h'_{11C} \approx h_{11\,E\,I} + h_{11\,E\,II} + h_{21\,E\,I}\,h_{11\,E\,II}, \quad h'_{12\,C} \approx 1,$$

$$h'_{21C} \approx -\,h_{21\,E\,I}\,h_{21\,E\,II}, \quad h'_{22\,C} \approx h_{22\,E\,II} + h_{22\,E\,I} + h_{21\,E\,II}\,h_{22\,E\,I}. \tag{7.9}$$

Die zugehörige Transistorschaltung zeigt die Abb. 7.12.

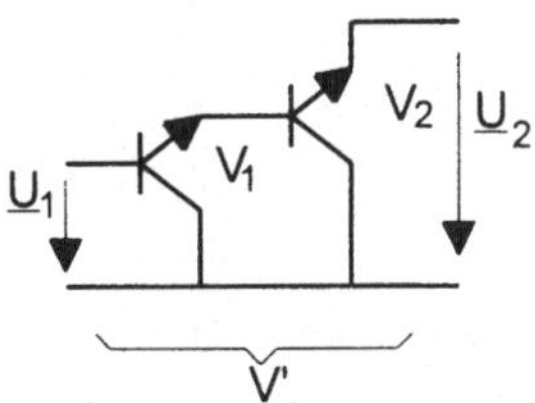

Abb. 7.12 Darlington-Schaltung in Kollektorgrundschaltung

Will man die Ersatzparameter der Darlingtonschaltung in Emittergrundschaltung haben, dann sind die $h'_{\mu k C}$ in die $h'_{\mu k E}$ umzurechnen, das Ergebnis lautet dann:

$$h'_{11E} \approx h_{11\,E\,I} + h_{11\,E\,II} + h_{21\,E\,I}\,h_{11\,E\,II}, \quad h'_{12\,E} \approx 0,$$

$$h'_{21E} \approx h_{21\,E\,I}\,h_{21\,E\,II}, \quad h'_{22\,E} \approx h_{22\,E\,II} + h_{22\,E\,I} + h_{21\,E\,II}\,h_{22\,E\,I}. \tag{7.10}$$

Die zugehörige Transistorschaltung zeigt die Abb. 7.10.

Den Gleichungssatz (7.10) kann man noch weiter vereinfachen, wobei die nachfolgenden Näherungen für die Praxis meist ausreichend sind:

$$h'_{11E} \approx h_{21\,E\,I}\,h_{11\,E\,II}, \quad h'_{12\,E} \approx 0,$$

$$h'_{21\,E} \approx h_{21\,E\,I}\,h_{21\,E\,II}, \quad h'_{22\,E} \approx h_{21\,E\,II}\,h_{22\,E\,I}. \tag{7.11}$$

Mit den gestrichenen h-Parametern und den Vierpolbetriebsgrößen aus den Gleichungen (3.13)....(3.16) kann man die Betriebsgrößen der Darlington-Schaltungen berechnen. Um den Rechenaufwand zur Ermittlung der Vierpolbetriebsgrößen in Grenzen zu halten, wird wiederum von einigen Näherungen Gebrauch gemacht, deren Zulässigkeit von Fall zu Fall zu prüfen ist.

Für die Emitterschaltung mit $h_{12} = 0$ und $|h_{22}\,\underline{Z}_L| \ll 1$ gelten die Näherungen:

$$\underline{V}_{uE} \approx -\,\frac{h_{21E}}{h_{11E}}\,\underline{Z}_L, \quad \underline{V}_{iE} \approx h_{21E}, \quad \underline{Z}_{1E} \approx h_{11E}, \quad \underline{Z}_{2E} \approx 1/h_{22E}.$$

Für die Kollektorschaltung mit $|h_{21\,E}\,\underline{Z}_L| \gg h_{11}$, $h_{21E} \gg 1$, $|h_{22\,E}\,\underline{Z}_L| \ll 1$ und $|h_{22E}\,\underline{Z}_Q| \ll 1$ gelten die Näherungen:

$$\underline{V}_{uC} \approx 1, \quad \underline{V}_{iC} \approx -\,h_{21E}, \quad \underline{Z}_{1C} \approx h_{21E}\,\underline{Z}_L, \quad \underline{Z}_{2C} \approx \frac{h_{11E} + \underline{Z}_Q}{h_{21E}}.$$

Mit diesen Näherungen ergeben sich die Betriebsgrößen der entsprechenden Darlington-Schaltungen für die Emitter-Darlington-Schaltung zu:

$$\underline{Z}_{1E} \approx h_{21EI}\, h_{11E\,II}, \quad \underline{Z}_{2E} \approx (h_{21E\,II}\, h_{22E\,I})^{-1},$$

$$\underline{V}_{uE} \approx - \frac{h_{21E\,II}\, \underline{Z}_L}{h_{11E\,II}}, \quad \underline{V}_{iE} \approx h_{21E\,I}\, h_{21E\,II},$$

$$(7.12)$$

die Kollektor-Darlington-Schaltung zu:

$$\underline{Z}_{1C} \approx h_{21E\,I}\, h_{21E\,II}\, \underline{Z}_L, \quad \underline{Z}_{2C} \approx \frac{h_{21E\,I}\, h_{11E\,II} + \underline{Z}_Q}{h_{21E\,I}\, h_{21E\,II}},$$

$$\underline{V}_{uC} \approx 1, \quad \underline{V}_{iC} \approx - h_{21E\,I}\, h_{21E\,II}.$$

$$(7.13)$$

Wertet man die Ergebnisse aus, so kann man folgende Feststellungen treffen:

- Die Emitter-Darlington-Schaltung erhält einen um die Kurzschlußstromverstärkung vergrößerten Eingangswiderstand (ist also sehr hochohmig).
- Der Ausgangswiderstand der Emitter-Darlington-Schaltung wird um den Faktor der Kurzschlußstromverstärkung kleiner.
- Die Stromverstärkung der Emitter-Darlington-Schaltung ist das Produkt aus beiden Einzelkurzschlußstromverstärkungen.

Für die Kollektor-Darlington-Schaltung ergeben sich:

- Der Eingangswiderstand ist der um das Produkt der beiden Kurzschlußstromverstärkungen vergrößerte Lastwiderstand und damit extrem hochohmig.
- Die Kollektorstromverstärkung ist ebenfalls gleich dem Produkt aus beiden Kurzschlußstromverstärkungen und damit auch sehr groß.

7.5.2 Kaskodeschaltungen

Kaskodeschaltungen sind Verstärkertopologien, bei denen zwei gleiche Transistoren *übereinandergeschaltet* werden (V_1 in Emitterschaltung und V_2 in Basisschaltung), also eine Kaskadenschaltung aus Emitter- und Basisschaltung (s. zum besseren Verständnis die Abb. 7.13 - 7.15). Diese Konfigurationen werden häufig in UKW-Empfängereingangsschaltungen und in Fernsehempfängereingangsschaltungen angewendet. Die Kaskodeschaltung hat das Aussehen wie in Abb. 7.13 gezeigt.

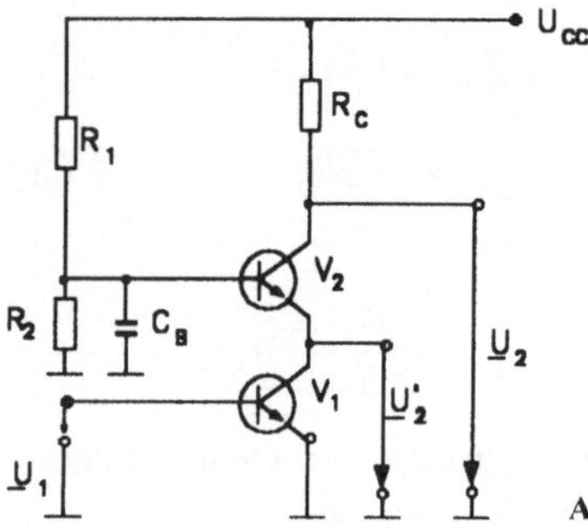

Abb. 7.13 Kaskodeschaltung

Der Eingangstransistor (V_1) arbeitet in Emittergrundschaltung, der Ausganstransistor in Basisschaltung. Das Basispotential von V_2 muß so groß sein, daß V_1 im aktiven Verstärkerbereich arbeitet, d.h. U_{CE1} muß $>1V$ betragen. Das Kollektorpotential von V_1 ist um rund 0,7 V negativer als das Basispotential von V_2, das bedeutet, daß $U_{R\,2} > 1{,}7$ V ist. Das Anwendungsfeld für diese Schaltungskonfiguration ergibt sich aus den Vorteilen, die diese Schaltung gegenüber einfachen Grundschaltungen hat, diese sind:

- V_2 verhindert Rückwirkungen des Ausgangskreises auf den Eingang der Schaltung. Das hat zur Folge, daß man hohe Verstärkungen ohne die Gefahr der Schwingneigung auch bei hohen Frequenzen erzielen kann, deswegen auch der vorrangige Einsatz in Tunern.
- Es tritt nur eine kleine Miller-Kapazität auf, weil die Emitterstufe wegen des kleinen Lastwiderstands ($\underline{Z}_1$ der Basisstufe) eine Spannungsverstärkung von ungefähr -1 aufweist. Damit wird die Grenzfrequenz der Eingangsstufe nahezu gleich der einer Basisschaltung, die bekanntlich um etwa den Faktor der Kurzschlußstromverstärkung größer ist, als die der Emitterstufe, die jedoch einen wesentlich höheren Gesamteingangswiderstand hat. Zusammengefaßt bedeutet das: die Eingangsstufe hat den Eingangswiderstand einer Emitterschaltung und die Grenzfrequenz einer Basisschaltung.

Berechnung der Gesamtverstärkung:

$$\underline{V}_{u\,1} = \underline{V}_{u\,E} = \underline{U}'_2/\underline{U}_1 \quad \text{mit} \quad \underline{V}_{u\,E} \approx - \frac{h_{21\,E}}{h_{11\,E}}\, \underline{Z}_{LE} \quad \text{und}$$

$$\underline{V}_{u\,2} = \underline{V}_{u\,B} = \underline{U}_2/\underline{U}'_2 \quad \text{mit} \quad \underline{V}_{u\,B} \approx - \frac{h_{21\,B}}{h_{11\,B}}\, \underline{Z}_{LB}.$$

Für die Ermittlung der h-Parameter der Basisschaltung gelten die Umrechnungsformeln der Tabelle 7.1. Man kann allerdings noch einige nützliche Näherungen einführen:

$$h_{11B} \approx \frac{h_{11E}}{h_{21E}}, \quad h_{12B} \approx \frac{\Delta h_E - h_{12E}}{h_{21E}}, \quad h_{21B} \approx -1, \quad h_{22B} \approx \frac{h_{22E}}{h_{21E}}.$$

Damit erhält man für die Verstärkungen:

$$\underline{V}_{uB} \approx - \frac{h_{21B}}{h_{11B}}\, \underline{Z}_{LB} = - \frac{-1}{\frac{h_{11E}}{h_{21E}}}\, \underline{Z}_{LB} = \frac{h_{21E}}{h_{11E}}\, \underline{Z}_{LB}.$$

Führt man noch die Steilheit mit $S = \dfrac{h_{21E}}{h_{11E}} \left[\dfrac{mA}{V} \right]$ ein, dann erhält man:

$$\underline{V}_{uB} \approx S{\cdot}\underline{Z}_{LB} \quad \text{und wegen} \quad \underline{V}_{uE} \approx -1 \quad \text{ergibt sich:}$$

$$\underline{V}_u = \underline{V}_{uE}\, \underline{V}_{uB} \approx - S\underline{Z}_{LB} = - S{\cdot}R_C \parallel R_a \qquad (7.14)$$

Die Gesamtspannungsverstärkung ist annähernd gleich der Spannungsverstärkung der einfachen Emitterstufe. Die vollständige Schaltung und das dynamische Ersatzschaltbild sind in den Abb. 7.14 und 7.15 dargestellt.